思茅松遗传改良

李 江 等◎著

中国林业出版社
China Forestry Publishing House

图书在版编目（CIP）数据

思茅松遗传改良 / 李江等著. -- 北京：中国林业出版社，2023.9

ISBN 978-7-5219-2314-8

Ⅰ. ①思…　Ⅱ. ①李…　Ⅲ. ①思茅松—遗传改良　Ⅳ. ①S791.259

中国国家版本馆CIP数据核字（2023）第161629号

策划编辑：李　敏

责任编辑：王美琪

封面设计：北京五色空间文化传播有限公司

出版发行：中国林业出版社

（100009，北京市西城区刘海胡同 7 号，电话 010-83143575）

电子邮箱：cfphzbs@163.com

网　　址：www.forestry.gov.cn/lycb.html

印　　刷：北京中科印刷有限公司

版　　次：2023 年 9 月第 1 版

印　　次：2023 年 9 月第 1 次印刷

开　　本：710mm × 1000mm 1/16

印　　张：17

彩　　插：16面

字　　数：295千字

定　　价：98.00元

《思茅松遗传改良》

编委会

主　编：李　江

副主编：陈　伟　陈少瑜　李思广　付玉嫔

著　者：罗　婷　王　毅　吴　涛　陈绍安

冯　弦　姜远标　罗成学　谢菁钰

前　言

思茅松是云南特有、全国生长最快的松树，优良的长纤维特性和突出的松脂质量使其成为工业原料林培育的优良树种。自20世纪80年代启动思茅松第一轮遗传改良以来，我们先后收集了大量优树，建成一批种子园，育成一批良种，为良种生产和人工林培育水平提高发挥了积极作用。限于多种因素，思茅松遗传改良虽然起步较早，但是发展不快，至今依然是第1轮改良的成果在支撑良种生产。为了促进思茅松高世代遗传改良发展，我们对近40年来思茅松的遗传改良工作进行系统梳理总结。在此基础上，参考国内外林木育种经验，研究提出了思茅松高世代育种策略，对其遗传改良工作作出了长期安排。希望以此为契机，促进相关育种资源的有效整合和育种工作的顺利传承，为建立适合思茅松树种特点的育种策略和育种体系作出有益贡献，以满足国家和社会持续提升思茅松良种水平和加速林木种业发展的迫切需求。

本书共分为7章：第1章在全面综述思茅松树种特性和第1轮遗传改良成果的基础上，研究提出高世代育种策略，对其高世代遗传改良作出长期安排；第2章系统论述了基于等位酶技术、RAPD分子标记技术和SSR分子标记技术的思茅松遗传多样性研究方法与结果；第3章回顾了思茅松材用良种选育历程、初级无性系种子园营建管理及材用良种选育与推广等内容；第4章论述了思茅松松脂特点及化学组分特征、脂用思茅松优树选择及收集保存、脂用思茅松无性系和家系选育、脂用思茅松的杂交育种种子园营建情况，探讨了高脂良种选育的发展趋势；第5章介绍了与思茅松产脂相关基因的研究，分析了包括思茅松合成酶关键基因的功能和叶绿体基因组研究；第6章介绍了思茅松种苗快繁技术，包括扦插繁殖、嫁接技术、丛生芽诱导、植株再生及体细胞胚胎发生体系研究进展；第7章简介了思茅松矮化修剪技术研究与应用情况。本书适于从事林木育种、种苗生产和种质保护等工作的科研、行政和生产人员阅读，也可作为农林院校育种和林业专业师生参考用书。

本书各章作者分工为：第1章由李江撰写；第2章由陈少瑜撰写；第3章由陈伟撰写；第4章由李思广和付玉嫔撰写；第5章由王毅撰写；第6章第1节、第2节分别由李江和陈伟撰写，第3节和第4节由吴涛撰写；第7章由罗婷撰写；其他作者参与各章的讨论与修改。本书成稿过程中得到云南省林业和草原科学院相关领导和专家的关心支持，得到中国林业出版社的热心帮助，在此一并表示衷心谢忱。本书相关研究与出版得到云南省重点研发计划项目（202102AE090022）、云南省种子种业联合实验室项目（202205AR070001-17）、国家林业公益性行业专项（201304105）、云南省创新团队项目（2021105AE160008）联合资助。限于学识，书中的不妥与欠缺之处，敬请读者批评指正。

著　者

2023年5月于昆明

目　录

第1章　概　论

1.1　思茅松简介

1.1.1　地理分布

思茅松（*Pinus kesiya* var. *langbianensis*），常绿大乔木，高达30m，胸径达1m；树皮褐色，分裂成龟甲状。每年生长两轮或多轮枝条；1年生枝条淡褐色或淡褐黄色，有光泽。针叶3针一束，细长柔软，长10~22cm。球果卵圆形，基部稍偏斜，单个或两个聚生。思茅松自然分布范围集中而狭窄。其分布地理位置为24° 24′ N以南，99° 5′ ~102° 0′ E范围内，分布区东西北面均为云南松林和常绿栎林。云南哀牢山以西，澜沧江以东，直至西双版纳傣族自治州（简称“西双版纳州”）北缘1100~1600m的帚状高原面是思茅松的集中分布区，包括景东彝族自治县（简称“景东县”）、墨江哈尼族自治县（简称“墨江县”）、镇沅彝族哈尼族拉祜族自治县（简称“镇沅县”）、景谷傣族彝族自治县（简称“景谷县”）、宁洱哈尼族彝族自治县（简称“景谷县”）、思茅区和澜沧拉祜族自治县（简称“澜沧县”）等区县。除普洱市外，云南的临沧市、西双版纳州、玉溪市和德宏傣族景颇族自治州（简称“德宏州”）有零星分布，国外越南、老挝、缅甸、泰国和印度等国也有分布。思茅松主要成林于海拔850~1850m的南亚热带地区，在植被的垂直分布中，下接干热河谷植被，上衔云南松林或常绿栎林（吴征镒 等，1987；徐永椿 等，1988）。

思茅松林下土壤以山地红壤为主，pH值4.5~5。思茅松分布区主要受印度洋西南暖湿气流影响，四季暖热，干湿分明，分布区年平均气温17~18.5℃，年降水量1100~1600mm，水热条件优越。思茅松为喜光树种，天然林多为纯林，混交林一般为思茅松和少数几种伴生树种混交，伴生树种在林分内占5%~10%。在立地条件较好的地方，思茅松常侵入季风常绿阔叶林形成针阔混交林。思茅松林主要伴生树种有红木荷、茶梨、栓皮栎、麻栎和小果栲等（薛纪如 等，1986）。根据相关统计，云南现有思茅松总面积1477705.1hm^2，其中纯林为1236977.5hm^2，混交林240727.6hm^2；普洱市现有思茅松总面积1247071.1hm^2，其中人工林223608.7hm^2，天然林884887.4hm^2，人工促进天然更新林138575.0hm^2（云南省林业调查规划院，2016）。

1.1.2 生活史

1.1.2.1 思茅松各器官主要特征

根　根为直根系，主根发达，幼根可与土壤中的某些真菌（如硬皮马勃类）共生，形成外生菌根，其形状以二叉分枝状为主，少数为单轴状，颜色为黄褐色，菌根顶端不具根冠，无根毛，具有菌丝体层叠交织而形成的菌丝层（菌套）。菌丝代替根毛的作用，扩大根的吸收面积，提高根吸收水分和养分的效率，增强思茅松耐贫瘠和耐干旱的能力（图1-1、彩图1）。

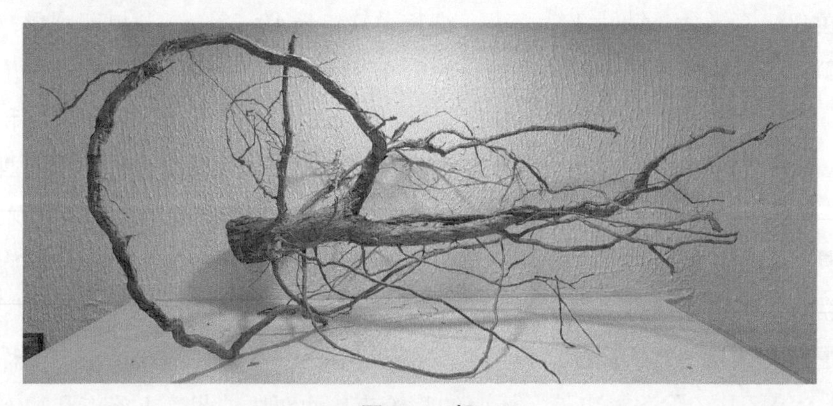

图1-1　根

茎（枝）　1年生枝淡褐色或淡褐黄色，有光泽，枝上着生呈束状的针叶；2、3年生枝叶基部的苞片逐渐脱落；芽红褐色，圆锥状，先端尖，芽鳞长披针形，外部的芽鳞稍反卷，边缘白色丝状。嫩茎的横切面由外至内分别为表皮、韧皮部、形成层、木质部和髓，在木质部上有树脂道和髓射线，韧皮部有少量树脂道分布（图1-2、图1-3、彩图2、彩图3）。

叶　针叶3针一束，长10~22cm，径0.7~1mm，先端细，有长尖头；横切面三角形或近半圆形，可分为表皮、皮下层、叶肉组织和维管组织区等部分，有树脂道3~6个，边生，内皮层薄壁，具有2个维管束；针叶表面具有7条气孔带；针叶脱落后叶鞘宿存（图1-4、彩图4）。

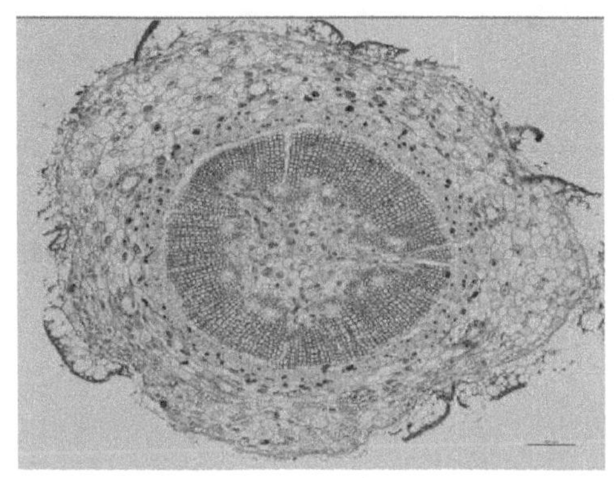

图1-2 茎横切显微结构

图1-3 果枝

图1-4 针叶

雄球花（小孢子叶球） 雄球花生于当年生枝条的基部，聚集成簇；颜色黄色或紫褐色，卵状圆柱形，基部有膜质披针形苞片，栗褐色。雄球花具一轴，小孢子叶螺旋状排列于轴上，小孢子叶有背腹面之分，在小孢子叶的远轴面具有2个小孢子囊（图1-5、彩图1-5）。在小孢子囊中产生花粉，每年2~3月小孢子囊开裂散落花粉。花粉粒具气囊（图1-6、彩图6）。

雌球花（大孢子叶球） 雌球花生于当年生枝条的顶部，常1~5个聚生于枝顶，初为黄色，后变紫红色；雌球花中央具一轴，在轴上螺旋状排列着苞片，在苞片腋间近基部着生着具有胚珠的鳞片（珠鳞），在珠鳞的近轴面上具有2枚直生胚珠，珠孔端朝向球花的轴面（图1-7、彩图7）。雌球花2~3月授粉后珠鳞闭合，翌年11月以后球果发育成熟（图1-8、彩图8）。

图 1-5　小孢子叶球

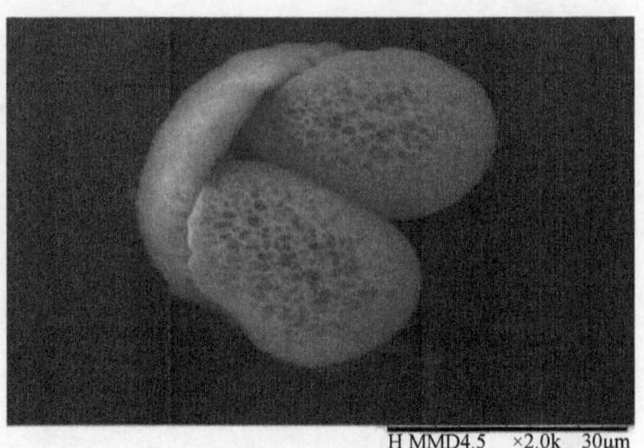

图 1-6　花粉显微照片

图 1-7　雌球花

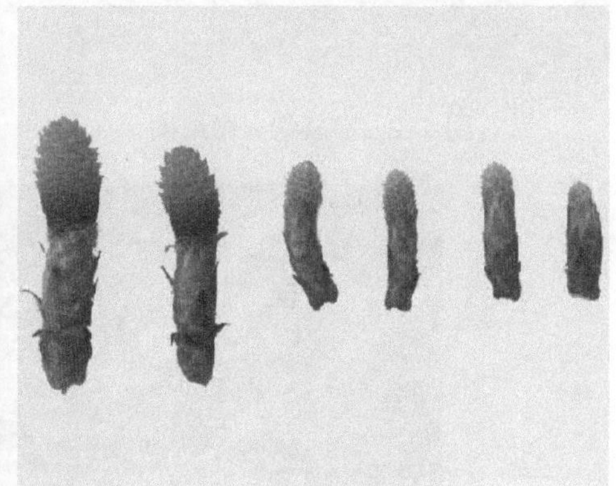

图 1-8　雌球花发育过程

球果　成熟球果深褐色，卵圆形，基部稍偏斜，长 5~6cm，直径约 3.5cm，单生或 2~4 个聚生于小枝侧面，宿存树上常数年不落，具短梗；鳞盾斜方形，稍肥厚隆起，或显著隆起呈圆锥形，横脊显著；鳞脐小，椭圆形，稍凸起，顶端常有向后紧贴的短刺（图 1-9、彩图 9）。

图 1-9　球果

种子 具种翅，连翅长 1.7~2.1cm，去除种翅后的种子椭圆形，黑褐色，稍扁，长 5~6mm。种子由种皮、胚乳和胚三部分组成。种皮分外种皮、中种皮和内种皮，中种皮发达，外种皮和内种皮退化；胚包括胚轴、根冠和子叶，其中根冠部分发达，胚轴一端为苗端，周围被子叶围着，另一端为根端，被根冠包在里面；胚具 6~8 枚子叶（图 1-10、彩图 10）。

图 1-10 种子

1.1.2.2 生活史

思茅松孢子体为高大乔木，雌雄同株。雄球花（小孢子叶球）生于当年新枝的基部，小孢子叶螺旋状排列于雄球花的中轴上，小孢子叶基部着生 2 个小孢子囊，内具小孢子母细胞，小孢子母细胞经减数分裂后形成小孢子，小孢子进一步发育形成具有 4 个细胞（1 个生殖细胞，1 个管细胞，2 个原叶体细胞）的成熟雄配子体，即花粉粒。2~3 月，小孢子囊破裂，散出具气囊的花粉。

雌球花着生于当年生新枝顶端，由螺旋状排列的大孢子叶球（珠鳞）和与之并生的苞鳞组成，大孢子叶基部着生一对胚珠，胚珠内的珠心组织中有一个大孢子母细胞，减数分裂形成 4 个大孢子，远珠孔的一个大孢子经细胞分裂形成多细胞的雌配子体。翌年 2~3 月，在雌配子体顶部分化出数个颈卵器。

2~3 月被风吹送到雌球花上的花粉，由珠鳞的裂缝降入胚珠珠孔内的花粉室中，半年以后开始萌发出花粉管，并经珠心组织向颈卵器生长。在花粉管生长过程中，生殖细胞在管内分裂为体细胞和柄细胞，体细胞再分裂为 2 个不动精子，而柄细胞和管细胞则逐渐消失。此后，花粉管生长进入颈卵器，一个精子与卵细胞结合受精发育成胚，另一个精子死亡消失。从传粉至受精，约需要 1 年以上时间才能完成。每个颈卵器中的卵细胞均可受精，但最后只有一个能正常发育成胚。胚的外面包有胚乳（雌配子体），珠被发育形成种皮，珠鳞上的部分表皮层组织分离出来形成种子的翅。当胚珠发育成种子时，珠鳞和苞鳞愈合并木质化，形成果鳞，整个雌球花急剧变大变硬，形成松球果，种子成熟后，果鳞展开，散出种子，在适当条件下，发育为新的孢子体（图 1-11、彩图 11）。

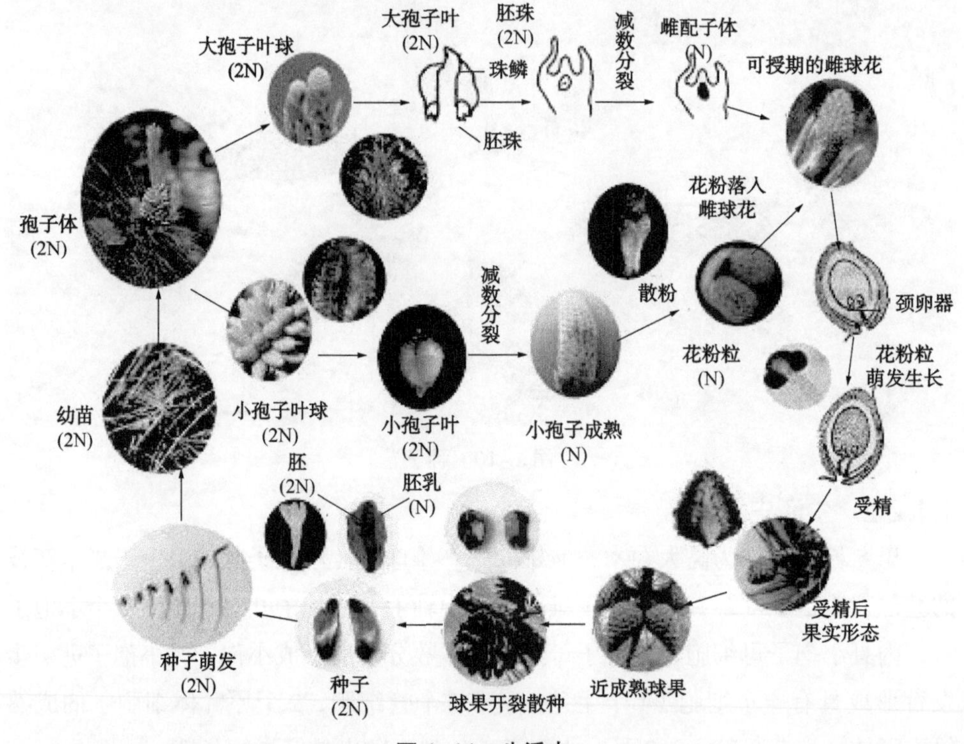

图 1-11 生活史

1.1.3 工业利用

思茅松是优良的纸浆原料，适合于生产高档纸和特种纸，思茅松人工林早材管胞长度值在 1581~6743 μm 之间，其全生长年均值为 3748 μm，晚材管胞长度值在 1734~6722 μm 之间，其全生长年均值为 3849 μm，作为长纤维树种，其管胞长度都远大于高级纤维原料长度要求（1.6mm）。思茅松人工林木材灰分含量低，在 0.2%~0.3% 范围内，远低于阔叶木材，适于造纸。最重要的是思茅松纤维含量高，21 年生时为 48.69%，制浆得率可达 41.8%~44.1%。近期，利用思茅松生产绒毛浆获得成功，有望打破进口南方松绒毛浆的垄断地位。此外，思茅松密度适中，适合各类人造板加工，其基本密度不同产地有差异，宁洱种源10年生人工林木材基本密度最大，早材为0.615g/cm^3，晚材为0.709g/cm^3，镇沅种源最小，分别为0.377g/cm^{3}和0525g/cm^3（冯弦 等，2010）。

思茅松还是重要的产脂树种。其脂松香各项质量指标都优于国标产品要求，特、一级思茅松松香的软化点、酸值、不皂化物、乙醇不溶物和灰分的平均值分别为77.5℃、170.3mg/g、3.9%、0.0046%、0.015%（尹晓兵 等，2004）。思茅松松节油产品可分为高α–蒎烯、高β–蒎烯和高3–蒈烯等3类，特征组分含量差异极显著，高α–蒎烯、高β–蒎烯两类思茅松优级松节油的各项质量指标都远远优于国标产品要求（尹晓兵 等，2004，2005）。基于优质原料，开发高3–蒈烯松节油等特定组分的高附加值松节油产品潜力很大（耿树香 等，2005）。

普洱市是云南的林产工业排头兵，全市每年可采伐思茅松约32万亩①，采伐蓄积量224万m^3，出材量157万m^3，围绕思茅松已形成门类较全的林业产业体系，林化、林浆纸纤、林板、林下经济等产业在全省位居前列。2020年普洱全市林浆（纸）产业产值24.33亿元，其中纸浆产值9.74亿元，造纸产值5.84亿元，纸制品制造产值8.75亿元。2020年，人造板产量81.23万m^3，其中胶合板产量37.14万m^3，纤维板产量35.04万m^3，刨花板产量6.94万m^3，其他人造板产量2.11万m^3；人造板产业产值10.86亿元。全市松香年产量7万~9万t，主要产品有松香、松节油、松香树脂、岐化松香等，产值8.39亿元。当前思茅松主产区云南省普洱市正在全力推进全国重要现代林产工业基地建设，加速发展千亿元规模的林浆纸和林板产业。根据当地林产工业发展规划，将大力推动林浆纸、林板、家居产业集群集聚式发展。近期，在现有化学浆产能30万t的基础上，在景谷新建设化学浆产能80万t、化机浆产能50万t、纸产能140万t，浆和纸总产能300万t；在宁洱县建设50万m^{3}定向刨花板（OSB）项目。到2035年计划建设浆产能达310万t、纸产能达290万t，浆和纸总产能达600万t，并实现100万m^{3}林板和家具产能的发展目标。

总体看来，普洱林产工业对资源的依赖性很大，随着国家全面禁止天然林商业性采伐政策实施，思茅松天然林已不能进行商业采伐，云南速生桉树的种植应为生态平衡考虑，不应该再无序扩张，普洱林产工业长远发展将逐步受到原料供

① 1亩=666.7m^2，下同。

给的限制。出路在于大力发展思茅松工业原料林，通过加强以良种为核心的原料林集约经营，大幅度提高林地产量和原料质量。

1.2 思茅松遗传改良基本情况

思茅松遗传改良工作始于20世纪80年代初期，1989年起云南省林业科学院赵文书和唐社云等在云南省科学技术委员会和云南省林业厅林木良种专项资金支持下开展了思茅松天然优良林分选择和思茅松无性系种子园营建技术研究，1996年在普文试验林场营建成云南省第一个思茅松初级无性系种子园（赵文书 等，1998）。普文思茅松种子园从1996年开始陆续提供良种用于生产，该种子园是思茅松第1代遗传改良的标志性成果，在思茅松人工林培育中发挥了重要作用。普文思茅松初级无性系种子园建成后，根据普文种子园半同胞子代测定林测定结果，逆向选择出一批第1代优树无性系，以这批材料为建园材料，先后在景谷、镇沅、景洪和澜沧等地建成5个思茅松第1.5代材用种子园，其中景洪普文林场思茅松种子园和景谷文朗林场思茅松种子园种通过良种审定，入选了国家长期林木良种基地。思茅松种子园良种已经在全省推广150万亩以上，在生产上发挥了重要作用，在第2代思茅松种子园建成投产前，这批种子园良种还将发挥重要作用。

自20世纪90年代第一个思茅松初级无性系种子园建成后，云南省林业科学院（现云南省林业和草原科学院）和普洱市林业科学研究所为主的一批研发机构围绕思茅松遗传改良持续开展研究。在云南省发展和改革委员会“现代林业资源培育产业化试验与示范（1999—2004）”项目支持下，相关学者对思茅松种子园的丰产结实管理技术进行了初步试验（唐社云，1999；段安安 等，2002），具体措施有断顶、施肥和人工促进授粉等。在云南省基础研究项目“思茅松优良种群遗传多样性研究（2001—2003）”支持下，陈少瑜（2001，2002）对普文思茅松初级种子园的遗传多样性进行了首次研究。在云南省科技厅科技攻关项目“思茅林区现代林产工业发展综合技术集成研究与示范（2004—2009）”支持下，李江等开展了思茅松快繁技术研究，开发出标准化的思茅松扦插繁殖技术，制定了相关技术标准（刘云彩，2015）。在云南省科技攻关项目“思茅松可持续经营技术研究与示范（2001—2004）”和国家发展和改革委员会“云南思茅松良种高技术产业化示范良种产业化项目（2008—2011）”等支持下，蒋云东等开展了思茅松高脂优树选择、自由授粉家系高脂良种选育、高脂无性系测定等研究，在镇沅建成云南省首个思茅松高产脂无性系种子园，选育了一批高产脂良种（李思广 等，2008，2009；蒋云东 等，2017；付玉嫔 等，2008）。在国家林业公益性行业专项“高产脂思茅松良种选育及功能基因克隆与鉴定（2013—2017）”支持下，开展了高脂优树选择和高脂原料林培育试验，克隆获得了一批思茅松高脂差异基因和转录基因，开发了专属的 SSR 引物 12 对，初步探索了思茅松高产脂的分子机制（赵能 等，2017；王毅 等，2015，2018）。

林木的持续遗传改良是提高人工林产量的最有效途径，国际上主要林业发达国家对其重要林木都坚持基于轮回选择不断推进以选择、交配、遗传测定为核心的育种循环，完成更高轮次的基本群体、育种群体、选择群体和生产群体建设，这是可持续遗传改良的根本所在。在此基础上，采用转基因和基因编辑等分子育种技术，进一步改良已有林木品种或优异种质等，推动林木育种理论和技术创新，提高育种效率和效果，选育产量更高、品质更优、抗逆性更强、适应性更广的林木良种并应用于生产（康向阳，2019，2020）。我国杉木完成了第 3 代改良，已开始第 4 代育种工作；马尾松、油松、华北落叶松、红松和樟子松等针叶用材树种的第 2 代遗传改良已经比较深入，随着国家新一轮林木良种选育计划的开展，杉木和马尾松等主要针叶用材树种将开始更高世代遗传改良。思茅松的遗传改良基本上与马尾松等树种同期起步，但是因为投入的人力和财力不足、研究力量分散，加之缺乏长期育种策略等原因，思茅松长期停滞在第 1 代遗传改良阶段，多数良种工作都是对第 1 代育种成果的推广与应用。直到 2007 年，蒋云东等（2017）才分别以高脂和速生为改良目标，开始思茅松杂交育种探索，掌握了思茅松杂交育种技术。2017 年开始，在云南省林业科学院启动自主创新项目“思茅松 2 代育种群体构建（2017—2020）”，对思茅松第 1 代育种成果进行了系统整理，选育出一批云林系列思茅松半同胞子家系良种和半同胞子代优良材料，遗传增益在思茅松初级种子园的基础上有了较大提高，相关良种已通过云景林纸股份有限公司（简称“云景林纸”）等龙头企业开始规模化应用推广。近年来，云南省林业和草原科学院用材林培育研究团队先后获得云南省重点研发计划和云南省种子种业联合实验室一批育种项目的支持，正在全力推进以第 2 代育种群体构建为核心的思茅松杂交育种工作，思茅松育种步入高世代遗传改良的全新阶段。

1.2.1 地理种源试验

最早开展的思茅松地理种源试验是 1981 年结合云南松地理种源试验开展的，

在思茅松自然分布区内收集了6个种源，由北到南分别种于云南省的会泽、昆明、禄丰、施甸和思茅5个地理区域。根据3年生幼林测定结果，思茅松种源间高生长差异显著，各个栽培点，种源间高生长相差23.9%~58.2%。各点思茅松的生长量比云南松对照高81%~220%。思茅松各种源在云南省5个栽培点上的表现是比较稳定的，生长快的种源不论是在南亚热带的思茅，还是在暖温带的会泽都表现一致，说明种源间不同的速生性主要受遗传基因所控制（舒筱武 等，1985）。

1.2.2 天然优良林分选择

1988—1993年，在云南省科学技术委员会重点科技课题“思茅松天然优良林分选择”支持下，赵文书等（1993）开展了系统的思茅松天然优良林分选择的研究。在对思茅松重点林区普遍踏查的基础上，分别在墨江、宁洱、思茅、景谷、镇沅、景东的思茅松主产区共设置样地107块进行调查。应用样地数据，分别建立了思茅松基于立地条件的生长量和产脂量模型，根据样地调查数据，可获得林分生长量与产脂量的理论值和选择差，选择差标准化后，各乘以权重值和遗传基因控制值，相加即得优良林分的综合选择指标I值。选择了思茅松优良林分107块调查样地，分别以相近地域的样地为同一种群，对种群间进行了各主要生物性状因子的分析比较，相近地域样地为同一种群，共划为7个种群，即景东者后种群、恩乐三场种群、镇源振太种群、景谷碧安种群、思茅种群、宁洱种群和墨江种群。应用综合选择方法确定了思茅松优良林分标准，编制了思茅松立地指数表；初步划分了立地类型；进行了思茅松优良地理种源的探讨，应用综合评分法评出了景东者后种群、思茅宁洱种群和镇源振太种群为思茅松优良种源；划定了思茅松优良林分1万亩；在思茅区整碗村通过优良林分疏伐，改建了30亩母树林（赵文书 等，1993；郭宇渭 等，1993）。思茅松优良林分选择是群体选择，为思茅松优树选择提供了重要指导，还为营建母树林及生产思茅松良种奠定了基础。

1.2.3 优树选择

赵文书等（1995）在用对比法进行思茅松优树选择时，为避免从“矮子”中选拔“高个”，最早应用相对生长指标和绝对生长指标建立了思茅松优树的综合选择式，提高了优良基因选择可靠性。1989—1993年，赵文书等（1995）在思茅松林区采用“五大木法”初选优树192株（选优树龄16~35年），经复选后，入选优树 122 株。这批材料就是景洪普文思茅松半同胞子代测定的母树来源，构成了思茅松第 1 代遗传改良的选择群体。陈伟等（2021）利用后期补充的思茅松优树数据，对上述的思茅松材用优树综合选择式进行了重新拟合，制定了《思茅松用材林优树选择技术规程》（DB53/T 1023—2021），成为现在使用的思茅松材用优树选择标准。

1.2.4 初级无性系种子园营建

1.2.4.1 普文试验林场思茅松初级种子园

1992—1995 年，云南省林业科学院利用 122 株优树材料，在景洪普文建成全国第 1 个思茅松初级种子园，含种子生产区 365 亩，配置无性系 116 个，株行距 6m × 6m。同期建成 90 个家系参试的思茅松半同胞子代测定林 38 亩，思茅松良种示范林 58 亩（赵文书 等，1998；唐社云 等，1999）。该种子园于 2002 年根据子代生长及结实情况，开展强度 20% 的疏伐，2009 年 3 月，普文试验林场思茅松种子园被国家林业局认定为首批国家级林木良种基地。根据半同胞子代测定结果，后期以初选出的 40 个精英家系作为种子园建园材料，先后在景洪、景谷和镇沅等地建成一批第 1.5 代思茅松种子园。

1.2.4.2 景谷文朗示范林场思茅松第 1.5 代种子园

2001 年建成，位于景谷县钟山乡文朗村，种子园面积 500 亩，含种子生产区 440 亩，分为 5 个大区，配置来源于云南省林业科学院普文思茅松种子园的无性系 80 个（含 38 个精英家系），株行距 5m × 6m，无性系采用随机区组和错位排列两种方式。同期建成 47 个家系参试的思茅松半同胞子代测定林 40 亩，该种子园 2021 年通过林木良种审定，现为思茅松国家林木良种基地。

1.2.4.3 云南云景林业开发有限公司思茅松第 1.5 代种子园

种子园于 2005 年建成，位于景谷县民乐镇，面积 625 亩，其中生产区 596 亩，含 6 个大区，株行距 5m × 6m；优树收集区 30 亩，种子生产区按随机区组布置来源于云南省林业科学院普文思茅松种子园的 40 个优树无性系，优树收集区收集景谷文朗林场半同胞子代测定林中生长最快的 25 个家系的优良单株和 5 个云南云景林业开发有限公司从思茅松人工林中选择出的生长优良单株，共 30 个优树无性系。

1.2.4.4 普洱市澜沧县思茅松无性系种子园

2015 年，云南省林业科学院提供技术支持，澜沧县林业局在澜沧县糯福乡建成该思茅松初级无性系种子园，面积 1300 亩，其中种子生产区 650 亩，含 107 个来源于澜沧县糯福乡的建园无性系；建有半同胞子代测定林区实际 50 亩，40 个家系参试；建有试验示范林 200 亩。

1.2.4.5 普文试验林场第 1.5 代思茅松种子园

普文试验林场第 1.5 代思茅松种子园于 2015 年建成，面积 150 亩，株行距 5m × 6m，建园材料为根据普文半同胞子代测定林遗传测定结果选出的 60 个思茅松优良无性系。

1.2.5 半同胞子代测定林

1.2.5.1 景洪市普文思茅松半同胞子代测定林

在思茅松主产区内，应用 5 株优势木法初选出思茅松优树 192 株，经复选后评选出优树 122 株，先后采集优树种子 103 株，将所采集的优树种子分 2 组，分别于 1989 年及 1991 年育苗。第 1 组获得 44 个家系苗木，于 1990 年定植。第 2 组获得 46 个参试家系苗木，于 1991 年定植。1999 年通过思茅松优树半同胞子代测定，共评选出显著家系 42 个，其中 1 级精英家系 14 个，2 级优良家系 15 个，3 级良好家系 13 个。材积增产率与对照相比可提高 17.54%~28.48%（赵文书 等，1999）。

1.2.5.2 景谷县文朗林场思茅松半同胞子代测定林

2001 年 7 月造林，造林地采用全清并进行人工炼山，株行距为 3m × 3m，挖塘规格为 40cm × 40cm × 40cm，完全随机区组试验设计，采用 9 株方形小区，重复 4 次，每个家系定植 36 株。参试家系包括 28 个普文思茅松种子园建园家系，18 个在景谷补充选择的思茅松优树家系和 1 个对照商品种家系。试验地四周种 1 行思茅松作为保护行，种植后每年 7 月和 11 月各除草一次，连续抚育 3 年。

1.2.5.3 思茅区清水河思茅松半同胞子代测定林

清水河半同胞子代测定林营建于 2000 年，面积 20 亩，株行距 2m × 3m，参试半同胞家系 30 个，来源于普文子测林早期测定选出的精英家系。

1.2.6 种子园管理

云南省林业和草原科学院普文思茅松种子园是全国第 1 个思茅松初级种子园，地处景洪市普文试验林场，位于 101° 6′ E、22° 25′ N，北距普洱市 44km，南离景洪市 91km。种子园于 1992 年建成，特别是 2009 年入选国家林木良种基地以来，一直进行较为规范的管理，基本上代表了云南省思茅松初级种子园管理水平。普文思茅松种子园生产区现在平均树高 23.5m，平均胸径 34.3cm，平均冠幅 5~8.5m，郁闭度 0.6，密度 14~16 株 / 亩，结实株率 85% 左右，林分没有受到病虫害的危害。普文思茅松种子园于 1998 年进入结实期，2015—2017 年的种子产量分别为 120kg、160kg、105kg。近 3 年思茅松种子园种子平均产量为 128kg。

1.2.6.1 疏 伐

普文思茅松种子园生产区于 2002 年、2011 年先后开展过两次疏伐，疏伐方式为间伐，强度分别为 20%、25%，间伐对象为不结实植株和子代测定生长表现较差家系。间伐后林分结构得到调整，林内光照条件得到改善，保留木增加了营养面积，提高了保留木的种子产量和质量。

1.2.6.2 矮化断顶

为了对思茅松种子园采种母树进行矮化，以方便管理和促进结实，普文思茅松种子园分别在 10 年生（2002 年）和 15 年生（2007 年）时开展过两次矮化断顶，方法是保留下部的 3~4 轮枝条，上部从主干处截断。目前种子园平均树高 23.5m，平均胸径 34.3cm，平均冠幅 5~8.5m，采种和人工杂交很困难。总体看来，受当时技术、意识等各种限制，普文思茅松种子园的矮化管理效果不够理想，应该更早定干，通过更高频率的修剪、拉技等矮化措施培养和保持矮化丰产树形。目前思茅松的矮化修剪技术已取得突破，近年来我们分别在景洪和景谷开展了从幼树开始的矮化树体培养和种子园大树降冠的试验示范，取得了良好效果。

1.2.6.3 除 草

每年度进行两次中耕除草，时间分别为 5 月和 11 月，种子生产区全面砍除带间的杂草、灌木和萌发条，灌木伐桩不得高于 5cm。

1.2.6.4 施 肥

施肥结合中耕除草进行。每年施肥一次，时间在 6 月初，肥种为复合肥，施肥量 1.0kg/ 株。

1.2.6.5 病虫害防治

以预防为主，派专人做好采种母树的病虫害监测工作，发现病虫害及时处理，主要采用化学防治与人工防治相结合的手段进行控制，重点防治对象为思茅松毛虫、松梢螟、松小蠹等害虫。目前种子园未发生大规模的病虫灾害。

1.2.6.6 促进开花结实措施

用机械通过人工措施促进授粉，可以增加授粉率。普文无性系种子园采种母树树体高大，采用风力灭火机吹风进行人工辅助授粉，即在雌球花进入可授期时，用风力灭火机对准散粉母树吹，使花粉飞散，提高雌球花授粉的机会，提高种子园种子产量和质量。

1.2.7 半同胞优良家系材用良种选育

2017 年，普文思茅松种子园种子（云 S–CSO–PK–002–2017）通过林木良种审定，种子园良种材积增益达到 63.80%。2018 年和 2019 年根据景谷、思茅和景洪 3 个地点思茅松半同胞子代测定林遗传测定结果，选育出云林系列半同胞优良家系良种 7 个，7 个良种平均材积增益为 88.10%，在种子园良种的基础上又提高了 24.30%。这批良种基于完整轮伐期子代测定结果选育，结果稳定可靠，是当前最新最优的思茅松材用良种，云林 4 号入选 2019 年全国重点推广的 100 项林草科技成果，获得中央财政推广项目资金支持，已在普洱重点推广。

目前通过良种审定的半同胞优良家系良种分别是云林 1 号思茅松优良家系（云 S–SF–PK–001–2018）、云林 2 号思茅松优良家系（云 S–SF–PK–002–2018）、云林 4 号思茅松优良家系（云 S–SF–PK–001–2019）和云林 5 号思茅松优良家系（云 S–SF–PK–002–2019）；通过认定的良种有云林 3 号思茅松优良家系（云 R–SF–PK–014–2018）、云林 6 号思茅松优良家系（云 R–SF–PK–012–2019）和云林 7 号思茅松优良家系（云 R–SF–PK–013–2019）。团队 2017 年选育出高 α– 蒎烯、高 3- 蒈烯和高 β– 蒎烯脂用思茅松良种 3 个，分别是云林 1 号思茅松优良无性系（云 R–SC–PK–020–2017）、云林 2 号思茅松优良无性系（云 R–SC–PK–021–2017）和云林 3 号思茅松优良无性系（云 R–SC–PK–022–2017），平均实际增益最高可达 419.9%。

1.2.8 高脂良种选育

思茅松是重要的脂用树种，2020 年普洱思茅松松脂产量达到 8.36 万 t，占云南省松脂产量的 90% 以上。从 2001 年开始云南省林业科学院先后开展了高产脂思茅松优树选择、无性系选择、优良家系选择、松脂化学组分研究及松脂产脂量影响因子等方面的研究（蒋云东 等，2017）。目前在景谷县共选出年单株产脂量 20kg 以上的高产脂优树 81 个，在景谷建立优树收集区进行收集保存。在景洪普文收集保存不同时间筛选出的脂用优树共517个无性系。从2002年开始在景谷和思茅建立思茅松半同胞子代测定林和思茅松优树无性系嫁接试验。于2009年在镇沅建立了500亩高产脂思茅松种子园，2020年在景谷建立100亩的高产脂思茅松种子园。自2007年开始开展高脂思茅松杂交育种研究，已分别在镇沅和思茅建立了一批全同胞高产脂思茅松子测林。目前选育出5个高脂思茅松良种，其中2个家系良种思茅松高产脂1号和思茅松高产脂2号以松脂产量为选育目标；3个无性系良种云林1号思茅松优良无性系、云林2号思茅松优良无性系和云林3号思茅松优良无性系在高产基础上，进一步选育特定组分良种，包括高松香和高松节油含量良种。这批高脂思茅松良种在云南省已经推广上万亩，有力地促进了高脂思茅松工业原料林的定向培育。目前思茅松的脂用良种选育与材用良种选育较为独立，下一步在种质资源收集保存、育种群体组建和杂交改良上要统一考虑，实现更加紧密合理的结合。

1.3 思茅松高世代育种策略

近年来，国家和云南省相关部门对林草种业越来越重视，云南省林业和草原科学院用材林培育研究团队相继获得云南省重点研发项目“主要用材树种种质创制及高效培育技术研究（2021—2025）”和云南种子种业联合实验室“思茅松品种选育首席科学家项目（2021—2015）”等一批重大项目资助，思茅松遗传改良获得了长期稳定的支持。由云南省林业和草原科学院牵头，联合普洱市林业和草原研究所和云景林纸等思茅松主要研究与生产机构，对思茅松遗传改良进行系统规划。相关内容主要包括以下几个方面：一是分别依照基本群体、选择群体、育种群体和生产群体的现代林木育种理念对现有思茅松育种材料进行系统梳理，根据多轮育种需要提出相关群体的构建与管理方案；二是借鉴马尾松和杉木先进的高世代育种经验，初步制订思茅松高世代育种策略；三是围绕思茅松第2代育种群体构建，有序推进杂交、分子辅助育种和子代测定等工作，思茅松遗传改良正式步入了高世代改良阶段。

林木育种策略（tree breeding strategy）是针对某个特定树种的育种目标，依据树种的生物学和林学特性、遗传变异特点、资源状况、已取得的育种进展，并考虑当前的社会和经济条件，可能投入的人力、物力和财力，对该树种遗传改良作出的长期总体安排（陈晓阳，2005）。思茅松是我国分布集中、生长最快的松类树种，在云南林业产业中发挥重要的支撑作用。近年来随着当地林业产业快速发展，原料的稳定供应成为一个重要的限制因素，提高良种为核心的思茅松森林资源培育技术水平成为一个重要的课题。从20世纪90年代开展思茅松初级世代育种以来，思茅松遗传改良工作长期停滞不前，现有的多个思茅松种子园都是第1代或第1.5代种子园，先后收集保存的思茅松种质资源家底不清、用途不明，思茅松杂交育种缺乏系统规划，有限的育种资源因为低水平重复，存在不同程度的浪费。为了实现思茅松育种尽快实现升级换代，并能持续发展，迫切需要制定一个符合思茅松实际、合理可行的思茅松长期育种策略，实现思茅松初级世代育种和高世代育种有机衔接，在全面整理初级育种成果的基础上，指导思茅松高世代育种长期有序开展。

国际上主要林业发达国家对重要林木都在坚持基于轮回选择不断推进以选择、交配、遗传测定为核心的育种循环，完成更高轮次的基本群体、育种群体、选择群体和生产群体建设，这是可持续遗传改良的根本所在。在此基础上，采用转基因和基因编辑等分子育种技术，进一步改良已有林木品种或优异种质等，推动林木育种理论和技术创新，提高育种效率和效果，选育产量更高、品质更优、抗逆性更强、适应性更广的林木良种并应用于生产（康向阳，2020）。本章按照林木育种基本群体、选择群体、育种群体和生产群体的基本概念和建设要求对思茅松育种进行梳理，以选择、交配和遗传测定为核心，对思茅松育种策略进行探讨和研究，以推动思茅松高世代育种持续规范发展。

1.3.1 高世代遗传改良总体技术路线

如图1-12所示，思茅松第2代遗传改良基本上可以划分为三个阶段：第一阶段的目标是建立思茅松第2代遗传改良基本群体，在第1代优树和半同胞子代测定的基础上选择第1代育种群体，通过杂交创制全同胞子代并营造全同胞子代测定林，并纳入20世纪90年代以来营建的全部半同胞子代测定林和一些现有优树资源；第二个阶段是以子代测定结果为依据，从子测林和外部群体中选择优树建立第2代选择群体、育种群体和核心育种群体，同时选育家系良种；第三个阶段的目标是建设相关群体的保存基地，建设种质资源库长期保存筛选出的选择群体与育种群体；营建第2代育种园，保存第2代核心育种群体，为下一轮育种提供便利的杂交育种基地；建设第2代种子园，通过生产群体建设生产高世代良种；最后，营建良种示范林，及时将本轮遗传改良的成果进行示范推广。需要指出，思茅松第 2 代遗传改良是一个长期不断完善的过程，不同阶段的工作会有交叉和重叠。

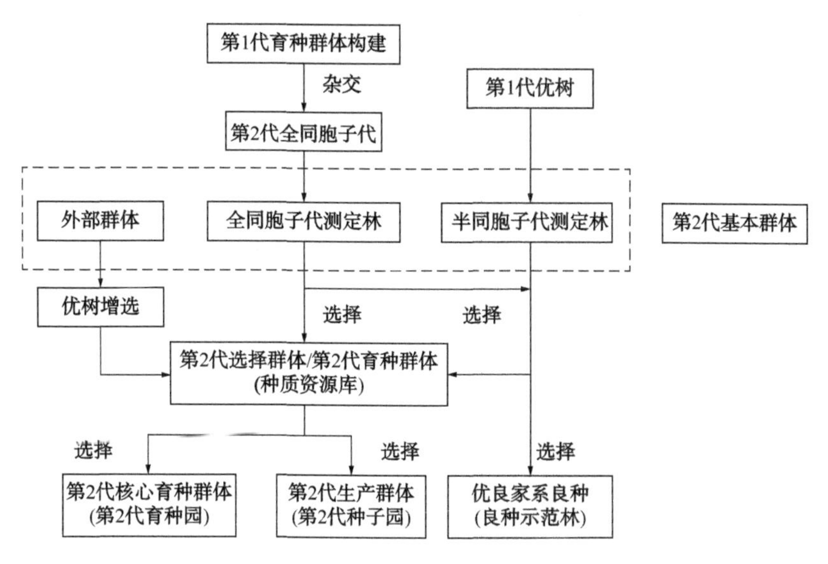

图 1-12 思茅松第 2 代遗传改良总体路线

1.3.2 育种材料的管理

云南省是思茅松集中分布区，具有丰富的思茅松育种资源，40 多年来，云南省林业和草原科学院等机构先后收集了大批思茅松优良种质资源，为了对这些种质资源进行系统管理，充分发挥其育种价值，支撑思茅松多轮育种循环，我们对思茅松育种资源根据功能进行了系统的整理和分类。

1.3.2.1 基本群体

某一特定改良世代的基本群体由所有可能利用的树木组成，包括成千上万个基因型。思茅松第 1 代遗传改良的基本群体为云南省内思茅松分布区的所有思茅松天然林。

对于思茅松第 2 代遗传改良，其基本群体包括第 1 代种子园的自由授粉半同胞子代和第 1 代育种群体的全同胞杂交子代，已有思茅松半同胞子代测定林中有 3 万多单株，全同胞子代测定林计划包括约 5 万以上单株。现代林木遗传改良实践中，对代际的要求不是非常严格，根据多目标性状改良的需要，现有收集保存的高脂、长节、细枝、多花和高抗等种质资源也都汇入思茅松第 2 代遗传改良基本群体，约 2 万单株。全部加起来，思茅松第 2 代遗传改良基本群体计划达到 10 万个基因型以上。

1.3.2.2 选择群体

选择群体主要由基本群体中挑选出来的优树组成，一般包括几十个到上千个基因型。思茅松第1代选择群体优树分别保存于3个思茅松种子园优树收集区和普文思茅松种质资源库。包括材用优树478个无性系，保存于普文种子园优树收集区、澜沧种子园优树收集区和普文种质资源库；思茅松脂用优树656个无性系，保存于普文林场思茅松种质资源库、景谷和宁洱高脂优树收集区。

思茅松第2代遗传改良的选择群体以半同胞子代测定林和全同胞子代测定林为主体，采用配合选择和混合选择方法，计划从5块已有思茅松半同胞子代测定林中选出优良家系优良单株150株；通过杂交创制1000个全同胞家系，在景谷、景洪和思茅营建3~5块全同胞子代测定林，从全同胞子代测定林中选择优良家系优良单株约500株，补充其他外部优树100株，总共建立约750个无性系的第2代选择群体。

1.3.2.3 育种群体

育种群体来源于选择群体的部分或全部优树，通过基于不同交配设计的基因重组获得遗传增益提高的遗传变异。林木遗传改良的根本任务是持续提高林木的整体遗传品质，每一轮育种群体的遗传多样性都应该维持在一个合理的水平，才能避免育种材料的遗传基础不会随着代数增加越来越窄，保证育种群体的合适规模也是减少子代共祖率的有效手段。思茅松作为集中分布的地方性树种，人工林造林面积大，遗传多样性容易丧失。这对思茅松遗传改良工作提出了更高要求，既要不断选育高遗传增益的良种，又要注意在每一轮改良中维持合理的遗传多样性，确定育种群体的规模非常重要。为此，我们开展了全分布区思茅松基本群体的遗传多样性研究，将思茅松基本群体的遗传多样性作为重要的参考指标，结合现有育种材料和可能的育种规模，将第1代思茅松核心育种群体的规模确定为50个。通过半同胞子代测定，结合亲缘关系分析结果，从普文种子园122个无性系中选出40个优良无性系，从澜沧种子园中选出10个优良无性系，合计50个无性系建立了第1代思茅松核心育种群体。

思茅松第2代遗传改良的育种群体正在创建，计划通过子代测定和亲缘关系分析从第2代选择群体中筛选350个无性系组建第2代育种群体，建设种质资源库对其进行长期保存。从第2代育种群体中进一步筛选60个左右无性系组建第2代核心育种群体，建设第2代育种园对其进行矮化保存，用做下一轮遗传改良骨干亲本和第2代种子园主体建园材料。

1.3.2.4 生产群体

生产群体同样来源于选择群体的部分或全部优树，其功能是扩大繁殖足够数量的良种株系以满足年度造林工程需求，又称为繁殖群体，一般由几十个到上百个优良基因型组成。思茅松的生产群体包括初级种子园和第 1.5 代种子园，初级种子园包括普文思茅松初级种子园和澜沧思茅松初级种子园，面积共 1500 亩。利用普文思茅松半同胞子代测定优选出的 40 个优良无性系先后建立了普文第 1.5 代思茅松种子园、景谷文朗林场第 1.5 代思茅松种子园、景谷云景林业开发有限公司思茅松第 1.5 代思茅松种子园，面积 1150 亩。此外还建有景谷文朗高产脂种子园 100 亩（31 个建园无性系）和镇沅县古城高产脂种子园 500 亩（40 个建园无性系）。

思茅松第 2 代遗传改良生产群体材料主要来源于第 2 代核心育种群体，高世代种子园的建设方案见本书 1.3.7。

1.3.3 育种群体的结构划分

为了对育种群体进行科学管理，充分发挥育种材料的价值，方便杂交交配设计，需要对思茅松育种群体进行结构细分。

1.3.3.1 思茅松第 1 代育种群体的结构划分

通过普文林场思茅松半同胞子代测定，根指育种值逆向选出 40 个思茅松优良无性系，补充部分澜沧种源和高产脂材料后，开展基于 SSR 分子标记的亲缘关系分析，对第 1 代思茅松育种群体进行结构划分，亲缘关系较近的划分在同一亚系（subline）。最终由 8 个育种组（每组 6 个无性系）组成思茅松第 1 代核心育种群体。

1.3.3.2 思茅松第 2 代育种群体的结构划分

思茅松 2 代育种群体正在创建中，主要包括自由授粉子代和全同胞子代。近期将从现有思茅松半同胞子代测定林中选取第 2 代优树，再通过基于 SSR 分子标记技术划分亚系和分组，计划利用半同胞子代优树组建 3~5 个亚系、每个亚系 3~5 个组，每个组 6 个无性系，合计约 100 个无性系。现在开始，分期分批对利用第 1 代核心育种群体亲本杂交育种得到的子代开展遗传测定。计划通过杂交创制约 1000 个全同胞家系并开展子代测定，10 年内从全同胞子代测定林中筛选 250 个左右优树无性系纳入第 2 代育种群体，划分为 10 个左右亚系，每个亚系 4~5 个组，每个组 6 个无性系。最终再从第 2 代育种群体中选出 60 个无性系组建核心育种群体，初步计划将其分为 3 个亚系，每个亚系 3~4 组。育种群体和核心育种群体的规模分别满足基本群体遗传多性的 70% 和 50% 以上，第 2 代核心育种群体是第2代种子园建园的主体材料和更高轮次育种的骨干亲本。

1.3.4 高世代杂交育种方案

1.3.4.1 交配设计方案

杂种优势是指两个遗传性不同的亲本杂交所产生的杂种第1代在生长势、生活力、抗逆性、产量和品质等方面比双亲优异的现象。为充分利用杂种优势，同时控制杂交规模减小劳动量，借鉴国内马尾松的高世代遗传改良经验，思茅松高世代育种群体杂交育种交配设计以测交设计为主，以不同亚系组间的正向和反向测交为主，根据需要也可采用不连续双列杂交、全双列和半双列交配设计。

1.3.4.2 杂交试验规模

在杂交试验中，亲本的数量必须合理可行，如果亲本数量过多，除工作量太大外，还往往因为花粉和可授粉母株等因素限制，导致杂交困难，难以获得杂交试验的完整子代材料，相反如果杂交亲本太少，则获得的全同胞子代少，遗传测定的误差也大。根据最近几年的杂交实践，结合思茅松现有育种场所和母树规模，测交设计的规模宜以6×6为主，每组交配设计可以产生36个杂交组合家系，也可少量采用8×8，每个测交设计可以产生64个杂交组合家系。子代测定采取多点测定，至少包括一组交配设计的所有组合。

1.3.4.3 选择方法

第2代育种群体选择，分别在景洪普文林场、景谷文郎林场和澜沧现有思茅松半同胞子代测定林开展第2代半同胞优树选择，基于生长量采用混合选择与配合选择相结合的方法，配合选择家系入选率20%，单株入选率15%；混合选择单株入选率2%，计划从思茅松半同胞子代林中选取100个左右的优树无性系纳入第2代育种群体；当全同胞子代测定林达到测定年龄时，开展全同胞子代测定，全同胞子代第2代优树的选择方法同半同胞子代优树选择，计划从全同胞子代中选取500个优树无性系纳入第2代选择群体，选择其中250个无性系纳入第2代育种群体。

思茅松第2代种子园建园材料初选，基于亲缘关系分析对第2代育种群体进行亚系和育种组划分，同一个亚系内选择生长量在前10%的无性系作为思茅松第2代种子园的建园材料，来自同组无性系不超过2个。

思茅松优良家系选择，通过半同胞子代测定和全同胞子代测定开展优良家系选择，及时审定认定育种用于生产推广，家系入选率为10%，入选家系变异系数应处于全部参试家系的最小30%内。

1.3.5 杂交育种基地

思茅松的第 1 代育种，种子园同时承担生产群体和育种群体功能，同一无性系分散布置，且因矮化不到位树体高大，导致杂交非常费时困难，甚至有一定作业危险，效率不高。现在思茅松杂交试验主要在普文思茅松种子园和景谷云景林业开发公司开展，树体高达 16~20m，使用高空作业车载人进行杂交作业，存在一定风险，效率不高。在思茅松第 2 代遗传改良中，生产群体和育种群体应该分别建立。计划建设思茅松育种园保存第 2 代核心育种群体，育种园根据亚系和育种组进行分区，同一无性系分株集中配置，并及时开展矮化修剪，培养矮化丰产树体，方便花粉采集和控制授粉，提高育种效率。

1.3.6 全同胞子代测定试验布置

思茅松集中分布于云南南部山区，受到山地地形限制，子代测定林的规模不宜过大，一个完整测定的家系数量在 50 以内为宜，采用 5 株一小区，8~10 次重复。造林的株行距以 2m × 3m 为宜，同一小区的 5 棵单株在同列上顺坡布设，当林地边缘不足 5 株时，另起一列种植，林缘空位改植保护树，保证同一个 5 株小区所有单株都处于同一列上不跨列。重复内随机安排参试家系，排完一个重复后，接着开始下一个重复。这种试验布置方法具有布置方便、节约用地和后期调查定位简单的优点，比较适合云南山地地形。造林完成后，用不同规格的水泥桩设置永久标识，标记每个试验重复和小区，绘制详细的家系配置图。

1.3.7 高世代种子园

思茅松林是云南南部重要的地带性植被，人工林经营周期为 15~30 年，除了纸浆、林板和松脂工业原料林营建外，还有相当大规模的生态林营建任务。在持续提高思茅松遗传品质的同时，还要保持合理的遗传多样性，这就决定了思茅松的遗传改良不能走遗传型单一的无性系之路，可持续的多轮遗传改良是更为合理的选择，通过多轮改良不断提高基本群体的总体遗传品质，为思茅松森林质量提升奠定基础。当然，在多轮遗传改良的基础上，通过有性创造、无性利用的途径，选育一些无性系良种用于工业原料林集约化培育也是有价值的。总体看来，高世代种子园目前应该是提供思茅松用材林良种的主要方式。根据建设条件和尽快将高世代良种投入生产的原则，可以分阶段建设思茅松高世代种子园。第一阶段是结合育种园的建设，利用第2代育种群体中现有半同胞子代优树建设临时的思茅松2代种子园；第二个阶段是当思茅松第2代育种群体组建完成后，以核心育种群体为主体建设思茅松第2代种子园，在遗传增益获得显著提高的同时，子代的遗传多样性也要保持在一个合理的水平。此外，也可利用数组配合力最高的无性系建设生产性种子园，为高度集约化经营的工业原料林营建提供良种。

1.3.8 分子辅助育种

从20世纪90年代以来，思茅松分子生物学研究陆续开展了一些工作，陈少瑜等（2001）最早用等位酶分析方法对普文思茅松种子园进行了遗传多样性和遗传结构分析。吴涛和赵能等（2017）对思茅松EST-SSR标记进行了系统识别，并开发了专属、稳定有效的标记引物。王毅等（2015，2018，2019）克隆获得了思茅松DXS、HDR和HMGS等基因，通过功能分析发现松脂代谢与这些基因密切相关。

近年来分子技术在林木育种中的应用越来越广，现代分子生物技术日新月异，长远来看，设计育种和基因编辑等新技术在林木育种上潜力很大，但是分子辅助育种成功应用例子极少。这是因为林木目标性状大多属于数量遗传，基因与环境互作效应显著，加之分子标记与QTL（quantitative trait locus）间低水平连锁因素，分子标记辅助选择难以取得较表型选择更好的效果（康向阳，2019）。因此，在思茅松分子辅助育种的研究上我们坚持必要且有效的原则，现阶段分子辅助育种研究主要用于遗传多样性分析，基于亲缘关系辅助亲本选择和育种群体结构划分。下一步，将从两个途径加强分子标记研究，通过基因型鉴定缩短育种周期：一是研究通过高密度分子标记遗传连锁图谱构建及重要数量性状的QTLs定位，将影响数量性状的多个基因剖分开，并寻找与其紧密连锁的分子标记，建立了表型性状与分子标记之间的联系；二是开展通过组学分析（转录组、代谢组及基因组）对重要经济性状的分子机理解析，找到与性状相关的功能基因，通过基因组测序找到多态性位点，研发重要经济性状分子标记。

1.4 结 论

在对思茅松第一轮遗传改良情况系统回顾的基础上，参考国内外相关经验与主流做法，研究提出了思茅松高世代遗传改良育种策略。在高世代遗传改良策略研究中，明确了思茅松高世代遗传改良的总体技术路线，分别按照林木遗传改良基本群体、选择群体、育种群体和生产群体对在第一轮遗传改良情况进行梳理，对高世代遗传中相关群体建设进行了系统明确规划。这是云南省首次提出思茅松高世代育种策略，也是首次对思茅松遗传改良作出长期规划和具体安排，有助于解决思茅松育种工作零散和低水平重复问题，对思茅松高世代遗传改良具有重要促进作用。最后，思茅松高世代育种策略是一个开放的育种计划，随着育种技术发展和遗传改良工作推进，对育种策略必要的局部优化不会影响其对育种的总体指导作用。

第 2 章　思茅松的遗传多样性

2.1　遗传多样性含义、研究方法及意义

2.1.1　遗传多样性含义及意义

遗传多样性（genetic diversity），广义上是指地球上所有生物所携带的遗传信息的总和，但通常所说的遗传多样性是指种内不同种群之间或一个种群内不同个体的遗传变异（田兴军，2005）。任何一个物种都具有独特的基因库和遗传结构，同时同一物种的不同个体间又存在丰富的遗传变异，他们构成了生物丰富的遗传多样性。遗传多样性是生物多样性的核心，是生态系统多样性和物种多样性的基础（马克平，1993）。

遗传多样性是生物生存、发展、进化的基础，可以体现在种群、个体、组织、细胞及分子等不同水平上，其表现形式也是多层次的，包括形态特征、细胞学特征、生理特征、基因位点及 DNA 序列等不同方面，其中 DNA 序列的多样性是遗传多样性的根本（沈浩 等，2001）。通常，遗传多样性最直接的表现形式就是遗传变异水平的高低。然而，对任何一个物种来说，个体的生命是短暂的、有限的，而由个体构成的种群作为进化的基本单元，在时间上连续不断，在分布上有特定的分布格局，形成一定的种群遗传结构。可见，种群遗传结构（即遗传变异或基因和基因型在时间和空间上的分布式样）是遗传多样性的另一个重要表现形式，受突变、基因流、自然选择和遗传漂变的共同作用，同时还和物种的进化历史及生物学特性有关（Liu et al.，1999）。综上所述，一个物种的进化潜力以及对环境的适应能力既取决于种内遗传变异的大小，也有赖于种群的遗传结构。

遗传多样性的研究具有重要的理论和实践意义。首先，遗传多样性是物种长

期进化的产物，是其生存和发展的前提。遗传多样性水平越高（或遗传变异越丰富）的物种（或群体）对环境的适应能力就越强，越容易扩展其分布范围、开拓新环境，也可以说物种进化的速率与其遗传变异的程度正相关（彭幼红，2006），所以研究物种（或群体）的遗传多样性可以揭示其进化历史，也可以进一步分析其进化潜力和未来命运（Booy et al.，2000；季维智 等，1999）。其次，遗传多样性研究是对遗传资源，尤其是对珍稀濒危资源采取科学有效保护措施的前提和基础。只有掌握和了解种内、种间遗传变异及分化程度、时空分布特征及其与环境的关系，才能采取科学有效的措施来保护生物多样性，保护人类赖以生存的遗传资源（孙涛，2002）。再次，遗传多样性研究为生物相关学科提供背景资料，例如，遗传多样性的系统研究能加深人们对物种系统进化的认识，有助于人们清楚地认识生物多样性的起源和进化，尤其为高等动植物的分类、系统进化研究提供有益资料。最后，遗传多样性研究不仅与遗传资源的收集、保存和更新密切相关，而且是遗传改良和种质创新的基础。准确评价遗传多样性，不仅可以为亲本选配、后代遗传变异程度及杂种优势的预测提供预见性指导，而且还有助于了解品种间的系谱关系，为品种鉴定和品种分类提供有效的技术手段。

2.1.2　遗传多样性研究的技术和方法

遗传多样性的系统研究始于 19 世纪，1859 年达尔文的《物种起源》揭示出生物中普遍存在变异现象，而且发现大部分变异可以遗传，他把这种可遗传的变异称为多样性（陈珊珊 等，2010）。之后孟德尔遗传定律的重新发现，摩尔根染色体遗传学及后来发展的细胞遗传学提供的科学实验证据，充分证实了在自然界中确实存在大量的遗传变异。

随着生物学理论和技术的不断进步，实验条件和方法的不断进步，遗传多样性检测的方法日益成熟，而且从不同角度、不同层次来揭示物种的变异。遗传学中通常将基因型的特殊易于识别的表现形式称为遗传标记（genetic markers），并用于研究植物的遗传变异规律（贾继增，1996）。纵观其发展，主要有 4 种不同的遗传标记被用于检测物种的遗传变异，他们分别是形态学标记、细胞学标记、生化标记和分子标记。遗传标记对遗传学的建立和发展起着非常重要的作用，也是作物遗传育种研究的重要技术之一（解新明 等，2000）。遗传标记通常具备多态性（polymorphism）、共显性（codominance）、可以鉴别纯合或杂合基因型和易于观察、不影响主要农艺性状等 4 个特征。

2.1.2.1 形态学标记

形态学标记（morphological markers）是可用于检测遗传多样性的植物表型形态特征，包括用肉眼即可识别和观察的典型特征以及借助简单测试即可识别的性状特征，如生理特性、生殖特性、病虫抗性等。通常所利用的表型性状有两类：质量性状和数量性状。形态学标记已被广泛应用于遗传图谱的构建、系统进化、种质资源遗传多样性研究、种质资源的分类和鉴定以及杂交亲本选配、核心种质构建等研究中（贾继增 等，1994，1996；Zizumbo-Villarreal et al.，2005；Plejdrup et al.，2006；李可峰 等，2006）。

虽然形态学标记具有简便、易行、快速等优点，但是，由于表型性状是基因与环境共同作用的结果，形态学标记往往容易受到环境因素、发育阶段等影响，而且形态标记数量较少、可鉴别的标记基因有限、观测标准容易受到主观判断影响，这些因素限制了形态学标记在遗传多样性研究中的应用。因此，要更加准确、全面系统地了解物种的遗传多样性，仅依靠形态学标记是远远不够的，还必须结合其他的标记技术进行全面系统的研究。

2.1.2.2 细胞学标记

细胞学标记（cytological markers）是指能够明确显示遗传多样性的细胞学特征，主要包括染色体的核型和带型分析。染色体是遗传物质的载体，是基因的携带者。与形态学变异不同，染色体的变异必然会导致生物体的遗传变异，它是物种遗传变异的一个重要来源。研究表明，任何生物的天然群体中都存在或大或小的染色体变异，这些变异在进化过程中起着非常重要的作用。染色体的核型分析是对一个物种染色体数目（整倍性或非整倍性）、染色体结构（缺失、易位、倒位、重复等）以及染色体形态特征（染色体大小、缢痕和随体的有无、着丝点位置）等进行观测和分析，以反映物种或群体的遗传多样性情况。染色体带型分析（chromosome banding）是对通过特殊染色程序使染色体显现颜色深浅、宽窄和位置顺序等不同的带纹进行分析，常见的有 C 带、G 带、R 带、Q 带等（李竟雄 等，1997），从而揭示染色质和异染色质的分布和差异，进一步体现种间或种内遗传差异。植物染色体的数目、形态是最稳定的细胞学特征之一，染色体的核型、带型是探讨植物亲缘关系和进化趋势的一个重要途径（李懋学，1991）。

细胞学标记直观、稳定，克服了形态学标记易受环境影响的不足，但是用于细胞学标记的材料不易获取。一方面用于细胞学标记分析的材料需要花费较大的人力和较长时间的培育，另一方面，由于忍受染色体结构和数目变异的能力较差而难以获得相应的标记材料；对于染色体数目相同、形态相似的物种、类群或个体，用细胞学标记就缺乏足够的分辨能力获得相应的信息用于多样性研究。至今，可利用的细胞学标记数目仍非常有限，导致该技术的应用受到一定限制（严华军 等，1996；冯夏莲 等，2006）。

2.1.2.3　生化标记

生化标记（biochemical markers）是指利用植物代谢过程出现的可用于进行多样性分析的生物大分子或生物化合物等特征标记，主要包括香精、类黄酮、糖苷类、萜类等次生代谢物以及基因表达产物蛋白质（酶蛋白和非酶蛋白）为基础的生物大分子。由于受到次生代谢物分离和检测技术的限制，次生代谢物作为遗传标记用于遗传多样性分析的实际应用很有限（Khanuja et al.，2005）；而有许多蛋白质，因数量丰富、分析简单快速，能更好地反映遗传多样性，成为比较理想的遗传标记。在非酶蛋白中，大量应用的是种子贮藏蛋白（Metakovsky et al.，2000；Zarkadas et al.，2007），而且以醇溶蛋白和谷蛋白为主；酶蛋白中，同工酶（isoenzyme）标记技术被广泛应用（王中仁，1994；郭江波 等，2004；任晓月 等，2010）。同工酶是指具有相同催化功能而结构和理化性质不同的一系列酶的总称，具有组织、发育和物种的特异性。同工酶结构的差异来自基因类型的差异，其电泳酶谱的多态性可能由不同的基因导致，也可能由同一基因的不同等位基因导致（又称等位酶 allozymes）。

同工酶标记技术是 20 世纪 60 年代兴起的一项遗传标记技术，广泛应用于种群遗传结构与交配系统研究、种群内与种群间等位基因频率的估测以及品种鉴定等研究（潘丽芹 等，2005；Mijangos-Cortes et al.，2007；Xu，2007）。目前，国际上已经形成了一套非常成熟的电泳、染色、遗传分析和数据处理的同工酶标记技术和方法。同工酶在生物界普遍存在，具有共显性（来自双亲的一对等位基因可以在杂交后代中同时被检测出）和相对稳定的特点，有试验材料需要量少、试验操作相对简单的优势。然而，同工酶分析技术仍存在一些不足，比如同工酶是基因表达的产物，其表达具有组织特异性，易受发育阶段的影响；只能检测编码蛋白的基因位点，不能检测非结构基因位点；可利用的具有多态性的同工酶种类有限，而且每种酶检测的位点数量较少；多态性不高；对电泳分析的样品要求较高，常规电泳方法只能检测出 DNA 序列中 1/4 左右的碱基替换（沈浩 等，2001）。因此通常情况下，同工酶标记在敏感性和多态性上都逊色于 DNA 分子标记。

2.1.2.4 分子标记

分子标记（molecular markers）也称DNA分子标记，是以个体间核苷酸序列差异为基础的能直接反映DNA水平差异的遗传标记，是形态学标记、细胞学标记及生化标记之后广泛应用的一种遗传标记。与前3种标记相比，DNA分子标记拥有诸多优势：①可靠性高，不受环境因素、取样部位和发育阶段的影响，不存在基因表达与否的问题；②数量多，几乎遍及整个基因组；③多态性高，自然存在着许多等位变异，不需要专门创造特殊的遗传材料；④表现为"中性"，不影响目的基因的表达，与不良性状无必然的连锁；⑤大多表现为共显性，能够鉴别纯合基因型与杂合基因型，提供完整的遗传信息（王永飞 等，2001）。由于以上其他标记不可替代的特点，自1974年Grodzicker等（1974）创立限制性片段长度多态性以来，DNA分子标记技术快速发展，日趋成熟。尤其是20世纪90年代以来，DNA分子标记在生命科学领域的研究和应用非常活跃，不仅应用广泛，而且新的分子标记技术不断涌现。至今，DNA分子标记技术已广泛应用于生物多样性分析、遗传图谱构建、种质资源的分类鉴定以及系统进化、品种或杂交种纯度的鉴定、辅助育种等各研究领域，并日益凸显其优势。

理想的DNA分子标记应具备以下特点：①遗传多态性高；②共显性遗传，信息完整；③在基因组中大量存在且均匀分布；④选择中性；⑤稳定性、重现性好；⑥信息量大，分析效率高；⑦检测手段简单快捷，易于实现自动化；⑧开发成本和使用成本低。但至今没有一种DNA分子标记能完全具备上述特点。目前开发了很多分子标记技术，根据多态性检测手段，分子标记技术主要有4类：①以分子杂交技术为基础的分子标记（原位杂交、RFLP、VNTR、DNA芯片、小卫星DNA等）；②兼备分子杂交和PCR特点的分子标记（原位PCR、mRNA差别显示等）；③以PCR技术为基础的分子标记（AFLP、ISSR、SSR、RAPD、AP-PCR、DAF、SCAR等）；④以测序和DNA芯片技术为基础的分子标记（EST、SNP、STS、SAP、ITS、PCR-SSCP等）。以上4类标记各具特色，层次特点不同，有各自的优势和局限性，为不同的研究目标提供了丰富的技术手段，在具体的研究中，应根据所分析材料的遗传背景、研究目的以及实验条件选择确定适合的技术，或同时结合几种标记技术，以便多层次、多角度，更全面、更准确地揭示物种或种群的遗传多样性水平。

2.1.3 分子标记在松属树种遗传多样性研究中的应用

松属（*Pinus*）包含约100个种，占裸子植物的20%左右，是北半球分布最广、在森林生态系统和人工林中占有重要位置的一类树种（Brown et al.，2001），与其他树种相比，松树有寿命长、雌雄同株、异交、变异丰富等特性，在经济建设、保持水土、生态平衡等方面发挥重要作用。尤其是湿地松（*Pinus elliottii*）、火炬松（*P. taeda*）等南方松树已成为工业原料林和速生丰产林的主要树种，不仅能够生产木材、纸张，而且其松脂也是重要的化工原料。但是，松树较长的生长周期极大地限制了其育种工作的开展。随着生物技术的快速发展，建立在DNA 基础上的 RFLP、RAPD、AFLP、SSR 等分子标记在松树的遗传多样性、亲缘关系、遗传作图、基因定位以及标记辅助选择等方面得到了广泛的研究和应用。

2.1.3.1　基于分子标记的松属树种遗传多样性研究

遗传多样性是生物多样性的基础，高水平的遗传变异有利于保证资源收集的多样性以及种质创新所必需的广泛的遗传基础。对于林木来说，遗传多样性的数量和方式决定了它适应环境变化的能力，是维持森林生态系统长期稳定的基础（张春晓 等，1998），同时也反映出物种被改造和利用的潜力。就松属树种来说，目前研究较多的主要有马尾松（*P. massoniana*）、红松（*P. koraiensis*）、油松（*P. tabulaeformis*）、云南松（*P. yunnanensis*），其他诸如华山松（*P. armandii*）、黄山松（*P. taiwanensis*）、樟子松（*P. sylvestris*）、辐射松（*P. radiata*）、火炬松（*P. taeda*）等松树也有一些基于分子标记的遗传多样性研究的报道。对于红松的遗传多样性研究，Mosseler 等（1992）利用 RAPD 标记进行退化的红松天然林的遗传多样性，结果表明群体遗传变异较低，即遗传多样性的水平较低。吕建洲等（2005）、吴隆坤等（2005）分别采用 RAPD 和 ISSR 分子标记对凉水和丰林 2 个红松居群共 74 个单株进行遗传多样性分析，结果表明凉水居群的遗传多样性高于丰林居群；张恒庆等（2000）利用 RAPD 标记对凉水国家自然保护区 8 个样地 72 个红松单株进行遗传多样性分析；夏铭等（2001）对中国东北 3 个天然红松种群 60 个单株进行遗传多样性分析；杨传平等（2005）利用 ISSR 分子标记对俄罗斯西伯利亚引种的红松种源多样性分析；冯富娟等（2007）对露水河种子园红松优良无性系分别进行遗传多样性研究。他们的研究都得到了类似的结论，即种源（群体）具有较高的遗传多样性，遗传变异主要来自群体内，群体内存在一定的遗传分化。冯富娟等（2008）的研究还表明红松种源的遗传距离和地理距离相关性不明显。邵丹等（2007）应用叶绿体微卫星（cpSSR）技术对凉水国家自然保护区天然红松种群的遗传多样性在时间尺度上的变化进行了遗传分析，结果表明凉水保护区内的红松种群遗传多样性在近320年内没有发生太大的波动，龄级间遗传多样性的分化不明显，遗传多样性主要存在于龄级内；陈家媛等（2009）应用ISSR分子标记对本溪草河口林场的红松人工林2个种群的60个单株进行遗传多样性分析，结果表明，喜鹊沟种群的遗传多样性大于烈士墓种群，草河口林场红松人工林保存了较丰富的遗传多样性，能够满足人工造林种源基地对遗传多样性的要求。张巍等（2017）对10个红松种源进行ISSR分子标记分析，结果显示小兴安岭林区红松具有丰富的遗传多样性，红松各种源存在显著的遗传差异，差异与地理分布呈正相关。黑龙江省林口青山红松无性系种子园216个单株的ISSR多态性分析结果表明林口青山种子园的红松无性系有较高的遗传多样性水平，人工栽培驯化过程中并未丢失遗传变异，种子园的红松无性系可用于培育优质红松单株（童茜坪 等，2020）。

马尾松具有速生、丰产、适应能力强、全树综合利用程度高等优良特性，是我国南方最主要的优质针叶用材树种之一，马尾松遗传多样性研究主要集中在对不同种源天然群体、优良无性系、无性系种子园以及第1代、第2代育种群体的遗传多样性研究。李广军等（2011）利用ISSR分子标记技术对广西古蓬种源区3个不同地点的马尾松天然林47个单株进行遗传多样性分析；李志辉等（2009）对广西古蓬和浪水两个种源区的马尾松天然林5个群体共85个单株进行遗传多样性分析；杜明凤等（2016）应用ISSR分子标记技术，对来自广西、贵州3个种源的马尾松群体开展遗传多样性、遗传结构及遗传距离等研究；冯源恒等（2016a）利用SSR分子标记分析了广西桐棉马尾松群体的遗传结构，研究和探讨天然群体多样性的水平、结构和特点，为保护和利用马尾松天然群体优良种质资源及其遗传多样性提供有用的信息。冯源恒等（2016b）采用SSR标记对3个时期收集的广西马尾松3个优良种源进行遗传多样性研究，结果表明随着时间的推移，马尾松天然资源受到的人为干扰愈来愈强烈，遗传多样性正逐步丧失，急需开展有针对性的保护。种子园遗传多样性是建立在遗传增益基础上的，只有保证了种子园较高遗传增益，建立的种子园才有意义；同时又必须保证丰富的遗传多样性，以确保较宽的遗传基础。艾畅等（2006）对福建五一，朱必凤等（2007）对广东韶关，张薇等（2008）对福建白沙这3个地区马尾松种子园的遗传多样性进行了研究；张冬林等（2010）对湖南城步、杨玉洁等（2010）对湖南桂阳这2个地区的马尾松第2代种子园的遗传多样性进行了研究；以上研究不仅对所建种子园进行了评价，而且针对种子园进一步的经营和管理提出了科学建议。杨雪梅等（2018）利用 ISSR 分子标记技术对贵州省马尾松主要分布区天然林群体、贵州省都匀马尾松种子园基因收集区、种子园建园亲本及子代进行了遗传多样性分析，结果表明贵州省马尾松天然林群体保持较高的遗传多样性，变异主要存在于种源内；都匀马尾松种子园和子代仍然存在较高的遗传多样性水平，人工选育的过程并没有导致遗传变异的范围变窄，种子园还有进一步选择的潜力；种子园收集区遗传多样性较低，需要进一步收集种质资源加以补充。近年来，遗传多样性研究在马尾松第 1 代、第 2 代育种群体管理、亲子代遗传多样性评价以及育种策略的制定等方面的理论指导和应用有不少研究报道，具体内容可参见冯源恒等（2016c，2017，2018）、张一等（2009，2010）、谭小梅等（2012）、朱亚艳等（2014）的研究报道。

油松（*Pinus tabulaeformis*）是我国特有的针叶树种，构成了我国北方温带针叶林中分布最广的群落。国内对油松的遗传多样性和遗传结构研究较多，其中包括采用酸性聚丙烯酰胺凝胶电泳（A-PAGE）技术（李毳 等，2005，2006；王意龙 等，2007）以及 RAPD、ISSR 和 SSR 技术对油松天然群体的遗传多样性研究（周飞梅 等，2008；赵飞 等，2011；张静洁 等，2011；李明 等，2012，2013；武文斌 等，2018）。李悦等（2000）采用水平淀粉凝胶电泳的同工酶分析对油松育种系统中 6 个群体进行了遗传多样性研究，陈建中等（2010）和郭树杰等（2011）采用 RAPD 分子标记技术分别对太行山东麓油松种子园内 40 个无性系以及陕西陇县八渡油松种子园的 14 个无性系的遗传多样性进行分析，王虎等（2012）对油松第 2 代种子园遗传多样性进行了 RAPD 分析；袁虎威等（2016）开展了山西油松第 2 代种子园亲本选择与配置设计；程祥等（2016）运用 10 对 SSR 引物对油松无性系种子园内 3 个配置区共 63 个无性系及 320 个子代进行研究，选择第九配置区的亲子代群体进行了固定配置与交配系统关系的研究，以上研究为油松育种及种质保存和开发利用提供了科学支撑。

国内对其他松树，如云南松（*P. yunnanensis*）、华山松（*P. armandii*）、湿地松（*P. elliottii*）等也有遗传多样性的研究报道。许玉兰等（2015）以 20 个云南松天然群体为对象，应用 SSR 分析表明云南松遗传变异主要存在于群体内，各群体间的遗传多样性水平差异不显著，同时，基于遗传多样性分析结果，采用逐步聚类优先取样法，构建并检验了云南松的保护单元。通过 SSR 分子标记技术分析云南松留优去劣、无人为择伐和伐优留劣三种方式的遗传多样性，比较遗传多样性的变异规律，结果显示不同择伐方式对云南松群体遗传多样性的影响不明显，生产中可对林分适度择伐，且保留优质木（许玉兰 等，2019）；周安佩等（2016）采用AFLP分子标记技术，对5个云南松纯林居群中选取的直干形和扭曲形共149份植株进行分析，研究结果表明不同干形云南松的遗传多样性水平与干形种类无明显的相关性，干形变异受较强的遗传控制。赵杨等（2012）利用ISSR分子标记技术对贵州省平坝华山松无性系种子园及两个不同年份的子代进行遗传多样性分析，结果表明种子园遗传多样性处于较高水平，遗传变异主要存在于种源内；与种子园亲代群体相比，结实初期（1988年）子代群体遗传多样性指数有所降低，结实后期（2007年）子代遗传多样性降低较大，需要采取措施提高种子产量和品质。刘成等（2020）利用SRAP分子标记对云南楚雄市紫溪山华山松种子园6个种源的60个华山松无性系进行遗传多样性分析，结果显示紫溪山华山松种子园无性系间的遗传分化处于较高水平，研究为华山松杂交育种时亲本的选配以及种质资源的评价提供了分子水平的理论依据。李义良等（2014，2018）采用SSR、SRAP分子标记对22份湿地松和28份加勒比松种质资源进行遗传多样性分析，采用ISSR分子标记技术对二者的8个杂交后代家系进行了遗传多样性研究，结果表明湿地松和加勒比松种质资源存在丰富的遗传多样性，8个家系间的基因流较低，遗传变异主要存在于家系间。

2.1.3.2 思茅松的遗传多样性研究

思茅松遗传改良的研究工作在20世纪80年代就开始了，然而思茅松遗传多样性的相关研究在21世纪初才陆续展开。至今，基于分子标记的思茅松遗传多样性研究主要包括两个方面的内容。其中一个方面是实验方法和技术体系的建立和优化，如思茅松等位酶实验方法（陈少瑜，2001）、DNA提取方法（吴丽圆，2004）、RAPD反应体系建立（姜远标，2007）、SSR引物开发（赵能，2017；Cai N H et al.，2017）以及SSR和SRAP体系优化（魏博，2014；王大玮，2018）；另一方面的内容是采用等位酶及RAPD和SSR分子标记技术对思茅松天然群体、思茅松种子园及思茅松主要分布区种质资源进行遗传多样性研究。

思茅松天然群体和思茅松种子园遗传多样性研究的内容大致可以划分为3个阶段：阶段一，利用等位酶技术完成的种间亲缘关系、思茅松天然群体及种子园的遗传多样性研究；李启任（1984）、陈坤荣（1994）等报道，思茅松与云南松的过氧化物酶酶谱相似度仅有59%，说明种间差异较大，亲缘关系不密切；研究表明，思茅松各器官的酶带迁移率有较大的差异，这种差异可能说明思茅松的遗传多变。Chen 等（2002）、陈少瑜等（2001，2002）利用聚丙烯酰胺垂直板凝胶电泳和水平淀粉凝胶电泳技术对 3 个思茅松天然群体（澜沧县糯福乡、景洪大渡岗和江城）种子胚乳的 9 种同工酶进行遗传多样性分析，结果表明景洪大渡岗群体的遗传多样性最为丰富；群体间有一定的遗传分化，但分化程度较低，群体内遗传多样性比群体间的大得多；思茅松种子园具有较高的遗传多样性，遗传基础和遗传多样性广泛，种子园的遗传多样性较天然种群并未降低。阶段二，利用 RAPD 分子标记技术对思茅松优良家系及思茅松种子园的优良无性系进行遗传多样性和遗传关系研究。姜远标等（2007）在建立并优化思茅松 RAPD 反应体系的基础上，采用 RAPD 分子标记对思茅松 20 个优良家系进行了多态性位点的遗传分析，揭示了思茅松分析样本遗传背景的复杂性和 DNA 分子水平上较为丰富的多态性，结果表明 20 个思茅松家系之间有一定的遗传分化，但遗传距离较近，其中 20 号家系与其他家系的遗传差异较大，1 号和 2 号、6 号和 7 号、17 号和 18 号、8 号与 15 号等家系间具有极高的遗传相似性。朱云凤等（2015）分析了思茅松无性系种子园中收集自 7 个居群的 85 个思茅松优良无性系的遗传多样性，并进行聚类分析，结果显示思茅松种子园收集的优良无性系保存了思茅松种质资源丰富的遗传多样性，聚类结果将 7 个居群划分成了遗传差异较明显的三大类群。另外，朱云凤等（2016）还对 85 个优良无性系中的 33 个精英无性系进行了 RAPD 特异标记分析，结果发现引物 F12（CCTTGACGCA）和引物 F09（CCAAGCTTCC）产生的特异性标记可以将 33 个精英无性系与其他无性系区分，特异标记分别为 F12-400bp 和 F09-750bp。阶段三，思茅松转录组测序、相关的 SSR 特征及在松属树种中的通用性分析，基于转录组序列的思茅松 SSR 标记开发并应用于思茅松种质资源的遗传多样性研究。邓丽丽等（2016）通过 Illuminahiseq2000 平台测序对思茅松转录组进行测序并分析了 SSR 分布特征，结果思茅松转录组 SSR 出现频率较高，类型丰富，且分布密度也较大。在搜索到的 3534 个 SSR 位点中，以单核苷酸占多数，其次为三、二核苷酸重复类型，而四、五、六核苷酸重复类型的 SSR 数量较少。单核苷酸和二核苷酸重复类型中，以 A/T、AT/TA 基元出现的比例较高，CG 含量相对较低。结合其他研究，思茅松转录组所挖掘的 3534 个 SSR 位点具有较高多态性的潜能，可用于分子标记的开发和利用。蔡年辉等（2017）利用已获得的思茅松的 18 对 EST-SSR 标记对其近缘种进行扩增，结果表明思茅松 EST-SSR 标记对马尾松、高山松、油松和云南松的通用率为88.89%，多态性百分比率分别为81.25%、81.25%、75.00%和93.75%。因此，基于思茅松转录组序列EST–SSR标记对其近缘种具有较高的通用性和多态性，这些引物可用于分析思茅松及其近缘种间的遗传关系。赵能等（2017）基于思茅松转录组序列开发了12对SSR引物并用他们对2个居群42份样本进行遗传多样性分析，检测到35个等位基因，多态性信息量平均为0.3069，其中有8对引物可提供中度多态位点信息。Wang等（2019）采用15对SRAP引物完成了11个思茅松群体的遗传多样性分析，其结果显示思茅松群体具有较高的遗传多样性水平（PPB=95.45%，H=0.4567，I=0.6484）及中等程度的遗传分化（G_{ST}=0.1701），UPGMA聚类和PCoA分析表明分析群体的聚类与地理种源不完全一致。另外，王大玮等（2018）利用SRAP分子标记技术构建了思茅松遗传作图的群体。该研究对11个杂交亲本获得的F1分离群体进行子代表型变异及亲本间SRAP标记遗传相似系数分析，确定了在子代表型及亲本DNA水平均差异较大的9号家系作为构建思茅松遗传连锁图谱的作图群体，其结果为思茅松遗传连锁图谱构建、数量性状定位奠定了基础。

目前，云南省林业和草原科学院思茅松研究团队基于前人开发的思茅松SSR引物并参考开发的云南松SSR引物，筛选出18对扩增稳定、多态性高的引物对云南省思茅松主要分布区的338份思茅松种质资源进行了遗传多样性研究，同时在思茅松高轮次遗传改良工作中开展基于分子标记的育种群体构建、评价、杂交亲本分组、亲权鉴定等分子辅助育种相关研究。

2.2 基于等位酶技术的思茅松的遗传多样性

以胚乳为实验材料，采用聚丙烯酰胺垂直板凝胶电泳和水平切片淀粉凝胶电泳开展思茅松3个天然种群共47个单株、思茅松种子园51个优良无性系的等位酶实验，获得9个酶系统的电泳图谱，通过各酶系统的位点分析及遗传多样性分析，揭示了思茅松3个天然种群及思茅松种子园的遗传多样性状况。

2.2.1 材料和方法

2.2.1.1 实验材料

以思茅松种子的胚乳为同工酶实验的材料。12月至翌年1月，分单株采集思茅松分析群体的球果（每株5~10个），风干脱粒净种后置于冰箱备用。分析群体包括3个天然种群及思茅松种子园群体，3个天然种群分别为澜沧县糯福乡种群（15个单株）、景洪大渡岗种群（16个单株）和江城县种群（16个单株），共47个单株；思茅松种子园群体包括种子园优树汇集区中的4个大区，即来自4个地方（景东者后、墨江永马、思茅蔓歇坝和思茅木乃河）的单株组成的群体，各大区采集12~13个单株，共51个单株。

2.2.1.2 实验方法

从各单株的种子中随机取6~8粒种子，取其胚乳，2粒胚乳为1个样品，以确定母株的基因型。由于胚乳（雌配子体）为单倍体，可以直接用以分析是否符合Mendel分离规律，进而确定谱带所代表的等位基因位点及每个位点的等位基因数。等位酶实验采用了聚丙烯酰胺垂直板凝胶电泳和水平切片淀粉凝胶电泳两种凝胶电泳方法。实验主要包括样品制备、凝胶及电泳、染色三个步骤，具体如下：

（1）步骤一：样品制备

以每2粒胚乳为1个样品，置于预冷的比色皿中，每样加入0.2mL的提取缓冲液（表2-1），在冰浴中研磨提取酶蛋白。之后用整齐截取的3mm×6mm大小的滤纸条作芯子吸取研磨液上样。实验中采用的3种样品提取缓冲液列于表2-1。

表2-1 样品提取缓冲液配置

缓冲液	配制
Ⅰ号提取缓冲液	电极缓冲液（Tris-甘氨酸）（pH值=8.3）+（0.1%巯基乙醇+4%PVP）
Ⅱ号提取缓冲液 简单磷酸提取液 （0.1mol/L，pH值=7.5）	X：$NaH_2PO_4 \cdot H_2O$（0.1mol/L）；Y：$Na_2HPO_4 \cdot 12H_2O$（0.1mol/L） 4mL X+21mL Y+2.5g蔗糖+0.05mL巯基乙醇+0.2g PVP定容至50mL
Ⅲ号提取缓冲液 复杂磷酸提取缓冲液	0.28g四硼酸钠+0.08g偏亚硫酸钠+1.00g PVP+1.00g抗坏血酸钠+0.07g二乙基二硫代氨基甲酸钠，加入25mL磷酸缓冲液（0.1mol/L，pH值=7.5），溶解至透明，加入0.25mL巯基乙醇

（2）步骤二：凝胶及电泳

聚丙烯酰胺凝胶不连续垂直板式电泳，分离胶浓度为7.5%，浓缩胶浓度为3%。电极缓冲液为Tris-甘氨酸（pH值=8.3），电泳在4℃冰箱中进行。电泳时，浓缩胶部分电流为1mA/样，进入分离胶后增至2mA/样，待溴酚蓝移至电泳槽底端（3.5~4h），取胶，染色。

水平切片淀粉凝胶电泳，Sigma 淀粉胶浓度 12%。采用 A 和 B 两种凝胶和电极缓冲液组合（表 2–2）。滤纸条上样，电泳在 4℃冰箱中进行，50mA 稳流电泳 5h 左右，待溴酚蓝移至电泳槽顶端，停止电泳，切胶染色。

表 2–2　水平切片淀粉凝胶电泳的电泳缓冲液及凝胶缓冲液组合

编号	电泳缓冲液	凝胶缓冲液
A	0.4mol/L 柠檬酸三钠（pH 值 =7.0）	0.02mol/L 盐酸组氨酸（pH 值 =7.0）
B	0.1mol/L NaOH，0.3mol/L 硼酸（pH 值 =8.6）	0.015mol/L Tris，0.004mol/L 柠檬酸

（3）步骤三：染色

各种酶的染色液配方和染色方法具体参见文献（王仲仁，1996）。染色后记录结果，用凝胶图像分析系统进行图片扫描。

2.2.1.3　遗传分析

由于思茅松种子胚乳是单倍体，同株种子的酶基因位点上的等位基因分离应该符合孟德尔遗传规律，若是单态位点，其等位基因是一致的，没有分离；若是多态的，等位基因的分离应为 1∶1。这样便可直接从酶谱读出单株的基因型，计算出各位点的等位基因频率。错定基因型的概率为 0.5k–1（k 为所分析的种子胚乳数），因此每单株平均分析 8 个胚乳，错定母株基因的概率仅为 0.007（Boyle et al.，1987）。

以各位点的等位基因频率为基本数据，用以下 4 个遗传参数分析遗传多样性：多态位点比率 P（proportion of polymorphic loci）、等位基因平均数 A（average numberof alleles peer locus）、平均期望杂合度 H_e（average expected heterozygosity）、平均观察杂合度 H_o（average observed heterozygosity）。用总群体的基因多样度 H_T（total gene diversity）、各群体内的基因多样度 H_s（gene diversity within populations）、各群体间的基因多样度 D_{ST}（gene diversity among populations）和基因分化系数 G_{ST}（proportion of interpoulation gene diversity）4 个遗传参数分析群体间的遗传分化。

2.2.2　研究结果

2.2.2.1　用于多样性分析的 9 种等位酶的实验体系

研究获得了表现稳定而清晰的 9 种酶系统的酶谱，可用于下一步遗传分析。9 种等位酶的实验体系见表 2–3。

表 2-3　思茅松 9 种等位酶电泳实验体系

酶系统名称	缩写	酶代码	电泳方法	提取缓冲液	电泳缓冲系统
天冬氨酸转氨酶	AAT	E.C.2.6.1.1	聚丙烯酰胺垂直板电泳	Ⅱ号提取液	
乙醇脱氢酶	ADH	E.C.1.1.1.1	水平切片淀粉凝胶电泳	Ⅱ号或Ⅲ号	A 或 B
酯酶	EST	E.C.3.1.1.-	聚丙烯酰胺垂直板电泳	Ⅰ、Ⅱ或Ⅲ号	
谷氨酸脱氢酶	GDH	E.C.1.4.1.2	聚丙烯酰胺垂直板电泳	Ⅲ号提取液	
葡萄糖 6- 磷酸脱氢	G6PD	E.C.1.1.1.49	水平切片淀粉凝胶电泳	Ⅱ号或Ⅲ号	A 或 B
苹果酸脱氢酶	MDH	E.C.1.1.1.37	水平切片淀粉凝胶电泳	Ⅲ号提取液	A
磷酸葡萄糖酸脱氢酶	PGD	E.C.1.1.1.44	水平切片淀粉凝胶电泳	Ⅲ号提取液	A
磷酸葡萄糖变位酶	PGM	E.C.5.4.2.2	水平切片淀粉凝胶电泳	Ⅲ号提取液	A
莽草酸脱氢酶	SKD	E.C.1.1.1.25	水平切片淀粉凝胶电泳	Ⅱ号提取液	A

2.2.2.2　思茅松 9 种酶系统基因位点及等位基因

9 种酶系统共显示出 24 个基因位点，其中 8 个位点不够清晰，仅对分带效果清晰的 16 个位点进行遗传分析。16 个位点中，Mdh-2、Mdh-3、Mdh-4 等 3 个位点在所有的群体中表现为单态位点；Aat-1 和 Aat-2 在天然种群中表现为单态，而在种子园群体中则表现为多态。由此思茅松 3 个天然种群的多态位点比率（*P*）为 66.7%。种子园的多态位点比率为 73.5%。在天然种群、种子园群体的多态位点中，Adh-3 和 Pgm-1 2 个位点具有最多的等位基因数（4 个），Gpd-2 位点有 2 个等位基因，其他位点在各群体中显示 1~3 个等位基因。各等位基因在所分析的群体中的分布及频率各不相同（表 2-4），由表 2-4 可见，在 11 个共有的多态位点中，天然种群中没有出现的等位基因在种子园中却表现出一定频率，比如 Adh-1 位点中的等位基因 C，Gdh-1 位点的等位基因 C，Pgm-2 位点中的等位基因 B，Skd-3 位点中的等位基因 C，尤其是 Mdh-1 位点的等位基因 A，在分析的 3 个天然种群皆没有出现，而种子园中则呈现 0.05 的频率。

表 2-4　思茅松天然种群和种子园的等位基因、等位基因频率及杂合性

位点	等位基因及杂合性	种子园	天然种群		
			糯福乡	大渡岗	江城
Aat-1	A	0.952	1.000	1.000	1.000
	B	0.029	0.000	0.000	0.000
	C	0.019	0.000	0.000	0.000
	H_e	0.086	0.000	0.000	0.000
	H_o	0.019	0.000	0.000	0.000
Aat-2	A	0.933	1.000	1.000	1.000
	B	0.019	0.000	0.000	0.000
	C	0.048	0.000	0.000	0.000
	H_e	0.119	0.000	0.000	0.000
	H_o	0.058	0.000	0.000	0.000
Adh-1	A	0.442	0.833	0.545	0.929
	B	0.441	0.083	0.276	0.071
	C	0.117	0.083	0.182	0.000
	H_e	0.479	0.292	0.595	0.133
	H_o	0.217	0.333	0.273	0.143
Adh-3	A	0.224	0.227	0.045	0.143
	B	0.636	0.591	0.727	0.786
	C	0.063	0.182	0.045	0.071
	D	0.062	0.000	0.182	0.000
	H_e	0.515	0.566	0.434	0.357
	H_o	0.379	0.273	0.273	0.357
Gdh-1	A	0.850	0.958	0.773	1.000
	B	0.069	0.042	0.045	0.000
	C	0.081	0.000	0.182	0.000
	H_e	0.243	0.080	0.368	0.000
	H_o	0.140	0.083	0.273	0.000
Gpd-2	A	0.422	0.708	0.591	0.346
	B	0.578	0.292	0.409	0.654
	H_e	0.463	0.413	0.483	0.453
	H_o	0.241	0.417	0.273	0.231
Mdh-2	A	1.000	1.000	1.000	1.000
	H_e	0.000	0.000	0.000	0.000
	H_o	0.000	0.000	0.000	0.000
Mdh-3	A	1.000	1.000	1.000	1.000
	H_e	0.000	0.000	0.000	0.000
	H_o	0.000	0.000	0.000	0.000
Mdh-4	A	1.000	1.000	1.000	1.000
	H_e	0.000	0.000	0.000	0.000
	H_o	0.000	0.000	0.000	0.000
Pgd-2	A	0.745	0.708	0.591	0.808
	B	0.167	0.125	0.318	0.154
	C	0.088	0.167	0.091	0.038
	H_e	0.408	0.455	0.541	0.322
	H_o	0.273	0.583	0.455	0.385
Pgm-1	A	0.219	0.208	0.545	0.571
	B	0.646	0.458	0.273	0.286
	C	0.083	0.250	0.045	0.071
	D	0.052	0.083	0.136	0.071
	H_e	0.504	0.677	0.607	0.582
	H_o	0.271	0.417	0.273	0.214
Pgm-2	A	0.799	0.833	0.818	0.679
	B	0.101	0.000	0.000	0.143
	C	0.082	0.167	0.182	0.179
	D	0.010	0.000	0.000	0.000
	H_e	0.340	0.278	0.298	0.487
	H_o	0.280	0.167	0.364	0.286

续表

位点	等位基因及杂合性	种子园	天然种群			位点	等位基因及杂合性	种子园	天然种群		
			糯福乡	大渡岗	江城				糯福乡	大渡岗	江城
Est-4	A	0.149	0.500	0.227	0.333	Pgm-3	A	0.193	0.273	0.200	0.462
	B	0.743	0.318	0.545	0.542		B	0.683	0.591	0.650	0.538
	C	0.108	0.182	0.227	0.125		C	0.124	0.136	0.150	0.000
	H_e	0.405	0.616	0.599	0.580		H_e	0.470	0.558	0.515	0.497
	H_o	0.255	0.182	0.364	0.500		H_o	0.263	0.364	0.500	0.154
Mdh-1	A	0.050	0.000	0.000	0.000	Skd-3	A	0.196	0.182	0.227	0.179
	B	0.801	0.833	0.818	0.714		B	0.745	0.818	0.682	0.821
	C	0.149	0.167	0.182	0.286		C	0.059	0.000	0.091	0.000
	H_e	0.302	0.278	0.298	0.408		H_e	0.390	0.298	0.475	0.293
	H_o	0.177	0.167	0.182	0.286		H_o	0.332	0.182	0.273	0.214
						平均	H_e	0.296	0.282	0.326	0.257
							H_o	0.181	0.198	0.219	0.173

2.2.2.3　思茅松天然种群和思茅松种子园的遗传多样性

思茅松天然种群及种子园的遗传多样性参数列于表 2-5。由表 2-5 可见，平均每个位点的等位基因数（A）的平均值为 2.27，其中 3 个天然种群 A=2.13，种子园 A=2.42；多态位点比率（P）的平均值为 70.1%，其中天然种群 P=66.7%，种子园 P=73.5%；预期杂合度（H_e）的平均值为 0.291，其中天然种群 H_e=0.288，种子园 H_e=0.295；观察杂合度（H_o）的平均值为 0.189，天然种群 H_o=0.197，种子园 H_o=0.181。总体上看，思茅松天然种群和思茅松种子园群体的多样性水平都比较高；种子园的各参数比天然种群的相应平均值高，说明思茅松种子园的遗传多样性水平较天然种群的遗传多样性有所提高。

表 2-5　思茅松天然种群和种子园的遗传多样性

多样性参数	种子园	天然种群				总平均
		糯福乡	大渡岗	江城	平均	
平均等位基因数（A）	2.42	2.10	2.30	2.00	2.13	2.27
多态位点比例（P）	0.735	0.688	0.688	0.625	0.667	0.701
期望杂合度（H_e）	0.295	0.282	0.326	0.257	0.288	0.291
观测杂合度（H_o）	0.181	0.198	0.219	0.173	0.197	0.189

2.2.2.4 思茅松天然种群的遗传分化

Nei（1978）把总的基因多样性（H_T）划分为它的组成部分，即种群内的基因多样性（H_s）和种群间的基因多样性（D_{ST}），并用由此获得的基因分化系数来评估群体间的遗传分化。据此进行思茅松天然种群遗传分化的分析（表 2–6）。由表可见，思茅松天然种群内的平均基因多样度（H_s=0.288）比种群间的基因多样度（D_{ST}=0.016）大得多，种群间的基因分化系数 D_{ST}=0.052，数据表明在总的遗传变异中，只有 5.2% 来源于种群间，94.8% 来自种群内。

表 2–6　思茅松天然种群的基因多样度及基因分化系数

位点	总的基因多样度（H_T）	种群内的基因多样度（H_S）	种群间的基因多样度（D_{ST}）	种群间基因分化系数（G_{ST}）
Aat–1	0.000	0.000	0.000	0.000
Aat–2	0.000	0.000	0.000	0.000
Adh–1	0.381	0.340	0.041	0.107
Adh–3	0.475	0.452	0.023	0.048
Gdh–1	0.167	0.149	0.018	0.108
Gpd–2	0.419	0.450	0.041	0.083
Est–4	0.624	0.598	0.026	0.042
Mdh–1	0.334	0.328	0.006	0.018
Mdh–2	0.000	0.000	0.000	0.000
Mdh–3	0.000	0.000	0.000	0.000
Mdh–4	0.000	0.000	0.000	0.000
Pgd–2	0.458	0.439	0.019	0.000
Pgm–1	0.665	0.622	0.043	0.064
Pgm–2	0.364	0.354	0.010	0.027
Pgm–3	0.543	0.523	0.020	0.037
Skd–3	0.363	0.355	0.008	0.022
平均	0.304	0.288	0.016	0.052

2.2.3 结　论

与相关的研究结果相比较（表 2–7），本项研究的思茅松 3 个天然种群及种子园具有较高水平的遗传多样性；天然种群的遗传分化较低，遗传变异主要存在于种群内，在思茅松的遗传改良工作中应着重于群体内优良家系的选择，同时注意对少数位点的选择。另外，研究结果表明思茅松种子园的遗传多样性与天然种群相比并未降低。许多研究表明子代的遗传结构与亲代的遗传结构密切相关，外界环境条件没有发生巨变的情况下，连续世代间的遗传结构基本不变，而大部分种子园生产的种子在某些方面获得了一定的遗传增益。因此，一个良好的种子园的建立，既能维持物种的遗传多样性，又能按人们的意愿得到遗传增益，是林木遗传改良的一种有效途径。

表 2-7　思茅松与其他相关树种遗传参数对照

遗传参数	80 种裸子植物	25 种针叶树种	15 种针叶树种	91 种植物物种	15 种松科树种	思茅松
平均多态位点比率（P）	0.790	0.615	0.597			0.701
平均等位基因数（A）	2.35	2.26	2.13			2.27
平均期望杂合度（H_e）	0.173	0.206	0.288			0.291
基因分化系数（G_{ST}）				0.206	0.061	0.052
参考文献	Hamrick et al.（1990）	葛颂等（1998）	张春晓等（1998）	Hamrick et al.（1989）	Hamrick et al.（1989）	本项研究

2.3　基于 RAPD 分子标记的思茅松的遗传多样性

RAPD（random amplified polymorphic DNA），随机扩增多态性 DNA 标记是 1990 年由美国杜邦公司科学家 Williams 和加利福尼亚生物研究所 Welsh 等发明的一种分子标记技术。由于有无需知道有关模板 DNA 信息、操作简单快速、无放射污染、引物的通用性等优点，RAPD 标记技术被广泛应用于植物遗传多样性和系统发育、目的基因的定位与分子标记的辅助育种、品种鉴定、遗传作图等方面研究。以思茅松种子园中来源于 7 个群体的 85 个优良无性系为研究对象，在优化思茅松 RAPD 反应体系的基础上，采用筛选出的 20 条 RAPD 引物进行思茅松群体及无性系的遗传多样性分析，为思茅松标记辅助的优良无性系鉴定、早期选择、杂交亲本的选配和育种群体的多样性评价提供技术支持。

2.3.1 材料和方法

2.3.1.1 实验材料

采集了思茅松种子园优树汇集区内122个优良无性系中的85个无性系，每个无性系随机采集3~5个单株上尚未木质化的新梢，放入装有硅胶的自封袋，标记后带回实验室，置于-30℃冰箱保存备用。85个优良无性系分别来自7个天然居群（景东者后、墨江通关永马、思茅蔓歇坝、思茅木乃河、景谷碧安、普洱一工段、普洱二工段），各居群相关信息见表2-8。

表2-8 85个优良无性系及来源

居群编号	无性系号	居群所在地	无性系数量
1	1-1，1-2，……，1-18，1-19	思茅曼歇坝	19
2	2-1，2-2，……，2-12，1-13	景东者后	13
3	3-1，3-2	普洱二工段	2
4	4-1，4-2，……，4-12，4-13	景谷碧安	13
5	5-1，5-2，……，5-15，5-16	墨江通关永马	16
6	6-1，6-2，……，6-8，6-9	思茅木乃河	9
7	7-1，7-2，……，7-12，7-13	普洱一工段	13

2.3.1.2 实验方法

主要包括基因组DNA的提取和检测、RAPD-PCR反应体系的建立及有效引物的筛选等3个内容。

（1）DNA的提取和检测

植物组织含有复杂的次生化合物，尤其是针叶树种，其树脂（萜烯类化合物）和酚类化合物含量高，获得高质量的DNA难度较大。思茅松的针叶含有较高含量的多酚和萜类化合物，实验采用改良的CTAB法和Solarbio试剂盒两种方法提取DNA。经凝胶检测Solarbio试剂盒提取DNA的效果较好，即称取0.1g嫩叶按照试剂盒使用说明书的操作步骤提取思茅松基因组DNA。

用琼脂糖凝胶电泳和紫外分光光度计检测DNA浓度与纯度。前种方法使用浓度0.8%的琼脂糖凝胶，在0.5×TBE电泳缓冲液中120V稳压电泳约40min后，EB（溴化乙锭）溶液染色约30min，然后通过凝胶成像系统对所提DNA与标准分子量λDNA/hind Ⅲ进行DNA相对质量比较，经检测质量达到要求的DNA样品浓度调整至20ng/μL，放入-20℃冰箱保存备用。如果用紫外分光光度计检测，DNA 应在 OD_{260} 处有显著吸收峰，OD_{260} 值为 1 相当于大约 50 μg/mL 双链 DNA、40 μg/mL 单链 DNA。OD_{260}/OD_{280} 比值在 1.7~1.9 范围内表示其纯度较纯。

（2）RAPD-PCR 反应体系的建立

姜远标等（2007）对 2 × Taq PCRmasterMix 两种方法进行试验和比较，结果后一种方法简单、高效，且扩增效果较好，即：20 μL 的 RAPD 反应体系包含 20~60ng DNA 模板 1.0 μL，10 μmol 引物 1.0 μL，2 × Taq PCRmasterMix 10 μL，无菌 ddH_2O 8.0 μL。热反应程序为：94℃预变性 5min；94℃变性 30s；退火 45s（温度从 T_m（退火温度）+5℃在 10 次循环内逐步降至 T_m-5℃，每一次循环 T_m 降低 1℃），72℃延伸 2min，10 个循环；之后 T_m 退火 45s，72℃延伸 2min，25 个循环；最后 72℃延伸 7min；4℃保存，其中 T_m 设置参照引物合成说明书上推荐的 T_m 值。

（3）引物筛选与遗传分析

用上述优化的 RAPD 反应体系，随机选取 3 个思茅松基因组 DNA 样本为模板对合成的 120 个引物用他们相近的 T_m 值进行初步筛选。根据扩增结果，首先淘汰扩增后无条带、扩增条带不清晰、扩增条带少的引物，再对余下的引物针对其 T_m 值进行复筛，淘汰扩增后条带无多态性或多态性不好的引物，最终确定清晰、稳定、多态性高的 RAPD 引物，用于所有样本的扩增。

RAPD 为显性标记，同一引物扩增产物中电泳迁移率一致的条带被认为具有同源性，电泳图谱中的每一条带视为一个分子标记，并代表一个引物的结合位点。用所筛选出来的引物对所有 DNA 样本进行扩增，统计条带。扩增图谱中的每一个条带作为一个分子标记，同一个位点上出现条带记为“1”，不出现条带记为“0”，将图谱数据转化为 0/1 数据矩阵。以 Excel 软件的数据记录为基础，应用 POPGENE32 软件计算遗传多样性参数：多态位点百分率 *PPB*（Percentage of polymorphic bands）、平均每个位点的有效等位基因数 N_e（Effective number of alleles per locus）、Nei's 基因多样指数 *H*（Nei's gene diversity index）、Shannon-Wiener 多样性信息指数 *I*（Shannon-Wiener information index）、Nei's 遗传距离 *GD*（Genetic distance）和遗传一致度 *GI*（Genetic identity）等，并应用 POPGENE32 软件和 MEGA2 软件进行聚类，构建各无性系以及各居群的 UPGMA 系树图。

2.3.2　研究结果

2.3.2.1　筛选出的 20 条引物及扩增结果

120 条引物经初筛和复筛，最后确定 20 个用于所有样品扩增的多态性引物，各引物的编号、碱基序列、T_m 值及扩增条带的统计结果列于表 2-9。图 2-1A、图 2-1B、图 2-1C 分别为引物 A12、B08 和 D10 对曼歇坝居群 19 个无性系的扩增结果。

表 2-9 20 条引物信息及扩增结果

引物名称	序列	T_m 值（℃）	位点总数	多态性位点数	多态位点百分率（%）
A03	AGTCAGCCAC	37	7	4	57.14
A04	AATCGGGCTG	37	5	4	80.00
A07	GAAACGGGTG	37	7	6	85.71
A12	TCGGCGATAG	37	5	4	80.00
A16	AGCCAGCGAA	37	7	6	85.71
A17	GACCGCTTGT	37	6	6	100.00
B04	GGACTGGAGT	37	7	6	85.71
B08	GTCCACACGG	37	8	6	75.00
B11	GTAGACCCGT	37	10	10	100.00
B12	CCTTGACGCA	37	7	7	100.00
B20	GGACCCTTAC	37	13	13	100.00
C05	GATGACCGCC	41	4	3	75.00
C06	GAACGGACTC	37	7	6	85.71
C11	AAAGCTGCGG	37	6	4	66.66
C13	AAGCCTCGTC	37	11	10	90.90
C15	GACGGATCAG	37	6	5	83.33
C16	CACACTCCAG	37	6	6	100.00
D10	GGTCTACACC	37	5	4	80.00
D15	CATCCGTGCT	37	8	8	100.00
F09	CCAAGCTTCC	37	5	5	100.00
总数	20	—	140	123	87.85

2.3.2.2 遗传多样性分析

（1）85 个无性系的遗传多样性

用筛选出的 20 个引物对 85 份采集自种子园优树汇集区的思茅松 DNA 进行 RAPD 扩增检测，共扩增检测出 140 个位点谱带，平均每个引物扩增 7.0 个位点，其中多态性位点 123 个，多态位点百分率 *PPB* 为 87.85%（表 2-9），平均每个引物扩增出多态性位点 6.15 个。扩增谱带的分子量大小在 150~2000bp 之间。由表 2-9 可见，引物 B20 扩增的条带最多，为 13 条；引物 C05 扩增的条带最少，仅有 4 条。

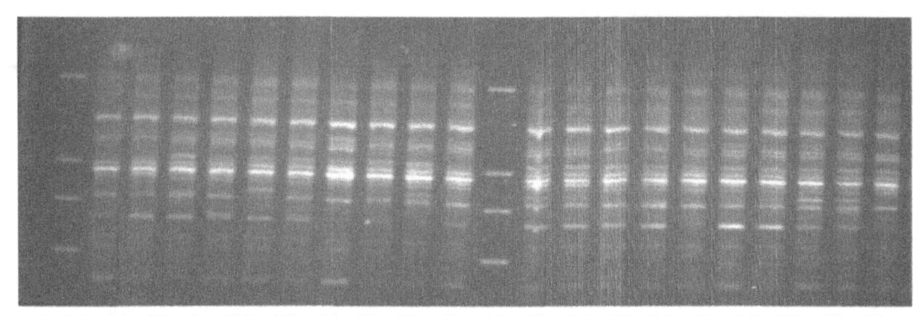

（A）引物A12对曼歇坝19个无性系的扩增结果（M为DNAmarker，下同）

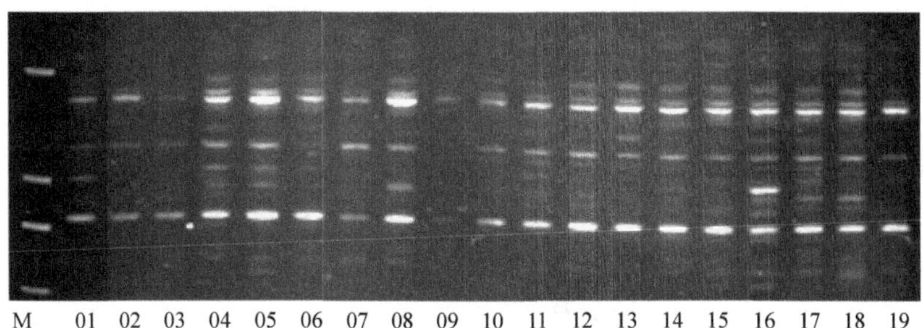

（B）引物B08对曼歇坝19个无性系的扩增结果

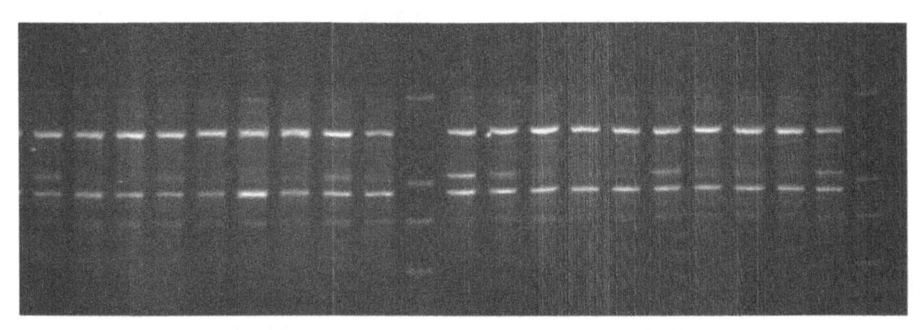

（C）引物D10对曼歇坝19个无性系的扩增结果

图 2-1　引物 D10 对曼歇坝 19 个无性系的扩增结果

采用 POPGENE32 软件对 85 个优良无性系的遗传多样性参数进行计算和分析，平均每个位点的有效等位基因数 N_e 为 1.4517，Nei's 基因多样指数 H 为 0.2749，Shannon-Wiener 多样性信息指数 I 为 0.4202（表 2-10）。

表 2-10　物种水平及居群水平的遗传多样性

居群号	位点总数	多态性位点数	*PPB*（%）	N_e	H	I
1	140	99	70.71	1.3617	0.2213	0.3399
2	140	91	65.00	1.3634	0.2159	0.3273

续表

居群号	位点总数	多态性位点数	*PPB*（%）	N_e	*H*	*I*
3	140	32	22.85	1.2286	0.1143	0.1584
4	140	80	57.14	1.3462	0.2054	0.3074
5	140	103	73.57	1.4029	0.2433	0.3694
6	140	83	59.28	1.3577	0.2117	0.3175
7	140	95	67.85	1.3921	0.2328	0.3505
居群水平	140	83	59.48	1.3503	0.2063	0.3100
物种水平	140	123	87.85	1.4517	0.2749	0.4202

注：*PPB*（%）为多态位点百分率；N_e 为平均每个位点的有效等位基因数；*H* 为 Nei' s 基因多样指数；*I* 为 Shannon-Wiener 多样性信息指数。

（2）7 个居群的遗传多样性及分布状况

7 个居群的多态位点百分率 *PPB*、平均每个位点的有效等位基因数 N_e、Nei' s 基因多样指数 *H* 和 Shannon-Wiener 多样性信息指数 *I* 见表 2-10。由表 2-10 可看出，7 个居群的 *PPB* 的范围是 22.85%~73.57%，平均值 59.48%；N_e 的范围是 1.2286~1.4029，平均值 1.3503；*H* 的范围是 0.1143~0.2433，平均值 0.2063；*I* 的范围是 0.1584~0.3694，平均值 0.3100。其中居群 5（墨江通关永马）的遗传多样性水平最高，其次是居群 1（思茅曼歇坝）；而居群 3（普洱二工段）的遗传多样性水平最低，其次是居群 4（景谷碧安）。

2.3.2.3 遗传关系及聚类分析

（1）85 个无性系的遗传距离

用 POPGENE32 软件对 85 个无性系的 RAPD 扩增结果进行分析，得到各无性系间的遗传距离 *GD* 和 Nei' s 遗传一致度 *GI*，部分结果见表 2-11。对角线以上为遗传一致度，对角线以下为遗传距离。结果显示 85 个无性系遗传距离的范围是 0.0513~0.6799。其中遗传距离最近的是无性系 4-6 与无性系 4-7（景谷碧安居群的第 6 和第 7 号无性系），遗传距离最远的是 1-16 与 6-9（思茅曼歇坝居群的第 16 号无性系和思茅木乃河居群的第 9 号无性系）。

表 2-11 各无性系间 Nei' s 遗传一致度和遗传距离

无性系	1-1	1-2	1-3	1-4	1-5	1-6	1-7	1-8	1-9	……
1-1	****	0.8143	0.8857	0.8500	0.7929	0.7500	0.7929	0.7000	0.7643	……
1-2	0.2054	****	0.8286	0.8214	0.7786	0.8071	0.8357	0.8143	0.8071	……
1-3	0.1214	0.1881	****	0.9500	0.8929	0.7929	0.8071	0.7571	0.8500	……

续表

无性系	1-1	1-2	1-3	1-4	1-5	1-6	1-7	1-8	1-9	……
1-4	0.1625	0.1967	0.0513	****	0.9000	0.8143	0.8429	0.7929	0.9000	……
1-5	0.2321	0.2503	0.1133	0.1054	****	0.8857	0.7571	0.8071	0.8286	……
1-6	0.2877	0.2143	0.2321	0.2054	0.1214	****	0.7429	0.8071	0.7857	……
1-7	0.2321	0.1795	0.2143	0.1710	0.2782	0.2973	****	0.7643	0.8143	……
1-8	0.3567	0.2054	0.2782	0.2321	0.2143	0.2143	0.2688	****	0.8214	……
1-9	0.2688	0.2143	0.1625	0.1054	0.1881	0.2412	0.2054	0.1967	****	……
……	……	……	……	……	……	……	……	……	……	……

注：对角线以上为 Nei's 遗传一致度 *GI*，以下为遗传距离 *GD*。

基于遗传距离 *GD* 绘制 UPGMA 树系图（图 2-2）。图 2-2 显示了各无性系之间的遗传关系。由图 2-2 可见各无性系并没有完全按照地理来源聚在同一个类群中，在遗传距离 0.59 处，85 个无性系大致可分为 3 个类群，其中类群 I 主要包括居群 4（景谷碧安）、居群 5（墨江通关永马）和居群 6（思茅木乃河）的无性系；类群 II 主要由居群 7（普洱一工段）的无性系组成；类群 III 在遗传距离约 0.56 处，又可分为 3 个亚类群，其中亚类群 III-A 主要由来自居群 2（景东者后）和居群 4（景谷碧安）的无性系组成，III-B 主要由来自居群 1（思茅曼歇坝）和居群 2（景东者后）的无性系组成，III-C 主要由来自居群 1（思茅曼歇坝）、居群 2（景东者后）、居群 4（景谷碧安）、居群 5（墨江通关永马）和居群 7（普洱一工段）的无性系组成。

（2）7 个居群的遗传关系

以居群为分析单元，采用 POPGENE32 软件对自于 7 个居群的 85 个样本条带的“0、1”矩阵进行分析，得到样本间的遗传距离 *GD* 和 Nei's 遗传一致度 *GI*，结果见表 2-12。对角线以上为遗传一致度，对角线以下为遗传距离。结果显示这 7 个居群的遗传距离范围是 0.0306~0.1509。其中遗传距离最近的是居群 5（墨江通关永马）和居群 6（思茅木乃河），遗传距离最远的则是居群 3（普洱二工段）和居群 4（景谷碧安）。基于遗传距离绘制 UPGMA 树系图（图 2-3）。由图可见各居群之间的遗传关系，在遗传距离约 0.08 处，可将 7 个居群分成 3 个类群。其中居群 3（普洱二工段）单独为 1 个类群，居群 4（景谷碧安）、居群 5（墨江通关永马）和居群 6（思茅木乃河）组成第 2 个类群，而居群 1（思茅曼歇坝）、居群 2（景东者后）和居群 7（普洱一工段）则组成第 3 个类群。

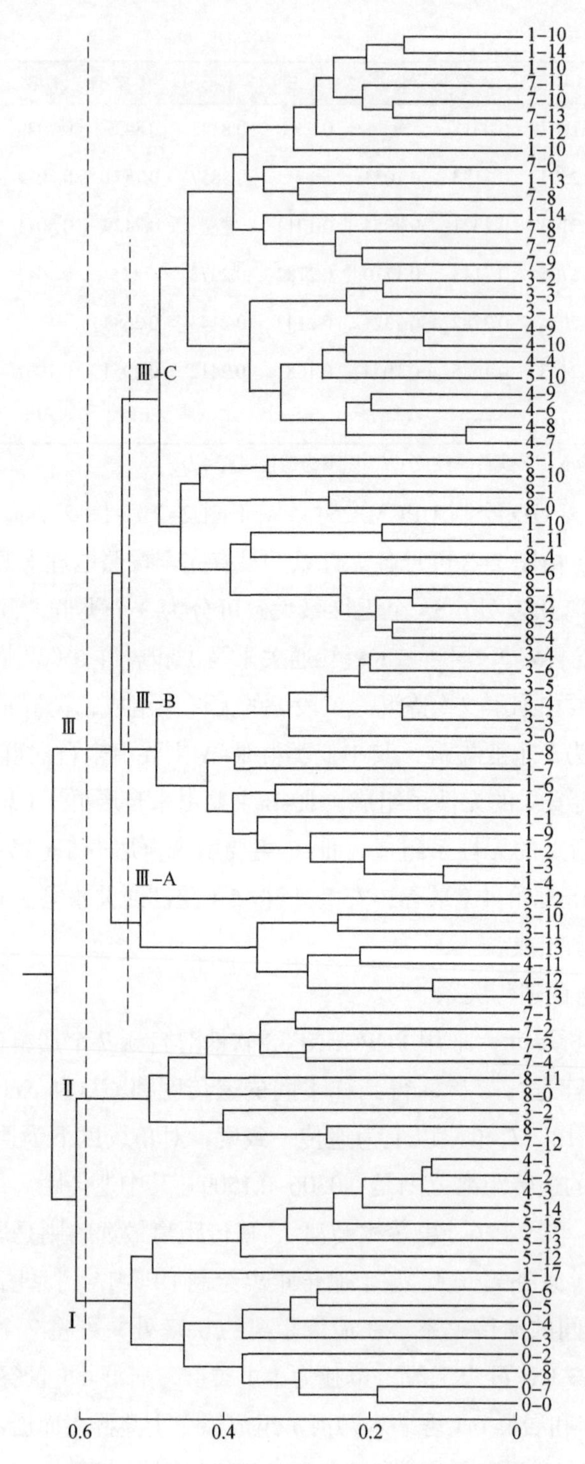

图 2-2　85 个无性系的 UPGMA 聚类分析树系

表 2-12 7 个居群基于 RAPD 的 Nei's 遗传一致度和遗传距离

居群编号	1	2	3	4	5	6	7
1	****	0.9449	0.8944	0.9120	0.9446	0.9098	0.9569
2	0.0567	****	0.8674	0.9216	0.9260	0.8881	0.9479
3	0.1116	0.1423	****	0.8600	0.8915	0.8723	0.8891
4	0.0921	0.0817	0.1509	****	0.9622	0.9443	0.9351
5	0.0570	0.0769	0.1149	0.0385	****	0.9699	0.9547
6	0.0945	0.1187	0.1366	0.0573	0.0306	****	0.9130
7	0.0441	0.0535	0.1175	0.0671	0.0464	0.0910	****

注：对角线以上为 Nei's 遗传一致度 *GI*，以下为遗传距离 *GD*。

2.3.3 结 论

2.3.3.1 思茅松种子园收集的优良无性系保存了思茅松丰富的遗传多样性

与其他研究者 RAPD 标记对松属其他树种，如油松和马尾松的研究结果进行比较（表 2-13），可以看出，思茅松种子园的 85 个无性系的遗传多样性参数与其他松属树种的参数接近，思茅松种子园的 85 个无性系保存了思茅松天然种质资源丰富的遗传多样性，为其进一步遗传改良提供了保障。

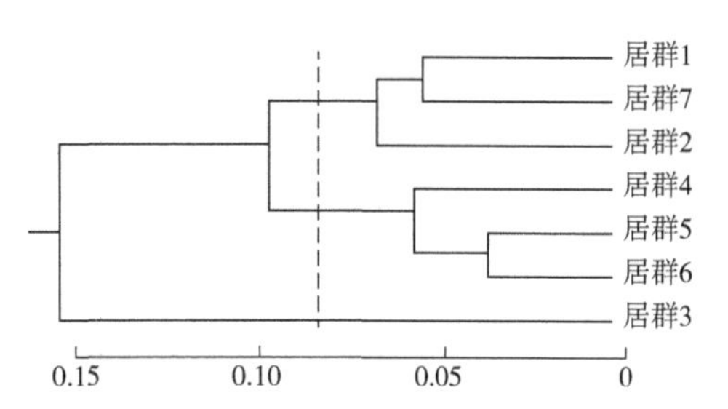

图 2-3 7 个居群的 UPGMA 聚类分析树系

表 2-13 基于 RAPD 标记的松属树种的遗传多样性

参考文献	树种	研究对象	*PPB*（%）	N_e	*H*	*I*
陈建中等（2010）	油松	太行山东麓油松种子园内来自 3 个种源地的 40 个优良无性系	81.05	—	0.3881	0.5678
赵飞等（2011）	油松	陕西、山西、甘肃、内蒙古 4 省份 12 个天然居群内共 192 个单株	76.12	1.4259	0.3157	0.4683
万爱华等（2008）	马尾松	湖北太子山马尾松种子园内来自 8 个种源地的 111 个无性系	71.01	1.5292	0.3169	0.4813
朱必凤等（2007）	马尾松	广东韶关马尾松种子园来自 10 个种源地的 100 个无性系	80.37	1.3477	0.2445	0.3558
本研究	思茅松	云南普文林场思茅松种子园内来自 7 个种源地的 85 个无性系	87.85	1.4517	0.2749	0.4202

7 个居群的遗传多样性水平从高到低排列依次是居群 5（墨江通关永马）>

居群 1（思茅曼歇坝）> 居群 7（普洱一工段）> 居群 2（景东者后）> 居群 6（思茅木乃河）> 居群 4（景谷碧安）> 居群 3（普洱二工段）。这与优树选择来源的天然居群的大小、选择方式等因素有关，另外也受群体样本数量的影响。研究结果反映了遗传多样性在各居群的空间分布状况，可以为今后种质资源的科学保存和进一步合理有效利用提供有价值的参考。

2.3.3.2 遗传关系及聚类分析为思茅松进一步的遗传改良提供参考

由聚类分析的结果可以看出各无性系之间的遗传关系，可以为育种时杂交亲本的选配提供参考。例如，根据远交优势的原理，当选择大类群Ⅰ中的无性系作为杂交的父本材料时，选择大类群Ⅲ内的无性系作为母本进行杂交，这样的亲本选配得到子代获得杂交优势的可能性将会更大，当然这仅仅为育种时亲本选配提供分子信息的参考，具体操作时还要考虑育种目标、表型性状、配合力等因素。

从 7 个居群的遗传关系和聚类结果看，暂且排除居群 3 的分析（取样过少，与其有关的结果在具体应用中应进一步补充相关研究），居群 4、居群 5 和居群 6 之间的遗传距离较小，聚为一类；居群 1、居群 7 和居群 2 之间的遗传变异也较小，聚为另一类；而这两类居群之间的遗传变异则相对较大。遗传距离最大的两个居群是居群 2 和居群 6（*GD*=0.1187），其次是居群 1 和居群 6（*GD*=0.0945），遗传距离最小的是居群 4 和居群 5（*GD*=0.0385），其次是居群 1 和居群 7（*GD*=0.0441），此结果可为杂交群体的选择提供分子水平上的参考。

7 个居群所在的 5 个区县分别是普洱市思茅区、墨江县、景谷县、宁洱县和景东县，其中居群 1、6 来自思茅区，居群 2 来自景东县，居群 3、7 来自宁洱县，居群 4 来自景谷县，群体 5 来自墨江县内的居群。图 2-4 为云南省普洱市的行政区图，5 个区县的地理位置分别用椭圆在图上标识。由图可见，各居群的空间距离和遗传距离之间没有表现出明显的相关关系，即空间距离远的两个居群，其遗传距离并不一定远，而空间距离近的两个居群，其遗传距离并不一定近。其原因可能与思茅松的繁殖机制、生活史以及各居群所在地的地形、地理变迁等因素有关。

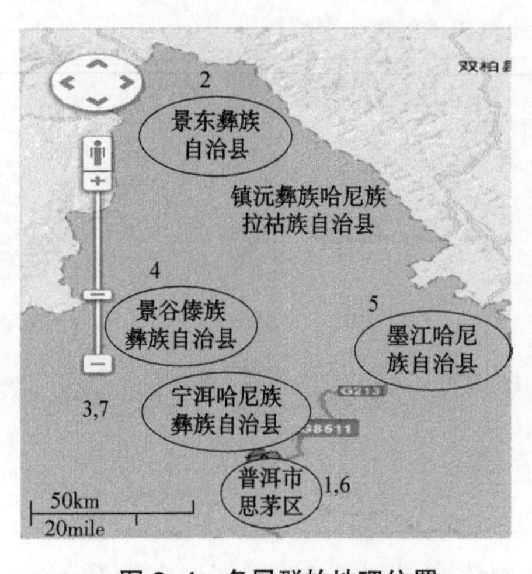

图 2-4 各居群的地理位置

2.4　基于 SSR 分子标记的思茅松的遗传多样性

在众多开发并应用的分子标记中，简单重复序列标记（simple sequence repeat，SSR）由于在基因组中分布广泛、多态性高、重复性强、共显性等特点，目前作为最优选的分子标记之一，广泛应用于植物的遗传多样性研究。本研究在思茅松转录组 SSR 分析及 SSR 分子标记开发的基础上，采用 SSR 分子标记技术对采自思茅松主要分布区的 11 个群体共 338 份种质资源进行遗传多样性分析，揭示其遗传多样性水平和遗传结构状况，为构建思茅松育种群体、高轮次遗传改良育种策略的制定以及资源评价提供科学的理论依据。

2.4.1　材料和方法

2.4.1.1　实验材料

以思茅松 11 个群体共 338 份种质资源的针叶为实验材料。叶样采于其主要分布区滇南、滇西南的 5 个州（市）11 个县（市），每一单株代表一份种质资源，采集单株叶样时，单株间相距 50m 以上。种质资源来源及具体信息见表 2-14。以县为群体单元，即同一个县采集的单株叶样作为 1 个群体进行遗传多样性分析。单株样品分别记录、编号，置于样品袋中用硅胶干燥，保存备用。

表 2-14　思茅松种质资源样品来源及相关信息

群体名称及编号	数量	采样地点	海拔（m）	经度	纬度
景洪（JH）	36	西双版纳州景洪市	950~1150	100°35′E	22°02′N
勐海（MH）	32	西双版纳州勐海县	1120~1310	100°12′E	21°52′N
澜沧（LC）	63	普洱市澜沧县	1050~1620	99°58′E	22°23′N
思茅（SM）	30	普洱市思茅区	1320~1510	100°54′E	22°48′N
宁洱（NE）	17	普洱市宁洱县	1010~1384	101°05′E	23°04′N
墨江（MJ）	19	普洱市墨江县	1200~1450	101°30′E	23°30′N
景谷（JG）	34	普洱市景谷县	1100~1350	100°42′E	23°35′N
镇沅（ZY）	33	普洱市镇沅县	2010~2400	101°06′E	24°01′N
双江（SJ）	23	临沧市双江拉祜族佤族布朗族傣族自治县（简称“双江县”）	1240~1630	99°54′E	23°28′N
昌宁（CN）	20	保山市昌宁县	1020~1400	99°26′E	24°20′N
梁河（LH）	31	德宏州梁河县	880~1200	98°20′E	24°62′N
总　计	338				

2.4.1.2 实验方法

（1）DNA 提取及检测

采用植物基因组提取试剂盒（NanoMagBio）提取思茅松叶样核基因组 DNA，提取的 DNA 浓度和质量分别采用琼脂糖凝胶（1%）电泳检测及 NanoDrop 8000 超微量分光光度计（Thermo Fisher Scientific，USA）的吸光度检测。将提取的 DNA 样品稀释至 20ng/μL，于 −20℃冰箱保存备用。

（2）SSR 引物筛选

每个群体随机抽取 3 个样品用以筛选引物。用以筛选的引物有赵能等（2017）的 12 对 YAFP 系列，Cai 等（2017）的 18 对 Pkv 系列，以及课题组开发的 30 对云南松引物 PYe 系列，共 60 对引物。用 2.3 一节的扩增体系及扩增程序在 60 对引物中筛选出稳定性强、多态性高的引物 18 对（表 2–15）。

表 2–15 思茅松 SSR 扩增所用的 18 对引物及相关信息

引物编号	重复基序	引物序列（5′–3′）	退火温度（℃）	扩增片段大小（bp）
Pkvl00	（TCT）5	F：GTGGTCTGAAAATACCGCGT R：GCAGCAGTAGCCATCATCAA	60.0	174~180
Pkvl015	（AT）9	F：CCTTTTATGGGGGCGATAAT R：TTGACTTGAACACAAAGCCG	59.9	208~224
Pkvl018	（TA）9	F：CTGGTGCATAGACCCGAGAT R：TTTTCTGCTTCAAGTGGCCT	60.0	235~257
YAFP–03	（CAAG）4	F：GCAACCTCTTCACATAAAAATGG R：TGACTGTTCAAAGAAATCAGCAA	60.0	103~107
YAFP–04	（CTCGC）6	F：GTGGAGCTTCTGATTTCCTATCA R：TTGTAACGAAGAAAGGCGTAGAG	60.0	153~173
YAFP–05	（CTGCAC）6	F：AGAGGCCGAACAGAAAGAAAG R：CGAAATGCTGAAAGTTTGACTCT	60.0	162~180
YAFP–06	（GCAGAG）5	F：AGAGGCCGAACAGAAAGAAAG R：CGAAATGCTGAAAGTTTGACTCT	60.0	135~141
YAFP–10	（TGCCGG）4	F：CCTACTGTGCTCATCAACAATGA R：TATAATCTGCGCTTTGCTTCAAT	60.0	138~150
YAFP–11	（TGG）7	F：AATCCGAAGAGCTGAGAGGAAT R：AATACACAGCATCATGTCACGTC	60.0	168~177
YAFP–12	（TGGAGG）6	F：GAAATTAGTTTTCGTGGCAGTTG R：GAGGGAAAAGGAGAAGGAGAAAC	60.0	149~161
PYe157	（CCGTC）5	F：GCAGACAGATCGCTGAATGC R：GCAGATAGCAGCGGAGTGAT	60.0	151~166

续表

引物编号	重复基序	引物序列（5′-3′）	退火温度（℃）	扩增片段大小（bp）
PYe172	（TA）6	F：TCTTGGACGAGGCCTTGTTC R：AATGCCGGTACCCGCTTAAA	60.0	202~208
PYe059	（TGTTGA）6	F：CCTTGACCCGACGCTAAAGT R：GCAGGAGGGTTCACAGTCTG	60.0	107~119
PYe192	（AT）6	F：TGCTGAGCTTCCTGATGCAA R：ATCCGTAGAAGGGCTCCTGT	60.0	117~123
PYe159	（AG）6	F：ACAGTGCATCGAACAGGGTT R：GAAGACCGGCCATAGCTACA	60.0	276~278
PYe010	（GAT）5	F：GGAACCTGTATCTCCTCGCG R：ACTATGCTCCTCACCGTTCC	60.0	277~280
PYe186	（AT）7	F：CCTGGAATCTGGAACCCTCA R：ATGCATTCTTCTCCCAGCCC	60.0	185~191
PYe170	（TTA）6	F：GGATGCACCCGGTTCTAGAG R：AACCTCTGCCTAGCCTTTGG	60.0	237~243

（3）SSR-PCR 反应

SSR-PCR 扩增体系及扩增程序见表 2-16。将筛选出的 18 对引物用以扩增所有样本，PCR 反应结束后，扩增产物经荧光毛细管电泳检测。

2.4.1.3　数据统计及遗传分析

使用 GeneMarker v2.2.0 软件对毛细管电泳结果进行统计和分析，获得每个样品的等位基因数、峰图和基因型。用 Excel 表格整理基因型数据，按照不同软件的要求对数据格式进行相应的转换。用 PowerMarker v3.25 软件（Neim et al.，1983）计算每对引物的等位基因数（N_a）、有效等位基因数（N_e）、观测杂合度（H_o）、预期杂合度（H_e）、Shannon-Wiener 多样性信息指数（I）、多态信息指数（PIC）等遗传多样性参数，计算获得各样本或群体间的 Nei’s 遗传距离，并基于遗传距离进行 UPGMA 聚类，采用 MEGA6.0 软件（Tamura et al.，2013）绘制聚类图。

利用 GenALEx v6.4.1 软件（Peakall et al.，2006）计算群体间的遗传分化系数（F_{ST}）、群体内的近交系数（F_{IS}）和群体间的近交系数（F_{IT}），同时，进行分子方差分析（AMOVA）及主坐标分析（PCoA）。

应用 Structure 2.3.4 软件（Evanno et al.，2005）对 338 份思茅松种质资源进行群体遗传结构分析，设置 K=1~20，Burn-in 周期为 10000，MCMC（Markov

Chainmonte Carlo）设为100000，每个K值运行20次，并利用在线工具Structure harvester算出最佳K值。根据最佳K值用CLUMPP和Distruct绘制遗传结构图。

表2-16　思茅松SSR-PCR反应的扩增体系及扩增程序

反应体系		反应程序		
成分名称及浓度	体积（μL）	温度及反应	时间	循环数
2×Taq PCRmastermix	5.0	95℃预变性	5min	
模板DNA（浓度20 ng/μL）	1.0	95℃变性	30s	10个循环，每个循环下降1℃
		52~62℃退火	30s	
上游引物（浓度10 pmol/μL）	0.5	72℃延伸	30s	
下游引物（浓度10 pmol/μL）	0.5	95℃变性	30s	25个循环
		52℃退火	30s	
ddH_2O	3.0	72℃延伸	30s	
		72℃末端延伸	20min	
总体积	10.0	4℃	保温	

2.4.2　研究结果

2.4.2.1　SSR-PCR扩增结果及位点的多态性

筛选出的18对引物用于338份思茅松种质资源的SSR扩增，得到稳定、多态性高的扩增结果，图2-5为引物PYe192对部分资源扩增后的毛细管电泳图谱。由表2-15可以看出，18对引物对338份思茅松种质资源SSR扩增的谱带大小在103~280bp之间。共检测到120个等位基因，平均每对引物扩增的等位基因数为6.667个。每对引物检测到的等位基因数量为2至18不等，其中引物Pkvl015扩增出的等位基因最多，高达18个，而引物Pkvl009和PYe010最少，仅各扩增出2个等位基因（表2-17）。

表2-17还给出了18个位点的遗传多样性参数。其中有效等位基因数（N_e）平均值为2.638，Shannon-Wiener多样性信息指数（I）的平均值为1.016，预期杂合度（H_e）平均值为0.524。18个位点的多态信息指数（PIC）变化范围0.161~0.872，平均0.468，其中位点Pkvl015和PYe192的PIC分别高达0.872及0.799。18个位点中仅有1个位点（PYe010，PIC=0.161）的PIC值小于0.250，说明研究中采用的18对引物中有94.4%的引物显示了较高的多态性，可以有效地揭示思茅松种质资源的遗传多样性状况。

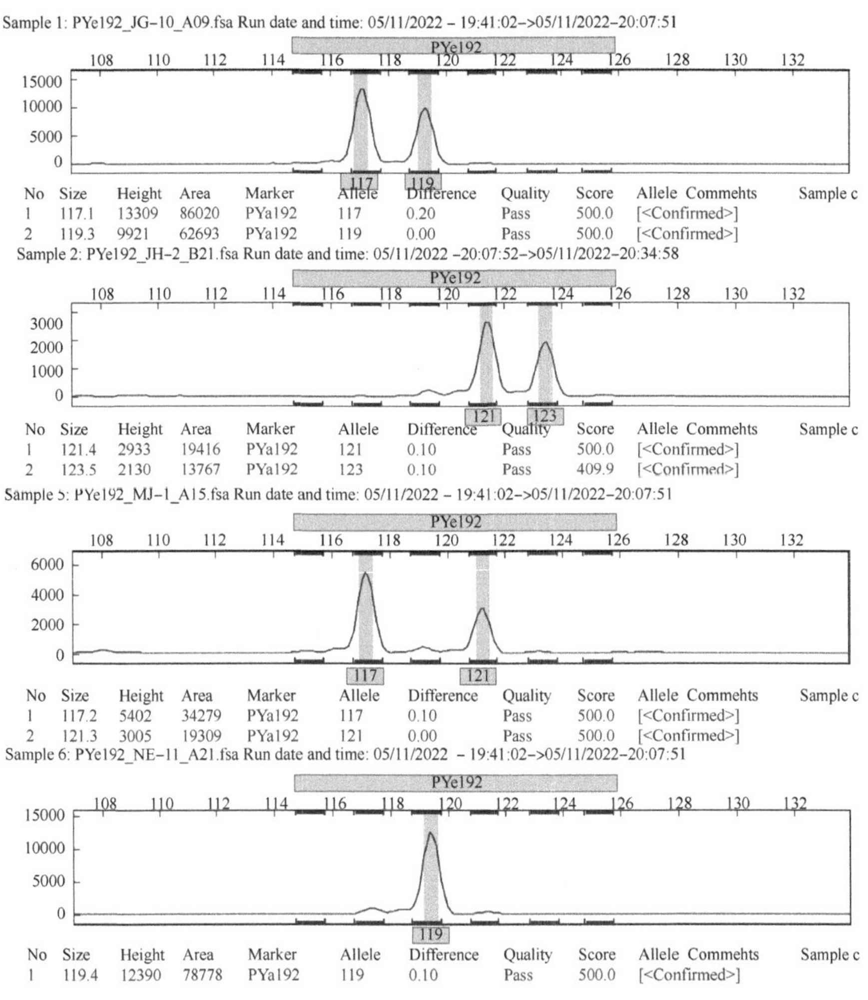

图 2-5 引物 PYe192 对部分思茅松种质资源 SSR 扩增结果的毛细管电泳图谱

表 2-17 各位点的遗传多样性参数

位点	N_a	N_e	H_o	H_e	I	PIC	F_{IS}	F_{IT}	F_{ST}	N_m	Sig
Pkvl009	2	1.977	0.893	0.494	0.687	0.372	−0.819	−0.783	0.020	12.509	***
Pkvl015	18	8.511	0.815	0.883	2.377	0.872	0.050	0.120	0.074	3.121	***
Pkvl018	10	2.095	0.5	0.523	1.134	0.491	−0.014	0.034	0.047	5.075	ns
PYe010	2	1.215	0.164	0.177	0.321	0.161	−0.035	0.061	0.093	2.444	ns
PYe059	5	2.293	0.609	0.564	0.965	0.474	−0.121	−0.060	0.055	4.336	ns
PYe157	11	2.3	0.535	0.565	1.237	0.538	−0.046	0.017	0.060	3.912	***
PYe159	3	2.409	0.547	0.585	0.959	0.502	0.022	0.072	0.050	4.707	ns

续表

位点	N_a	N_e	H_o	H_e	I	PIC	F_{IS}	F_{IT}	F_{ST}	N_m	Sig
PYe170	4	1.398	0.278	0.285	0.506	0.251	0.026	0.046	0.021	11.927	ns
PYe172	11	3.625	0.444	0.724	1.578	0.685	0.012	0.395	0.388	0.395	***
PYe186	7	2.869	0.639	0.651	1.182	0.584	−0.056	−0.008	0.045	5.283	***
PYe192	10	5.635	0.65	0.823	1.881	0.799	0.010	0.236	0.228	0.845	***
YAFP-03	3	1.986	0.41	0.496	0.719	0.38	0.091	0.167	0.084	2.736	**
YAFP-04	4	1.638	0.373	0.39	0.73	0.352	−0.048	0.023	0.067	3.457	**
YAFP-05	4	1.698	0.387	0.411	0.638	0.333	−0.028	0.042	0.068	3.437	ns
YAFP-06	6	1.462	0.331	0.316	0.572	0.277	−0.067	−0.031	0.033	7.244	ns
YAFP-10	4	1.876	0.413	0.467	0.671	0.361	0.042	0.130	0.091	2.487	***
YAFP-11	10	2.619	0.519	0.618	1.298	0.581	0.069	0.241	0.185	1.101	***
YAFP-12	6	1.874	0.459	0.466	0.836	0.404	0.023	0.052	0.029	8.263	***
平均值	6.667	2.638	0.498	0.524	1.016	0.468	−0.049	0.042	0.091	4.627	
标准差	4.215	1.781	0.180	0.180	0.520		0.047	0.055	0.022	0.807	

注：N_a 为观测等位基因；N_e 为有效等位基因；H_o 为观测杂合度；H_e 为期望杂合度；I 为 Shannon-Wiener 多样性信息指数；PIC 为多态信息指数；F_{IS} 为群体内近交系数，F_{IT} 为总群体内近交系数，F_{ST} 为群体分化系数，N_m 为基因流；Sig 为显著性（ns 表示不显著，即群体符合 HWE，* 表示显著性差异 $P < 0.05$，** 表示显著性差异 $P < 0.01$，*** 表示显著性差异 $P < 0.001$）；下同。

2.4.2.2 思茅松各群体的遗传多样性及群体间的遗传分化

H_e 和 I 是用以反映群体遗传多样性水平的参数。由表 2-18 可见 11 个思茅松群体的 H_e 和 I 的范围分别为 0.431~0.523、0.702~0.931，均值分别为 0.506 和 0.901，数据表明各群体的遗传多样性水平存在差异，其中 CN 的遗传多样性相对最高（H_e 和 I 分别为 0.523 和 0.931），MJ 的遗传多样性相对最低（H_e 和 I 分别为 0.431 和 0.702）。H_o 与 H_e 的相对大小可以反映群体内的交配特性及杂合子的情况，当群体的 $H_o < H_e$ 时，说明群体内存在一定的近亲交配，群体缺乏杂合子。表 2-18 中 11 个群体 H_o 的均值为 0.498，H_e 的均值为 0.476，$H_o > H_e$，总体上看，思茅松主要为异型交配，杂合子过量。11 个群体中只有 ZY 和 SJ2 个群体的 $H_o < H_e$，表明 11 个群体中只有这 2 个群体存在近亲交配，缺乏杂合子，其他 9 个群体内皆主要为异型交配，杂合子过量。

F 统计量可以很好地反映群体间的遗传分化状况，其中群体内的近交系数（F_{IS}）用来衡量群体内偏离哈迪 - 温伯格平衡的程度，当其大于零时，群体内存在近亲交配，杂合子不足，反之则异型交配，杂合子过量。本研究中，18 个位点或 11 个群体 F_{IS} 的平均值为 -0.049（表 2-17、表 2-18），而且 11 个群体中只有 ZY 和 SJ 两个群体的 F_{IS} 大于零（表 2-18），数据表明思茅松以异型交配为主，总体上杂合子过量。遗传分化系数（F_{ST}）用来衡量群体间的遗传分化程度的参数，本研究 18 个位点 F_{ST} 的均值为 0.091（表 2-17），表明只有 9.1% 的变异来源于群体间。分子方差分析（AMOVA）得到了同样的结果，只有 9.0% 的变异来源于群体间（表 2-19），可见思茅松种质资源的遗传变异主要来源于群体内。

表 2-18 各群体平均多样性指数

群体	N_a	N_e	H_o	H_e	I	F_{IS}
CN	3.611	2.435	0.546	0.523	0.931	-0.041
JG	3.611	2.141	0.490	0.459	0.820	-0.063
JH	4.278	2.265	0.522	0.501	0.905	-0.062
LC	3.944	2.175	0.487	0.466	0.833	-0.046
LH	3.611	2.210	0.486	0.462	0.816	-0.056
MH	3.944	2.403	0.496	0.486	0.887	-0.049
MJ	2.556	1.889	0.501	0.431	0.702	-0.147
NE	3.167	2.201	0.489	0.450	0.793	-0.068
SJ	3.833	2.211	0.463	0.497	0.891	0.087
SM	3.500	2.051	0.505	0.452	0.799	-0.120
ZY	3.667	2.423	0.491	0.506	0.901	0.030
平均值	3.611	2.219	0.498	0.476	0.843	-0.049

表 2-19 群体间遗传分化的分子方差分析（AMOVA）

变异来源	自由度	方差和	平均方差	占总变异的百分比（%）
群体间	10	327.266	32.727	9
群体内	665	3104.502	9.351	91
总 计	641	3431.768		100

2.4.2.3 思茅松种质资源群体的 UPGMA 聚类及 PCoA 分析

遗传距离是衡量生物个体（或群体）间遗传差异的指标之一，遗传距离的估计在探索品种起源、分析群体间亲缘关系、绘制系统发育树、预测杂种优势和指导亲本选配等方面有重要作用。由 PowerMarker v3.25 计算获得的 11 个思茅松群体间遗传距离（GD）介于 0.0254~0.2437 之间，其中 SM 与 LC 群体间的遗传距离最小（*GD*=0.0254），LH 与 MJ 群体之间的遗传距离最大（*GD*=0.2437）（表 2-20）。

为了更为直接地反映各群体间的遗传关系，基于 Nei's 遗传距离采用非加权平均法（UPGMA）对 11 个思茅松群体进行聚类分析（图 2-6）。由图 2-6 可见，在遗传距离 0.05 处 11 个群体被划分成 3 组，第Ⅰ组包括思茅区的 6 个群体（MJ、NE、ZY、JG、SM 和 LC）；第Ⅱ组由 MH、JH、SJ 和 CN 等 4 个群体组成，其中西双版纳州的两个群体（MH 和 JH）聚为一个分支，临沧市的双江和保山市的昌宁群体（SJ 和 CN）聚为另一个分支；第Ⅲ组仅有德宏州的 LH1 个群体。

表 2-20　基于 SSR 标记的 11 个思茅松群体间的遗传一致度和遗传距离

群体	CN	JG	JH	LC	LH	MH	MJ	NE	SJ	SM	ZY
CN	****	0.8348	0.9318	0.8324	0.9163	0.9340	0.8026	0..075	0.9497	0.8147	0.8409
JG	0.1652	****	0.8348	0.9683	0.7820	0.8442	0.9360	0.9605	0.8422	0.9675	0.9732
JH	0.0682	0.1337	****	0.8762	0.9122	0.9423	0.8219	0.8572	0.9024	0.8688	0.8623
LC	0.1676	0.0317	0.1238	****	0.7804	0.8545	0.9249	0.9625	0.8239	0.9746	0.9689
LH	0.0837	0.2180	0.0878	0.2196	****	0.8739	0.7563	0.7644	0.8741	0.7644	0.7899
MH	0.0660	0.1558	0.0577	0.1455	0.1261	****	0.8069	0.8318	0.9117	0.8392	0.8407
MJ	0.1974	0.0640	0.1781	0.0751	0.2437	0.1931	****	0.9129	0.8005	0.9271	0.9245
NE	0.1925	0.0395	0.1428	0.0375	0.2356	0.1682	0.0871	****	0.8045	0.9499	0.9548
SJ	0.0503	0.1578	0.0976	0.1761	0.1259	0.0883	0.1995	0.1955	****	0.8135	0.8506
SM	0.1853	0.0325	0.1312	0.0254	0.2357	0.1608	0.0729	0.0501	0.1865	****	0.9527
ZY	0.1591	0.0268	0.1377	0.0311	0.2101	0.1593	0.0755	0.0452	0.1494	0.0473	****

注：右上部分为遗传一致度，左下部分为遗传距离。

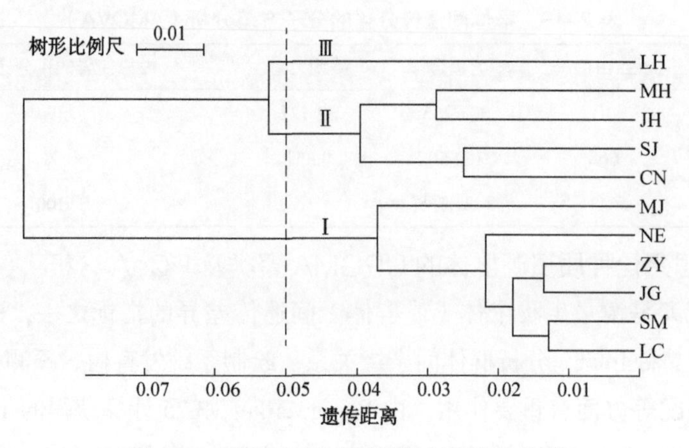

图 2-6　思茅松 11 个群体的 UPGMA 聚类

主坐标分析（PCoA）可呈现研究数据相似性或差异性的可视化坐标，同样可用来研究样本群体组成的相似性或相异性。主坐标分析通过直观地比较坐标轴中样本之间的直线距离来反映样本之间的差异性，样本之间的直线距离较近，则表示二者的差异性较小；相反则表示它们之间差异性较大。图 2-7 及彩图 12 为 338 份思茅松种质的主坐标分析图，由图可见各群体的少数样本间有相互交叉，说明部分遗传关系较近的样本分布到了不同的群体中，但同时也可以看出同一群体的样本基本集中在一个区域，并且群体间的遗传关系与 UPGMA 聚类结果趋势是一致的。

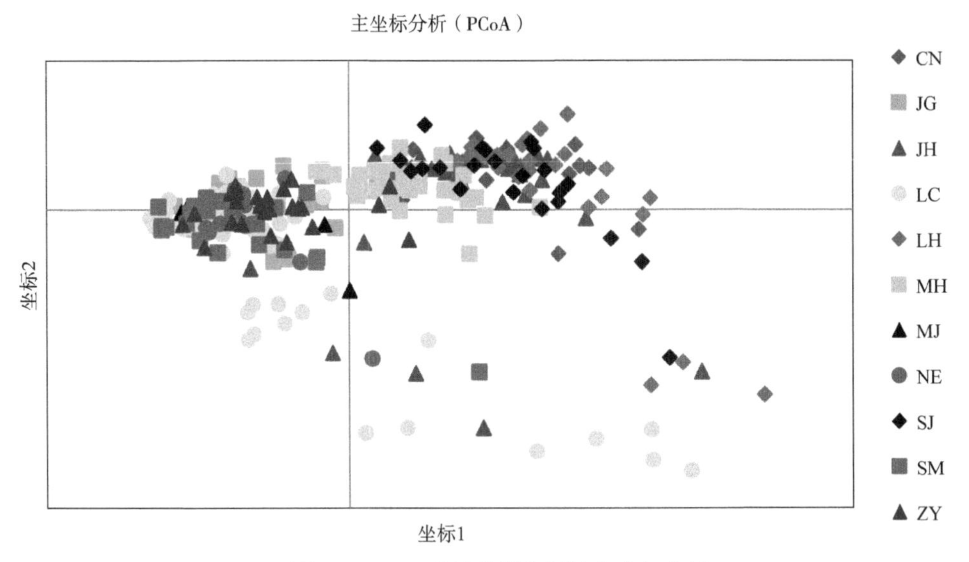

图 2-7 338 份思茅松资源的主坐标分析

2.4.2.4 思茅松种质资源的遗传结构

利用 STRUCTURE 软件对 338 份思茅松样本的群体遗传结构进行评估。根据似然值最大原则，当 K=2 时，ΔK 出现峰值（图 2-8），其结果表明根据遗传组成可以将 338 份思茅松样本划分为 2 个类群（Cluster）。具体见图 2-9、彩图 13，一个类群（Cluster Ⅰ，橙色部分）主要由来自普洱市 JG、LC、MJ、

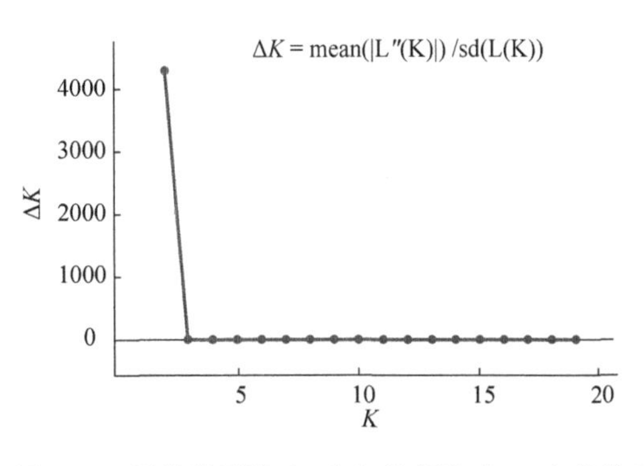

图 2-8 最佳类群数（K）与推断值（ΔK）的关系

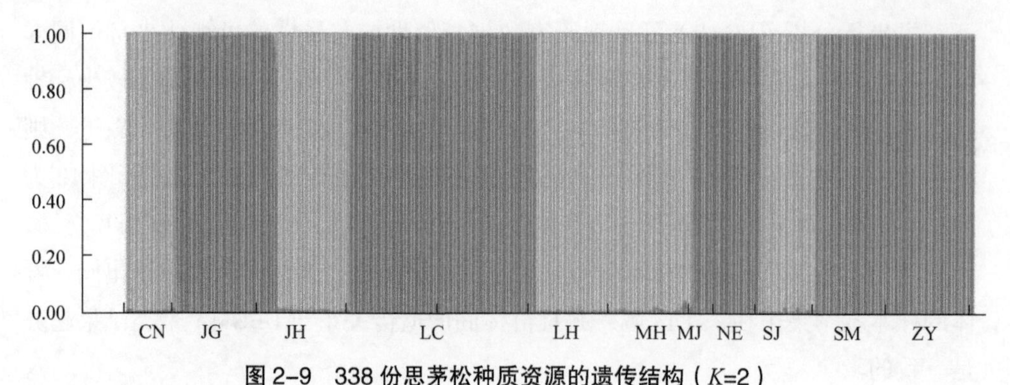

图 2-9　338 份思茅松种质资源的遗传结构（*K*=2）

注：橙色为第 1 类群；蓝色为第 2 类群；横坐标每一竖线代表一份种质。

NE、SM 和 ZY 群体的样本组成，而另一个类群（Cluster Ⅱ，蓝色部分）主要由来自 CN、JH、LH、MH 和 SJ 群体的样本构成。

2.4.3 结　论

2.4.3.1　思茅松种质资源具有丰富的遗传多样性

遗传多样性研究对于种质资源的遗传改良及种质创新具有非常重要的意义（井敏敏 等，2022）。基于 SSR 分子标记对 11 个群体共 338 份思茅松种质资源的遗传多样性研究表明思茅松种质资源具有丰富的遗传多样性。

作为一个重要的遗传参数，*PIC* 在遗传多样性研究中常用来评估引物的鉴别能力及其提供信息的可靠性（Uzun et al.，2011）：$PIC > 0.50$ 表明引物的多态性高，可提供丰富的信息，能很好地反映遗传多样性；$0.25 < PIC < 0.50$ 时，引物的多态性和信息量较高，可提供较合理的信息；$PIC < 0.25$ 时，引物的多态性低，可提供的信息量较少（李静 等，2020）。研究采用的 18 对引物的 PIC 平均值为 0.468，而且只有 1 个位点 $PIC < 0.25$，也就说 94.4% 的引物显示了较高的多态性，可以提供较高的信息量从而有效地揭示思茅松种质资源的遗传多样性状况。而另外两个遗传参数，H_e 和 I 则是用来反映种质资源遗传多样性的重要参考指标（Wang et al.，2015），许玉兰等（2015）对 20 个云南松天然群体的 SSR 遗传多样性分析结果为 H_e=0.429、I=0.787；杨章旗等（2014）利用 12 对 SSR 引物对 3 个群体 92 单株的细叶云南松（*Pinus yunnanensis* var. *tenuifolia*）遗传多样性研究，结果为 H_e=0.342、I=0.488；冯源恒等（2016a，c）采用 16 对 SSR 引物对 464 个马尾松第 1 代育种群体的遗传多样性分析表明该育种群体具有较高的遗传多样性（H_o=0.40、I=0.65），相同的引物对广西桐棉马尾松天然群体的 285 个样本分

析结果为 H_e=0.36、I=0.64；武文斌等（2018）采用 8 对 SSR 引物对山西省 5 个油松山脉地理种群遗传结构研究结果为 H_e=0.313、I=0.518。本项研究基于 18 对 SSR 引物的思茅松 11 个群体的 H_e 和 I 均值分别为 0.467 和 0.843，高于上述已见报道的其他几种松树采用相同标记技术的 H_e 和 I 值，可见，思茅松种质资源具有较高的遗传多样性。11 个群体中 CN 的遗传多样性相对最高，其次是 ZY 和 JH，MJ 的遗传多样性相对最低。

2.4.3.2　思茅松群体的遗传分化属于中等水平，遗传变异主要来源于群体内

了解群体的遗传分化及遗传结构是制定物种保护策略、构建植物育种群体的基础。研究表明思茅松群体间存在中等程度的遗传分化，遗传变异主要来源于群体内的个体。

遗传分化系数（F_{ST}）常用于评估群体间遗传分化的程度，$F_{ST} < 0.05$、$0.05 < F_{ST} < 0.15$、$0.15 < F_{ST} < 0.25$、$F_{ST} > 0.25$ 分别表示群体间的遗传分化程度低、中等、高、极高（White et al.，2007）。本研究中 F_{ST} 为 0.091（$0.05 < F_{ST} < 0.15$），数据表明思茅松群体间的遗传分化属于中等程度。同时这一数据也显示思茅松群体内的遗传变异远远高于群体间的遗传变异，只有 9.1% 的遗传变异分布于群体间，分子方差分析（AMOVA）也得到了相同的结果，9.0% 的变异分布于群体间，可见思茅松种质资源的遗传多样性主要分布在群体内。这一结果与细叶云南松（F_{ST}=0.089）（杨章旗 等，2014）、马尾松桐棉种源天然群体（F_{ST}=0.072）（冯源恒 等，2016a）、山西省油松山脉地理种群（F_{ST}=0.0328）（武文斌 等，2018）等的研究结果一致，与对不同群落类型油松居群遗传分化的研究结果不同，其群体间的遗传分化水平较高（F_{ST}=0.1781）（李明 等，2013）。以繁育系统、基因流、演替阶段等为主的诸多因素将影响植物群体的遗传分化和遗传结构（葛颂，1994），基因流是其中非常重要的一个因素，通常基因流大的物种，群体间的遗传分化较小。基因流的大小按照 N_m 值划分为 3 个等级，N_m 值 0~0.249 为低等；N_m 值 0.250~0.990 为中等；N_m 值 $\geqslant 1.0$ 为高等（Govindaraju，1988），若 $N_m \geqslant 1.0$，则基因流足以抵制遗传漂变的作用，可以阻止群体间的分化。本研究中的 N_m 为 4.627（$N_m \geqslant 1.0$），数据表明思茅松群体间较高的基因流减弱了群体间的分化。思茅松的风媒传粉、带有翅膀的种子、种子的可食性、群体间没有严重的生境片段化以及分布范围较小等特性导致了群体间高水平的基因流动，减小了群体间的分化。但另一方面，思茅松分布区生境复杂多样，群体间的地理隔离导致群体间分化，以上综合因素的作用致使思茅松群体间的遗传分化处于中等水平。

2.4.3.3 思茅松种质资源的遗传结构分析及 UPGMA 聚类

根据遗传距离聚类（UPGMA 聚类）与 STRUCTURE 分析是两种不同运算模式的样本聚类方式，前者在聚类时是根据遗传距离或遗传相似性进行划分，通常会受到一定程度的人为操作影响，而后者可将划分不明的群体（单株）划分到相应的群体中，表型形式更为明确（李培 等，2016）。

本项研究的两种分析方法得到类似的聚类结果，即总体上，UPGMA 聚类中普洱市的 LC、SM、JG、ZY、NE 和 MJ 群体样本构成一组，其主要遗传组分归并为 Cluster Ⅰ；CN、SJ、JH、MH 和 LH 群体样本构成另一组，其主要遗传组成归并为 Cluster Ⅱ。遗传结构分析显示思茅松种质资源的遗传结构较为简单，尽管各群体的遗传组成是非均质的，但各群体间的遗传混合程度较低，群体之间的遗传混合通常与群体的地理位置和地理环境密切相关。思茅松 11 个群体的 UPGMA 聚类结果表明地理距离较近的群体基本聚在一起，尤其是来自普洱市的 6 个群体皆聚在同一组中，来自西双版纳州的 2 个群体也聚在同一分支中，地理距离最远的德宏州 LH 群体单独为一组。其中例外的是西双版纳州的 2 个群体没有与地理距离较近的普洱市 6 个群体聚在一组，而与较远的 CN 和 SJ 聚为一组。UPGMA 聚类与地理种源不完全一致的研究有不少相关报道（Liu et al.，2013；Cheng et al.，2015），说明地理和环境因子相较于地理距离对于思茅松群体间的遗传分化有更大的作用，这与 Wang 等（2019）采用 SRAP 分子标记技术对 11 个思茅松群体的研究结果一致。

综上所述，思茅松种质资源具有丰富遗传多样性，为其遗传改良提供了广泛的遗传基础；群体内的个体是遗传变异的主要来源，由此在资源的选育和保护工作中，应根据其遗传结构特征，在选择遗传多样性高的群体基础上，侧重于群体内家系和单株的选择。

第 3 章　思茅松材用良种选育

3.1　材用良种选育历程

3.1.1　地理种源试验

3.1.1.1　地理种源选择概况

种源、地理种源是取得种子或繁殖材料的原产地。在种源试验的基础上，选择优良的种源被称为种源选择。开展种源试验、研究地理变异、选择优良种源是林木改良计划的第一步，在林木改良中具有重要的作用（陈晓阳 等，2005）。

树木种内地理变异的观察和研究有着悠久的历史。树木地理变异的概念在18世纪已形成并开始应用。瑞典在1749年就报道了不同种源橡树在南部地区的栽培试验结果，首次提出树木种内的地理变异以及产种地纬度与子代发育的关系，并提醒人们在造林实践中应用这种关系（陈晓阳 等，2005）。同期，法国人H. Duhmeldu Monceu为了选择更好的军舰木材，进行了欧洲赤松种源试验。1787年，Von Wangenheim报道了北美3个树种驯化的结果，强调了在德国不同地区造林时种子选用的要求。

欧洲赤松是开展种源试验较早的树种之一，1820年，法国开始从俄国西部、德国、瑞典、苏格兰、法国等地搜集欧洲赤松种子做种源试验，并研究了他们的后代在干形、冠形、分枝、树皮、针叶、芽、球果等方面的差异，试验结果发现，各性状在种源间差异很大，呈梯度变异，并认为这种变异是可遗传的。

19世纪末至20世纪初，各国开始了比较正规的种源研究。欧洲多国开展了以欧洲赤松、欧洲落叶松、挪威云杉等树种为对象的较为系统的种源研究，进一步证明了地理变异是可遗传的。

1922 年，瑞典植物学家 Turreson 揭示了种内遗传生态分化的存在，提出了生态型的概念，强调了不连续变异是由于自然选择压力不同造成的。1936 年，瑞典学者 Langlet 提出了连续梯度变异的概念。1938 年，Haxley 创造了渐变群的术语。前人的工作对森林生态遗传研究的发展及其在林业中的实践均起到了很大的推动作用。

20 世纪以来，树木种源研究日益受到各国的重视，很多试验是以国际合作形式进行的。据统计，现在几乎世界上所有从事人工林研究的国家，都开展了树木种源研究，树种已超过 100 个，包括了世界各地的主要造林树种，其中，瑞典、苏联和美国的种源试验规模最大。

种源研究从初期的阐明种源变异的存在和重要性，到 20 世纪 30—40 年代的揭示地理变异性，到近期更多地强调地理变异与林木育种的结合。

我国从 20 世纪 50 年代起最先开展了杉木的种源研究，1978 年以后，种源研究得到快速发展。据统计，我国已开展了马尾松、云南松、黄山松、樟子松、红松、华北落叶松、长白落叶松、兴安落叶松、西伯利亚落叶松、日本落叶松、侧柏、柚木、桉树、榆树、鹅掌楸、桤木、苦楝、香椿、臭椿、檫木、白桦、水曲柳、胡桃楸、柞树及胡枝子等 30 多个树种的种源研究，揭示了主要性状地理变异及其规律，选择出一批优良种源，划分了种源区（陈晓阳 等，2005）。

以我国针叶树种种源试验为例。李书靖等（2000）对油松分布区 45 个种源在甘肃 18 年的试验进行总结，种源间生长和适应性状差异显著，3 个最优种源平均树高、胸径和材积的遗传增益分别为 65%、102% 和 264%，增产效益显著。福建省南平市对 8 个马尾松种源作了对比，20 年生时，广东、广西种源比当地增产 44.2%。

3.1.1.2 思茅松地理种源试验

云南省林业科学院舒筱武等（1985）在 1981 年开展了思茅松的地理种源试验，研究内容和初步结论如下。

研究选取了思茅松主要分布区具代表性的 6 个种源（表 3-1）为研究对象，按统一的实施方案在 5 个不同气候类型栽培点进行造林试验。各地理种源种子采自相应产地两个以上的思茅松天然优良林分，在每个林分内选择 20 株以上的优良母树进行等量采果，母树间距 50m 以上，树龄 30 年左右，种子经品质检验后在 5 个试验点进行试验。造林试验采用平衡不完全区组设计，每 6 株一个小区，8 次重复，块状整地，定植穴规格 40cm × 40cm × 30cm，常规抚育，定植 3 年后进行调查数据分析。

表 3-1　参试种源的地理位置及部分气象因子

种源	纬度（N）	经度（E）	海拔（m）	年降水量（mm）	年相对湿度（%）
思茅	22° 46′	101° 24′	1302	1547.6	82
澜沧	22° 34′	99° 56′	1055	1655.4	79
景谷	23° 30′	100° 42′	1300	1253.7	80
墨江	23° 36′	101° 43′	1282	1361.0	78
潞西	24° 16′	98° 27′	1400	1650.0	77
景东	24° 12′	101° 05′	1300	1096.4	78

注：引自舒筱武等（1985）。

试验的初步结果如下（表 3-2）：

5 个试验点的试验表明，思茅松的地理变异与环境存在一定的关系，各种源间的树高生长量存在着显著的差异，说明思茅松具有显著的地理遗传变异，在思茅松造林实践中，要注重种源的选择。

思茅松种源间树高生长的快慢与原产地纬度、年降水量、年相对湿度有着一定的相关性，其中与原产地的纬度呈显著的负相关（$P < 0.05$），建议在实践中，思茅松适应区域内可选择纬度较低，年降水量及年相对湿度比造林地高的地区调种。

表 3-2　不同试验点各地理种源的树高生长量　　单位：cm

产地	试验点				
	会泽	昆明	禄丰	施甸	思茅
思茅	54.7	87.9	71.9	126.4	142.6
澜沧	53.3	84.2	56.4	120.3	131.2
墨江	49.9	63.5	57.4	111.4	149.2
景谷	44.5	73.8	50.4	79.9	136.8
景东	45.0	59.3	50.4	101.4	120.4
潞西	42.6	67.2	56.9	103.5	131.7
对照	17.2	28.7	22.4	69.9	142.6
用 t 检验法计算的 LSD 值	$LSD_{0.05}$=7.23	$LSD_{0.05}$=17.40	$LSD_{0.05}$=14.13	$LSD_{0.05}$=19.71	$LSD_{0.05}$=14.15
	$LSD_{0.01}$=9.71	$LSD_{0.01}$=23.44	$LSD_{0.01}$=18.9	$LSD_{0.01}$=26.48	$LSD_{0.01}$=18.96

注：引自舒筱武等（1985）。

3.1.1.3　基于优良林分的优良种源选择

20 世纪 80 年代，思茅松分布区内的思茅松林人为破坏还不严重，逆向选择较不突出，云南省林业科学院思茅松优良林分选择课题组基于思茅松优良林分选择调查的样地材料，通过均值比较重要生物因子，应用综合评分法，开展了思茅松优良种源的选择，郭宇渭等（1993）将相关研究过程和结果进行了整理，现简述如下。

（1）研究材料与方法

研究材料 研究对象为思茅松优良林分选择过程中调查的107块样地材料。将相近地域的样地视为一个种源，共归为7个种源，分别为景东者后（10块样地组成）、恩乐三场（18块样地组成）、镇沅振太（16块样地组成）、景谷碧安（18块样地组成）、思茅（15块样地）、宁洱（15块样地）、墨江（15块样地）。

研究方法 将各种源的生物因子进行均值统计比较（表3–3），统计的生物因子包括树高年均生长量、泌脂量、通直率、扭纹率、扭株率。用均值检验法（t检验）对不同种源的同一生物因子进行差异性检验，以营林目的选出优良种源。同时，基于各生物因子的重要性，分别赋予不同的权重值，采用综合评分法评出优良种源。其中，各生物因子的权重值为：树高年均生长量0.28、泌脂量0.2、树干通直率0.2、扭纹率0.2、扭株率为0.12，根据各生物因子的优良度，分别划分5个评分等级（表3–4）。

表3–3 不同种源思茅松生物因子均值

种源	树高年均生长量（m）	泌脂量（g）	通直率（%）	扭纹率（%）	扭株率（%）	样地数（个）
景东者后	0.7320	0.8610	79.95	1.12	38.97	10
恩乐三场	0.6194	0.5561	68.03	0.83	33.83	18
镇沅振太	0.7359	0.2769	91.47	1.30	48.4	16
景谷碧安	0.7150	0.2612	61.62	3.32	95.04	18
思茅	0.8113	0.4475	41.33	0.80	36.11	15
宁洱	0.8073	0.5508	50.5	0.50	30.82	15
墨江	0.6627	0.3186	64.05	0.34	9.98	15

注：引自郭宇渭等（1993）。

表3–4 思茅松种源评分标准

指标		评分等级				
		1	2	3	4	5
树高年均生长量（m）	标准	> 0.79	0.79~0.75	0.74~0.70	0.69~0.65	< 0.65
	得分	28	22.4	16.8	11.2	5.6

续表

指标		评分等级				
		1	2	3	4	5
泌脂量（g）	标准	> 0.78	0.78~0.64	0.63~0.49	0.48~0.33	< 0.33
	得分	20	16	12	8	4
通直率（%）	标准	> 85.08	85.08~72.57	72.56~60.07	60.06~47.57	< 47.57
	得分	20	16	12	8	4
扭纹率（%）	标准	≤ 0.706	0.705~1.446	1.445~2.186	2.185~2.926	> 2.926
	得分	20	16	12	8	4
扭株率（%）	标准	≤ 20.61	20.60~41.87	41.86~63.13	63.12~84.39	> 84.39
	得分	12	9.6	7.2	4.8	2.4
	合计	100	80	60	40	20

注：引自郭宇渭等（1993）。

（2）研究结论

基于各种源生物因子均值 t 检验结果（表 3–5），7 个种源按树高年均生长量可划分为 3 个等级，以思茅、宁洱种源为最优；按泌脂量的高低可划分为 3 个等级，以景东者后种源为最优；按树干通直率可划分为 3 个等级，以镇沅振太种源最优；按扭纹率可划分为 4 个等级，以宁洱、墨江种源最优；按扭株率可划分为 4 个等级，以墨江种源最优。应根据营林目的的不同，综合选择优良种源。

通过综合评分法，按综合得分值 60 分以上认定为优良种源的标准，评选出优良种源区，按得分高低分别为景东者后种源，思茅、宁洱种源，镇沅振太种源。

表 3–5　不同种源思茅松得分

种源	树高年均生长量		泌脂		通直率		扭纹率		扭株率		总得分
	等级	得分	等级	得分	等级	得分	等级	得分	等级	得分	
思茅、宁洱	1	28	3	12	5	4	1	20	2	9.6	73.6
恩乐三林场	5	5.6	3	12	3	12	2	16	2	9.6	55.2
镇沅振太	3	16.8	5	4	1	20	2	16	3	7.2	64.0
景谷碧安	4	11.2	5	4	3	12	5	4	5	2.4	33.6
墨江	5	5.6	5	4	3	12	1	20	1	12	53.6
景东者后	3	16.8	1	20	2	16	2	16	2	9.6	78.4

3.1.1.4 基于优树子代早期生长的思茅松种源 / 家系选择

思茅松的遗传改良研究起步于20世纪80年代，90年代我们在思茅松主要分布区开展了思茅松优良种质资源的选择与收集保存工作，初选出思茅松优树192株，复选出优树122株，基于选出的优树于1995年建成全国首个思茅松种子园。限于当时有限的资金、人力以及交通条件，在部分思茅松分布区并未开展过优质资源的选择工作。鉴于此，云南省林业科学院基于云南省科技攻关项目"思茅松定向培育优质资源收集与保存研究（2004NG05-01）"在思茅松分布范围内开展了优良种质资料源的全面调查，重点在前期未开展资源选择地区开展优树选择和保存工作，并进行相关的遗传测定工作，现将部分基于早期生长的思茅松种源 / 家系选择工作概述如下。

（1）研究材料与方法

试验材料来源于云南省科技攻关项目"思茅松定向培育优质资源收集与保存研究"，从思茅松分布区景东县、景谷县和澜沧县选出优树的种子，优树选择采用5株优势木对比树法从天然优良林分中选出，最终用实际采到球果的58株优树种子参与试验。

1~2月采集试验种子，3月营养袋播种育苗，苗期各项管理措施一致，7月上山定植。试验地位于普洱市景谷县文郎试验林场，采用完全随机区组设计，4株一小区，8次重复，株行距3m×3m，穴状整地，规格40cm×40cm×40cm。造林后14个月进行测定，测定数据主要为树高和地径，采用DPS统计软件进行方差分析和多重比较。

（2）试验结果

参试家系的两个观测指标树高与地径的变异幅度较大（表3-6），树高的变异系数达36.47%，地径的变异系数为10.98%，树高和地径最大与最小的比值分别为4.1与1.8。各家系间树高和地径存在极显著的差异，说明思茅松早期生长过程中，家系间生长性状存在较大的差异，且高生长较地径生长具有更大的变异，具有更强的选择性。按参试家系树高平均值+标准差进行优良家系的筛选，共选出9个优良家系，入选率15.5%，其中景东种源入选2个家系，澜沧种源入选7个家系，景谷种源无家系入选。

按种源进行统计分析，3个种源早期生长时无论是树高还是地径，都存在极显著的差异，以澜沧种源最为优异，树高和地径与景东种源、景谷种源的差异均达到极显著水平（表3-7）。

表 3–6 不同家系生长情况统计

家系号	树高		地径	
	均值 ± 标准差（cm）	变异系数（%）	均值 ± 标准差（cm）	变异系数（%）
景东 2	44.74 ± 14.54	32.49	2.16 ± 0.51	23.48
景东 3	51.94 ± 22.16	42.67	2.39 ± 0.69	28.92
景东 4	38.22 ± 15.83	41.42	1.95 ± 0.51	26.34
景东 5	46.95 ± 24.74	52.70	2.25 ± 0.58	25.76
景东 6	48.12 ± 18.71	38.89	2.16 ± 0.58	26.58
景东 7	89.2 ± 22.21	24.90	2.64 ± 0.44	16.76
景东 8	38.89 ± 17.65	45.39	2.25 ± 0.56	25.01
景东 9	86.45 ± 26.91	31.13	2.47 ± 0.74	29.82
景东 12	39.79 ± 16.12	40.52	2.03 ± 0.44	21.83
景东 13	46.48 ± 18.19	39.14	2.19 ± 0.65	29.58
景东 14	51.85 ± 20.44	39.41	2.59 ± 0.42	16.37
景东 15	31.95 ± 16.28	50.96	1.69 ± 0.64	37.97
景东 16	59.95 ± 21.33	35.59	2.27 ± 0.61	26.82
景东 18	47.90 ± 17.58	36.71	2.11 ± 0.71	33.82
景东 26	52.00 ± 22.44	43.15	2.17 ± 0.63	28.93
景东 27	45.24 ± 18.5	40.89	2.25 ± 0.53	23.56
景东 28	43.57 ± 13.29	30.50	2.13 ± 0.63	29.53
景东 31	62.80 ± 22.3	35.51	2.18 ± 0.6	27.58
景东 33	79.63 ± 20.4	25.62	2.30 ± 0.68	29.38
景东 35	81.15 ± 27.51	33.90	2.25 ± 0.68	30.50
景东 37	80.89 ± 23.41	28.95	2.40 ± 0.61	25.32
景东 38	35.95 ± 16.1	44.78	1.93 ± 0.52	27.03
景东 39	38.30 ± 15.12	39.48	2.08 ± 0.53	25.44
景东 40	58.00 ± 22.96	39.58	2.25 ± 0.53	23.67
景东 42	80.22 ± 20.86	26.01	2.66 ± 0.66	24.78
景东 43	48.33 ± 23.62	48.87	2.31 ± 0.59	25.61
景东 45	49.86 ± 16.04	32.17	2.29 ± 0.47	20.72
景东 46	43.75 ± 15.34	35.06	2.13 ± 0.66	30.88
景东 49	44.43 ± 16.84	37.89	2.08 ± 0.54	25.89

续表

家系号	树高		地径	
	均值 ± 标准差（cm）	变异系数（%）	均值 ± 标准差（cm）	变异系数（%）
景东 50	45.13 ± 11.15	24.71	2.35 ± 0.52	21.90
景东 51	47.50 ± 17.23	36.27	2.18 ± 0.59	27.01
景东 52	68.44 ± 22.95	33.53	2.18 ± 0.52	23.86
景东 53	74.91 ± 21.88	29.22	2.25 ± 0.55	24.28
景东 54	76.20 ± 26.75	35.10	2.12 ± 0.58	27.14
景东 57	46.05 ± 19.07	41.42	2.09 ± 0.66	31.35
景东 58	53.53 ± 17.56	32.80	2.43 ± 0.5	20.70
景东 59	74.30 ± 21.97	29.57	2.44 ± 0.6	24.41
景东 65	72.53 ± 20.94	28.87	2.13 ± 0.43	20.30
澜沧 21	130.41 ± 23.9	18.33	3.06 ± 0.53	17.26
澜沧 22	115.05 ± 19.49	16.94	2.77 ± 0.45	16.06
澜沧 25	110.2 ± 30.51	27.68	2.72 ± 0.69	25.55
澜沧 35	108.71 ± 17.45	16.05	2.66 ± 0.48	17.92
澜沧 37	101.05 ± 24.15	23.90	2.68 ± 0.5	18.47
澜沧 41	117.48 ± 27.1	23.07	2.79 ± 0.74	26.44
澜沧 43	105.75 ± 22.95	21.70	2.64 ± 0.45	17.15
景谷 01	58.85 ± 18.77	31.89	2.63 ± 0.59	22.41
景谷 10	63.26 ± 24.51	38.74	2.36 ± 0.73	30.81
景谷 11	56.06 ± 14.79	26.38	2.21 ± 0.48	21.63
景谷 14	45.83 ± 17.9	39.05	2.20 ± 0.67	30.31
景谷 18	66.15 ± 16.11	24.35	2.62 ± 0.54	20.74
景谷 19	61.94 ± 15.5	25.02	2.38 ± 0.32	13.34
景谷 20	70.56 ± 20.45	28.99	2.66 ± 0.62	23.35
景谷 56	59.16 ± 21.19	35.82	2.24 ± 0.43	19.10
景谷 58	49.71 ± 19.14	38.50	2.23 ± 0.58	25.98
景谷 59	50.22 ± 18.07	35.99	2.56 ± 0.37	14.65
景谷 60	50.58 ± 18.66	36.89	2.31 ± 0.37	15.87
景谷 67	65.37 ± 17.67	27.03	2.78 ± 0.54	19.24
景谷 68	55.87 ± 21.33	38.17	2.46 ± 0.61	24.72

表 3-7　不同种源生长情况统计

种源	家系数	树高（cm）			树高变异系数（%）	地径（cm）			地径变异系数（%）
		最大值	最小值	平均值		最大值	最小值	平均值	
景东	38	89.20	31.95	55.92b	28.82	2.66	1.69	2.23c	8.58
澜沧	7	130.41	101.05	112.66a	8.48	3.06	2.64	2.76a	5.20
景谷	13	70.56	45.83	57.97b	12.84	2.78	2.20	2.43b	8.12

3.1.2　材用优树选择

3.1.2.1　优树选择概述

优树是指在相同立地条件下的同龄林分中，生长、干形、材性、抗逆性等形状特别优异的单株。优树在欧美国家称为“正号树（plus tree）”，在日本称为“精英树”。优树是通过表型选出的，需进行遗传测定评价其优良程度。国外优树选择工作始于 20 世纪 40 年代，我国在 20 世纪 60 年代初开展了杉木、马尾松、油松等用材树种的选优工作，80 年代后进展较快。各地优树子代测定表明，优树选择是有效的（陈晓阳 等，2005）。

优树选择需要在明确选择目标后，在一定选优区域范围内的优良林分中按照适合的优树评定方法进行选择。选种目标可按一般用材、纤维用材、抗性、产值及其他用途等确定，在明确改良的主要性状基础上确定优树标准。用材树种优树的主要优良性状应包括木材生长量、形质指标以及抗逆性能等三个方面（秦国峰 等，2012）。

优树选择的区域应在与用种范围相应的生态区域内，种子区已划定的树种选优区域应在本种子区范围内，种源区已划定的树种选优区域应在适宜的优良种源区内，参见《主要针叶造林树种优树选择技术》（LY/T 1344—1999）。

确定选优林分时需要考虑林分的起源、林分立地条件、林分的年龄、林分的密度、林分的结构等（陈晓阳 等，2005）。

目前，针叶造林树种的优树评选方法常用的主要有以下几种：

（1）对比树法

综合评分法　在离候选树 10~15m 范围内选定仅次于候选树的 5 株优势木做对比树，把候选树与对比树按优树标准项目逐项观测评分，然后将候选树各项得分与对比树得分的平均值进行比较，当候选树各项得分的累加总分达到或超过规定分数时可定为优树。该方法在马尾松优树评选时应用较多，林业行业标准已给出马尾松优树评选综合评分法的具体标准与操作步骤。

5株（3~4株）优势木对比树法 在离候选树10~15m（25m）范围内，选定5株（或3株或4株）仅次于候选树的优势木为对比树，把候选树与对比树按优树标准项目逐项目比较评定，当候选树达到规定标准时定为优树。该方法是优树选择时使用最多的一种方法。目前，杉木、马尾松、油松、云南松、樟子松、马尾松等针叶树种已形成成熟的对比树选优法优树生长量标准。

小样地法 在候选树为中心的200~700m² 范围内，划定包括40~60株林木的林地作为小样地，把候选树与小样地内林木按优树标准项目逐项观测评定，当候选树达到样地林木平均值规定标准时定为优树。杉木、马尾松、油松、柏木、长白落叶松等树种有应用该方法选择优树的报道。

（2）基准线法

回归法 按不同气候区和立地等级设立标准地，分别求得树高、胸径、材积等不同性状对树龄的回归关系，制定出不同气候区不同立地等级的优树标准基准线。当候选树的生长量指标达到或超过基准线，形质等其他指标也符合优树标准要求时定为优树。

绝对生长量法 根据当地林木生长过程表或立地指数表，分龄级定出生长量标准，当候选树生长量达到或超过规定标准，形质等其他指标也符合优树标准要求时定为优树。

目前，杉木、马尾松、油松、云南松、长白落叶松、兴安落叶松、湿地松等树种已给出基准线选优法优树生长量指标与材性要求。

3.1.2.2 思茅松优树选择

相较于20世纪60年代初开始的杉木、马尾松、油松等树种的选优工作，思茅松的遗传改良工作相对滞后。20世纪80年代初开始开展思茅松地理种源试验，进而开展优良种源选择，1989年开始在思茅松分布区开展以材用为目标的优树选择工作，1993年完成第一轮的优树选择工作，初选出192株优树，经复选后选出122株优树。基于第一轮选出的优树，1993年在云南省林业科学院热带林业研究所建成全国第一个思茅松无性系种子园。20世纪90年代开始开展以脂用为目标的思茅松优树选择工作，鉴于思茅松天然资源的快速耗竭，2004年和2012年分别启动了两轮思茅松优树的选择工作，抢救性地收集保存了一批优质种质资源，为思茅松的遗传改良工作奠定了坚实的基础。

现以第一轮材用思茅松优树选择为例进行相关工作的介绍。

（1）材用优树选择的林分条件

优先在优良种源区选择优树 林木选优主要应在优良种源区的优良林分里选择优良个体。优良种源区域的确定是思茅松优树选择的基础。依据前期“思茅松天然优良林分选择”及“思茅松半同胞子代测定”结果，前期参试种源以思茅、宁洱两地种源最好，其胸径年均生长量比参试的其他种源高14.9%~27.6%，树高年均生长量较其他种源高3.9%~15.7%。

选优林分林龄 林龄以21~30年为宜。赵文书等（1995）对思茅松天然林样地的调查发现，思茅松天然林分中树高分化较早，以5年为一个龄级，对15~20年、21~25年、26~30年、31~35年共4个龄级进行分析，发现15~20年的龄级变异系数最大。随着龄级的增大，变异系数逐渐减少，而胸径、材积个体间的最大差异则均出现在21~30年，说明此时分化最大，在此阶段选择可以获得最大的选择差，提高选择效率，得出21~30年为思茅松天然林优树选择的适宜林龄。

选优林分郁闭度 思茅松选优林分的郁闭度需大于0.6，且思茅松的比例不低于50%。

选优林分起源 第一轮思茅松优树选择在未经择伐的天然林中选择。候选优树间应有5~10倍树高的距离。

（2）初选优树的选择方法

推荐使用对比树法 目前针叶造林树种优树选择方法常用的主要有对比树法和基准线法。基准线法需要基于前期大样本数据获取优树标准基准线或根据当地林木生长过程表分龄级定出生长量标准，需要充足的前期数据，相比较而言，对比木法可直接获得选择差。思茅松用材林优树选择以天然林为主，思茅松天然林大部分林分林龄差仅1~3年，根据林龄差只需对表型值作适当校正，即可直接获得选择差。用对比树法选优较基准线法效果好，比较适用于云南山地条件下的思茅松优树的初选。

优势木对比树法中对比树数量的确定 优势木对比树法在应用过程中，优势木数量一般为3~5株，优势木数量的选择既要考虑选择的可靠性，也需要考虑优树选择过程中的资源现状和实际工作量。在满足优树选择基本精度要求前提下，适当地降低优势木数量可以极大地提高优树选择的效率。赵文书等（1995）以51块同龄级样地为材料，计算不同对比树株数的变异系数后发现，胸径、树高、

材积的年平均生长量变异系数，均以5株优势木对比树的变异系数最小，思茅松用材林优树选择时以5株优势木进行对比较为可靠。思茅松天然林中，思茅松植株所占比例一般均高于50%，实际操作过程中均能满足选择5株优势木对候选优树进行比较的需求。

5株优势木对比树法选择过程　在符合选优的林分中，先用目测的方法选出形质指标达标的候选优树，以候选优树为中心，在立地条件基本相同的15~25m的半径范围内，选出5株仅次于候选树的优势木为对比树，实测并计算其平均树高、胸径和材积，当候选优树树高、胸径和材积标准超过选优标准时，候选优树可评定为初选优树。

形质指标达标标准：思茅松优树形质指标需符合以下条件：树干通直圆满，树冠完整紧凑，针叶较密，高径比大于70；自然整枝良好，枝下高与树高比值大于0.7；树木健康，无病虫危害，开花结实。

优树生长指标达标标准：材积年均生长量大于对比木平均值10%；树高年均生长量大于0.8m，胸径年均生长量大于0.8cm。

（3）复选优树的方法

思茅松优树复选在初选工作结束后进行，将所选优树资料集中起来，按要求精度进行统一，复查考核，优中选优，淘汰一部分不符合的初选优树。思茅松第一批优树的复选采用对比木综合评分法进行，从192株初选优树中复选出122株优树，鉴于综合评分法的，赵文书等（1995）以第一批入选优树资料为基础，应用数理统计方法，以相对生长指标及绝对指标建立思茅松优树选择综合指数，将思茅松优树复选工作定量化，在简化选优程序的同时，有效地提高优树复选的可靠性。建立综合选择指数法的过程如下。

选择原理　为避免对比树法选择法可能存在的从“矮个子人群”中选拔“高个子个体”，应用可反映优树选择差的相对生长指标和体现优树遗传基因潜力的绝对生长指标共同建立综合选择式，提高优良基因选择的可靠性。在综合选择式中相对生长指标赋予0.6的权重，绝对生长指标赋予0.4的权重值，为保证方程中各选择性状的稳定和遗传优良度，分别除以各性状指标的总均值，建成综合选择式。以综合选择式计算的综合选择指标划分优树的优良等级。

建立相对生长指标方程　利用122株复选优树信息建立相对生长指标方程：

$$y=-2.39494+2.2700X_1+1.06835X_2$$

式中，y 为材积选择差百分率；X_1 为胸径选择差百分率；X_2 为树高选择差百分率。

建立绝对生长指标方程　利用 122 株复选优树信息建立绝对生长指标：

$$V=-0.10606+0.04535X_1+0.03227X_2+0.00211X_3$$

式中，V 为材积年均生长量；X_1 为胸径年均生长量；X_2 为树高年均生长量；X_3 为优树年龄。

建立综合选择指数方程

$$I=0.6X_{相}/V+0.4X_{绝}/X_{绝}=0.01987X_{相}+13.76463X_{绝}$$

式中，I 为综合选择指数；$X_{相}$ 为初选优树大于 5 株优势木材积相对指标；$X_{绝}$ 为初选优树材积年均生长量。

优树判断指标　以综合选择标准差划分优树登记：

Ⅰ ≥ 1.52582

Ⅱ =1.52582~1.04337

Ⅲ =1.04337~0.56092

Ⅳ < 0.56092

式中，Ⅰ~Ⅲ初选优树为复选优树。

（4）修订的综合指数的综合选择指数法

思茅松第一批优树于 20 世纪 80 年代末 90 年代初，限于当时的经费和交通条件，第一批优树的地理种源来源有限，思茅松天然优树资源未能得到全面的挖掘。云南省林业科学院依托云南省科技支撑项目“思茅松优树资源收集与保存研究”对未开展思茅松优树选择区域进行了思茅松优树资源的选择与保存工作，新选出材用思茅松优树 149 株并进行保存，基于现阶段思茅松用材林优树自然资源情况和最新优树数据对综合选择指数进行修订，得出了最优的思茅松优树复选综合选择式：

$$I=0.02971V_{相}+16.19433V_{绝}$$

依据选择式可将初选优树分成不同等级，其中一级优树，$I \geq 1.49545$；二级优树，$1.49545 > I \geq 0.98920$；三级优树，$0.98920 > I \geq 0.48295$；四级优树，$I < 0.48295$。一级、二级、三级优树确定为复选优树。

3.1.3 优质资源收集

3.1.3.1 思茅松优树收集区营建技术

优树收集区是收集和保存优树资源的场地，是营建种子园和开展育种工作的物质基础（陈晓阳 等，2005）。作为异地保存遗传资源的一种形式，优树收集区可为持续地开展遗传改良工作提供平台；可以为营建种子园提供接穗，在没有建立采穗圃的单位可兼作采穗圃；可作为育种园，开展控制授粉，为种子园人工辅助授粉提供花粉。思茅松优树收集区营建步骤及主要技术包括以下内容。

（1）优树收集区的选址

收集区地块的选择，应遵循优先满足思茅松基本生长要求，兼顾营建便利的原则。思茅松优树收集区一般选择在海拔 1000~1500m 的思茅松最适生区内，要求建在易于管理、地势平坦、生态条件好的地段。思茅松喜光，优树收集区最适营建于地势平缓（坡度≤ 25°）开阔的阳坡或半阳坡，要求地块土壤深厚且通透性良好，具有一定的肥力。

（2）思茅松优树选择

按 3.1.2.2 思茅松优树选择方法选出优树。

（3）优树定植

思茅松优树收集区采用先定砧后嫁接的方法进行营建，当年定砧，第二年进行嫁接。优树定植主要分以下几个步骤。

林地清理　在选定地址后于雨季结束后开始进行林地清理。林地清理包括砍山、炼山、后期清理几步。

砍山应该在上年至造林当年 2 月前结束，要求全面彻底，除每亩保留 1~2 棵生长健壮的大树外，其余乔、灌木都要砍去。乔木伐桩要求在 20cm 以内，灌木应齐地砍除。炼山应在砍山结束后 20 天内，等砍伐剩余物晒干后即可烧除。炼山后可改善林地卫生状况，减少病虫害，增加土壤灰分，使林地土壤疏松。对于火烧后未能除尽的树枝、灌草等杂物，再集中烧毁，保证林地清理干净。

整地　为防止水土流失，便于收集区的经营管理，凡坡度大于 5° 的地方，须开挖成台地。台面宽 1.2~1.5m，要求外高内低。开挖时应从下而上，将上层黑土层翻入下层台面，保持台面肥沃性。

整地方式为穴状整地，塘穴规格 50cm × 50cm × 40cm，易积水地区在挖塘时即应该挖好排水沟，不使降雨后积水糟塘。整地应在林地清理结束时开始，此时林地土壤经过火烧后较疏松，易以挖塘，提早挖塘还可以延长晒塘时间，增加塘温，有利于苗木的生长。

采种与制种　培育砧木最好采用思茅松中心分布区粒大而饱满的种子，或采用思茅松种子园种子。

思茅松采种一般在年初的 1~2 月进行，球果由绿变黄褐色是种子成熟的标志。采种过早，种子发育未完全，影响发芽率和壮苗培育；过晚（超过 3 月上旬）球果种鳞开裂，种子自然飞落。应密切注意思茅松的结实情况，及时进行种子的采收，并及时制种。

育苗　由于思茅松苗期既不耐涝也不耐旱，苗圃应建立于地势开阔、光照充足、土壤通透性良好、具备灌溉条件和易于排水的地段。

采用营养袋育苗，种子可直播于营养袋内，也可采用二次育苗法，即先播于床面，待苗木出现真叶后再移入营养袋。苗木培育的关键技术是伴生菌根菌接种。目前，较为有效的方法是在营养袋内拌 20% 的天然菌根土或用黄硬皮马勃（*Scleroderma flavidum*）拌土接种或稀释成溶液喷施接种（唐社云，1999）。思茅松砧木一般培育半年，苗高≥ 20cm 时可上山定植。定植砧木要求苗高基本一致，选择生长健壮的 1、2 级苗作为砧木定植（杨斌 等，2005）。

配置方法　思茅松优树收集区应按优树来源进行配置，以优树来源相同的生态区域为同一区组，同一无性系的不同植株定植在一起，以便于开展生物学观察、穗条和花粉的采集、控制授粉等工作。采用单行排列 3m × 4m 株行距。每个无性系嫁接保存株数根据不同目的确定，如果收集区主要目的是保存优树，以及开展无性系生物学观察和控制授粉，每个无性系一般保存 10~15 株，如果收集区兼作采穗圃，植株数量根据种子园规模而定。配置时还必须考虑将来的疏伐，同时需特别注意优树号码不能混乱。

嫁接　采用髓心形成层对接法嫁接。砧木的大小、接穗选择和嫁接时间等是影响嫁接成活率的主要因子。当砧木苗龄达 10~15 个月、高≥ 80cm、地径≥ 1.2cm 时可进行嫁接。选取当年生、有顶芽的半木质化或全木质化的枝条做接穗，接穗要求健壮、无病虫害。嫁接时间为 5 月、6 月、11 月、12 月。考虑嫁接后种子园的建园质量和无性系林相整齐，大量嫁接应在 5~6 月进行，当年的 11~12 月进行补接。嫁接后的接穗保湿（干季嫁接）或防水（雨季嫁接）是提高嫁接成活率的关键技术，保湿和防水可采用接穗套塑料袋的方法实现；一砧多接（一株砧木嫁接 2~3 条接穗）可大幅度提高嫁接的株成活率和保存率。

（4）收集区的日常管理

抚育管理　植株嫁接后必须加强抚育管理，为保证成活率和初期生长量，一般嫁接头一年抚育（包括中耕和除草）3~4 次，以后逐年递减，第 5 年后每年抚育 1 次。

病虫害防治　病虫害防治是收集区管理的重要环节，嫁接幼树易遭松梢螟（*Dioryctria splendidella*）危害。尤其是刚嫁接成活的幼树，严重时新梢蛀空死亡。如发现有松梢螟危害新梢，要及时进行防治，一般用氧化乐果加敌敌畏喷雾，发生期每 10 天喷施 1 次，连喷 2~3 次；或用涕威灭施于树的根部土壤中，嫁接后 1~2 年生的植株，每株施药 15~20g，3~4 年生每株施 30g，5 年生以上每株施药 50g。此外，松毛虫（*Dendrolimus* spp.）也是危害思茅松的主要害虫，必须于 3 龄前的幼虫期进行防治，一般用胃毒剂薰杀或触杀就能达到良好的效果。

水肥管理　思茅松适生区气候干湿季明显，1~4 月持续干旱较重，为保证收集区优树幼树的成活，在必要时需要对干旱的区域进行必要的灌水。

思茅松虽然可以在较贫瘠的土壤条件下生长，但是合理施肥可以有效地提高幼树期的生长，以便定植的优树快速成长，提高抵抗不良环境和病虫害的能力。定植的思茅松优树在幼树期每株施用氮肥 100g、磷肥 50g、钾肥 50g，在离树干基部 50cm 处采用半月状沟施，施肥时应注意把三种肥料混合均匀，且于雨季开始初期施用，以避免旱季温度过高导致肥害。

3.1.3.2 思茅松材用优质资源收集保存情况

本研究团队历时 28 年分三个轮次在思茅松分布区开展了用材优树的选择与保存工作，目前共收集思茅松材用优树 478 株。

第一轮（1989—1993 年）：1989 年在国内首次开展以思茅松优树为对象的优质资源选择工作，历时 4 年完成第一轮选择，采用五株优势木对比法初选出优树 192 株，在景洪市普文镇建立首个思茅松优树收集区，收集保存思茅松材用优树 122 株。

第二轮（2004—2009 年）：依托云南省科技攻关项目，本研究团队于 2004 年开始在思茅松分布区开展第二轮材用优树选择与收集保存工作，分别在景洪市普文镇、宁洱县、景谷县建立了优树收集区，收集保存速生用材优树 249 株。

第三轮（2012—2017 年）：针对思茅松天然林资源过度砍伐的现状，本研究团队依托林业公益性行业科研专项在思茅松优良种源地澜沧县开展了材用思茅松优良资源的收集保存工作。在当地营建优树收集区，选择并嫁接保存材用思茅松优树 107 株。

3.1.4 材用思茅松遗传测定

遗传测定是林木育种的核心工作。基于表型性状选出的优树或是通过交配设计获得的子代，其遗传品质的优劣程度需要通过合理的试验设计，经田间对比试验和遗传分析后才能进行评定。遗传测定对于遗传参数的准确估计、遗传增益的预测、选择年龄的确定和遗传改良策略的制定都具有重要的指导意义（陈晓阳 等，2005；孙晓梅 等，2004）。半同胞子代测定是林木遗传改良早期阶段一种重要的遗传测定方法，在初级种子园经营管理、第 2 代种质创制亲本选择及第 2 代育种材料来源方面都发挥着巨大的贡献。

思茅松半同胞子代测定工作始于 20 世纪 90 年代，在第一轮思茅松优树选择基础上进行，在建立思茅松初级无性系种子园的同时，基于建园时选出的优树，采集优树种子营建了思茅松半同胞子代测定林。

3.1.4.1 测定材料来源和数据处理

（1）参试材料

参试材料的母本为思茅松中心产区以及北缘、西缘和南缘产区经初选、复选后选出的优树，采集的优树种子分两组开展遗传测定。第一组参试半同胞家系 44 个，1990 年定植；第二组参试半同胞家系 46 个，1992 年定植。两组试验均用商品种作对照，完全随机区组设计，4 株一方形小区，第一组 6 次重复，第二组 7 次重复，株行距 3m × 3m，定植穴规格 40cm × 40cm × 40cm，定植 3 年内每年除草抚育 2 次。

（2）遗传参数估计方法

幼龄期遗传参数估计　子代测定林 8 年（6 年）生时，依据《主要针叶造林树种优树子代遗传测定技术》（GB10013—88）进行遗传参数评估。

成熟龄期遗传参数估计　子代测定林 28 年（26 年）生时，采用更为精准的统计软件（R 软件和 ASReml-R 包）进行遗传参数估计。

采用单株线性随机效应模型和限制性最大似然估计方法估算随机效应中的方差分量（Butler et al.，2009），半同胞子代测定林模型为式（3-1）。

$$y = \mu + Xb + Z_1 f + Z_2 fb + e \qquad (3\text{-}1)$$

式中，y 为观测值向量；μ 为观测性状的均值；b 为固定的区组效应；f 为随机的家系效应；fb 为随机的家系区组互作效应向量；e 为随机残差；X、Z_1、Z_2 分别为对应效应的关联矩阵。

利用似然比检验各方差组分的统计显著性，利用泰勒级数展开法计算遗传参数的标准误（Butler et al.，2009）。

遗传变异系数（$\widehat{CV}_G$）和表型变异系数（$\widehat{CV}_P$）分别按式（3-2）、（3-3）计算：

$$\widehat{CV}_G = \frac{\sqrt{\hat{\sigma}_g^2}}{\overline{X}} \times 100 \tag{3-2}$$

$$\widehat{CV}_P = \frac{\sqrt{\hat{\sigma}_P^2}}{\overline{X}} \times 100 \tag{3-3}$$

式中，$\hat{\sigma}_g^2$、$\hat{\sigma}_p^2$、$\overline{X}$ 分别为遗传方差、表型方差、总体均值。

半同胞子代测定林单株遗传力（$\hat{h}_i^2$）和家系遗传力（$\hat{h}_f^2$）分别按式（3-4）、（3-5）计算：

$$\hat{h}_i^2 = \frac{4 \times \hat{\sigma}_f^2}{(\hat{\sigma}_f^2 + \hat{\sigma}_{fb}^2 + \hat{\sigma}_e^2)} \tag{3-4}$$

$$\hat{h}_f^2 = \frac{\hat{\sigma}_f^2}{\hat{\sigma}_f^2 + \hat{\sigma}_{fb}^2/b + \hat{\sigma}_e^2/(b \times n)} \tag{3-5}$$

式中，$\hat{\sigma}_f^2$、$\hat{\sigma}_{fb}^2$、$\hat{\sigma}_e^2$ 分别为家系方差、家系与区组互作效应方差和残差方差；n 为小区株数；b 为区组数。

表型相关系数（r_p），遗传相关系数（r_g）按式（3-6）、（3-7）计算：

$$r_p = \frac{\hat{\sigma}_{p(xy)}}{\sqrt{\hat{\sigma}_{p(x)}^2 \times \hat{\sigma}_{p(y)}^2}} \tag{3-6}$$

$$r_g = \frac{\hat{\sigma}_{g(xy)}}{\sqrt{\hat{\sigma}_{g(x)}^2 \times \hat{\sigma}_{g(y)}^2}} \tag{3-7}$$

式中，$\hat{\sigma}_{g(xy)}$、$\hat{\sigma}_{p(xy)}$ 分别为性状 x 和性状 y 的基因型和表型协方差；$\hat{\sigma}_{g(x)}^2$、$\hat{\sigma}_{g(y)}^2$、$\hat{\sigma}_{p(x)}^2$、$\hat{\sigma}_{p(y)}^2$ 分别为性状 x 和 y 的基因型方差、表型方差。

采用 BLUP 法估算育种值，基于育种值计算目标性状的遗传增益（Jansson et al.，2004；White et al.，1989）。

3.1.4.2　遗传参数估算结果

（1）幼龄期遗传参数

赵文书等（1999）基于 8 年和 6 年生长数据对半同胞子代测定林的遗传参数进行了估算（表 3-8），8 年生（1 组）半同胞子代测定林，树高、胸径和材积生长性状受较高强度的遗传控制，6 年生（2 组）半同胞子代测定林树高和材积的遗传力也达到了中等遗传力，开展思茅松生长性状的遗传选择具有较大的潜力。思茅松基于生长性状的优树选择，其子代能在早期就获得较好的遗传增益和现实增益。

表 3-8　半同胞子代测定林主要生长性状遗传参数（幼龄期）

遗传参数	胸径		树高		材积	
	1 组（8 年生）	2 组（6 年生）	1 组（8 年生）	2 组（6 年生）	1 组（8 年生）	2 组（6 年生）
家系遗传力 h^2	0.574	0.163	0.586	0.364	0.516	0.356
遗传增益（%）	8.42	1.44	7.06	39.22	17.59	8.11

注：引自赵文书等（1999）。

（2）成熟龄期遗传参数

成熟龄期各参试家系的生长性状见表 3-9。28 年生（1 组）半同胞家系树高、胸径和材积的平均值分别为 29.47m、31.21cm 和 1.15m^3，材积的表型变异系数最大，达 46.65%，胸径次之，树高相对较小，但也超过 10%。性状遗传变异系数在 4.41%~18.48% 之间，材积的遗传变异最大，是胸径遗传变异系数的 3.22 倍、树高遗传变异系数的 4.19 倍。26 年生（2 组）半同胞家系也表现出相似的规律来，但受年龄和立地的差异，树高、胸径和材积的平均值较 1 组小，而材积和胸径的表型变异系数较 1 组大。

表 3-9　两组子代测定林生长性状的描述性统计（成熟龄）

类别	指标	树高（m）	胸径（cm）	材积（m^3）
1 组（28 年生）	均值	29.47	31.21	1.15
	标准差	3.11	6.60	0.55
	极小值	14.00	16.90	0.23
	极大值	36.00	52.60	3.46
	表型变异系数（%）	10.08	20.49	46.65
	遗传变异系数（%）	4.41	5.74	18.48

续表

类别	指标	树高（m）	胸径（cm）	材积（m^3）
2 组（26 年生）	均值	28.73	25.79	0.77
	标准差	1.74	5.89	0.41
	极小值	25.20	14.30	0.20
	极大值	35.20	46.50	2.79
	表型变异系数（%）	6.02	22.66	52.40
	遗传变异系数（%）	1.42	5.93	14.25

利用限制性最大似然估计方法对 3 个生长性状中随机效应的方差分量进行估算（表 3–10）。28 年生（1 组）半同胞子代测定林树高、胸径和材积的家系遗传力分别为 0.560、0.366 和 0.542，受中等强度以上的遗传控制；树高、胸径和材积性状的单株遗传力则在 0.079~0.192 之间，树高性状的单株遗传力相对较高；26 年生（2 组）半同胞子代测定林树高、胸径和材积的家系遗传力较 28 年生（1 组）低，分别为 0.282、0.328 和 0.345，受中等强度的遗传控制；树高、胸径和材积性状的单株遗传力则在 0.055~0.074 之间。

表 3–10　半同胞家系生长性状遗传参数（成熟龄）

类　别	性状	方差分量			单株遗传力 $\hat{h}_i^2$	家系遗传力 $\hat{h}_f^2$
		家系 $\hat{\sigma}_f^2$	家系 × 区组 $\hat{\sigma}_{fb}^2$	残差 $\hat{\sigma}_e^2$		
1 组（28 年生）	树高	0.4226	0.7419	7.6577	0.1916	0.5600
	胸径	0.8029	1.4443	38.6486	0.0785	0.3664
	材积	0.0113	0.0093	0.2664	0.1569	0.5426
2 组（26 年生）	树高	4.1337×10^{-2}	1.7724×10^{-6}	2.9535	0.0552	0.2816
	胸径	5.8449×10^{-1}	1.6676×10^{-6}	33.5730	0.0684	0.3277
	材积	3.0458×10^{-3}	8.2202×10^{-9}	1.6170×10^{-1}	0.0740	0.3453

基于生长性状的加性遗传方差、两两性状的协方差和误差方差计算出了树高、胸径和材积性状间的遗传相关和表型相关关系（表 3–11）。半同胞子代测定林 3 个性状间均存在极显著的遗传和表型的正相关关系（$P < 0.01$），表型相关系数均低于对应的遗传相关系数。

表 3-11　不同生长性状相关分析

类　别	性状	树高	胸径	材积
1 组（28 年生）	树高	1	0.646**	0.694**
	胸径	0.959**	1	0.979**
	材积	0.977**	0.992**	1
2 组（26 年生）	树高	1	0.991**	0.976**
	胸径	0.999**	1	0.983**
	材积	0.998**	0.996**	1

注：表格中左下方数据为遗传相关系数，右上方为表型相关系数，括号内的数值为标准误，** 表示在 $P < 0.01$ 水平下差异显著。

3.1.5　良种生产基地

基于多批次选育的思茅松优树及优树子代测定结果，目前已在普洱市先后建成一批以思茅松无性系种子园为代表的良种生产基地（表 3-12）。

表 3-12　思茅松良种生产基地

种子园名称	地点	建园无性系数量（个）	建成时间	面积（亩）	备注
普文思茅松无性系种子园	西双版纳州景洪市	122	1996 年	500	材用种子园
景谷林业示范区示范林场思茅松无性系种子园	普洱市景谷县	100	2002 年	500	材用种子园
云景林业开发公司思茅松无性系种子园	普洱市景谷县	40	2006 年	625	材用种子园
澜沧林业投资公司思茅松无性系种子园	普洱市澜沧县	107	2014 年	650	材用种子园
镇沅林产品公司大丙州思茅松无性系种子园	普洱市镇沅县	100	2005 年	500	材用种子园
镇沅林产品公司麻骂山思茅松无性系种子园	普洱市镇沅县	140	2012 年	1000	材用、脂用种子园各 500 亩
景谷高产脂思茅松种子园	普洱市景谷县	30	2020 年	100	脂用种子园

3.1.6　材用审（认）定良种选育

3.1.6.1　选育方法与过程

基于云南省林业和草原科学院前期在西双版纳州景洪市、普洱市景谷县和思茅区等三地营建的思茅松半同胞子代测定林开展遗传测定，测定的指标有树高、胸径、冠幅、枝下高、健康状况等，材积指标通过二元材积方程进行计算，综合3个试验点遗传测定结果综合选择优良家系。3个子代测定林基本情况见表3-13，其中普文试验点于1990年、1992年分两批营建试验林，共有92个家系参试，随机完全区组设计，每4株一小区，8个重复，定植株行距2m×3m。景谷试验点于2001年营建，参试家系数30个，为普文子代测定林早期测定选出的精英家系，随机完全区组设计，每9株一小区，4个重复，定植株行距2m×3m。思茅试验点于2000年营建，参试家系数30个，为普文子代测定林早期测定选出的精英家系，随机完全区组设计，每6株一小区，5个重复，定植株行距2m×3m。景谷试验点于2017年12月开展测定，普文、思茅试验点于2018年12月开展测定，思茅松试验点由于部分子代测定林受损，采用2006年调查数据进行统计分析。

表3-13　3个试验点基本情况

试验点	建设地点	面积（亩）	营建时间	参试家系	株行距（m）
普文	普文试验林场	38	1990年	45	2×3
			1992年	47	2×3
景谷	文朗试验林场	40	2001年	30	2×3
思茅	清水河试验区	20	2000年	30	2×3

为了便于比较，只选择3个测试点共有的家系号进行数据分析。3个试验点的测定结果分别见表3-14~表3-16。把材积生长量作为主要的选择指标，将3个试验点测定结果综合评判，选出材用的5个思茅松优良家系（表3-14~表3-16中粗体字），这5个家系并被云南省林木品种审（认）定委员会审（认）定为林木良种。

表3-14　普文试验点参试家系生长情况（26年生、28年生）

家系号	定植批次	树龄（年）	胸径（cm）	树高（m）	材积（m^3）	年均生长量		
						胸径（cm）	树高（m）	材积（m^3）
A-2	**I**	**28**	**38.7**	**32.6**	**1.808**	**1.38**	**1.17**	**0.0645**
B-3	I	28	34.3	30.8	1.349	1.22	1.10	0.0482
B-1	I	28	32.8	31.1	1.251	1.17	1.11	0.0447
A-18	I	28	32.8	30.0	1.205	1.17	1.07	0.0430

续表

家系号	定植批次	树龄（年）	胸径（cm）	树高（m）	材积（m^3）	年均生长量		
						胸径（cm）	树高（m）	材积（m^3）
A-6	I	28	32.7	30.8	1.226	1.17	1.10	0.0438
CK-1	I	28	25.0	27.8	0.656	0.89	0.99	0.0234
D-17	II	26	30.8	29.3	1.044	1.19	1.13	0.0402
A-14	II	26	28.8	28.6	0.888	1.11	1.10	0.0342
D-11	II	26	28.3	28.7	0.862	1.09	1.10	0.0331
A-12	II	26	27.9	29.0	0.848	1.07	1.11	0.0326
A-25	II	26	27.9	29.0	0.847	1.07	1.12	0.0326
D-14	II	26	27.6	28.9	0.829	1.06	1.11	0.0319
A-21	II	26	26.6	28.5	0.758	1.02	1.10	0.0292
D-9	II	26	26.5	27.8	0.738	1.02	1.07	0.0284
D-19	II	26	26.5	28.8	0.760	1.02	1.11	0.0292
C-33	II	26	26.0	28.4	0.724	1.00	1.09	0.0279
D-4	II	26	25.8	28.5	0.714	0.99	1.10	0.0275
C-32	II	26	25.7	28.3	0.704	0.99	1.09	0.0271
C-12	II	26	25.7	28.1	0.697	0.99	1.08	0.0268
A-20	II	26	25.5	28.4	0.695	0.98	1.09	0.0267
A-27	II	26	25.1	28.4	0.676	0.97	1.09	0.0260
D-15	II	26	25.0	28.4	0.669	0.96	1.09	0.0257
C-20	II	26	25.0	28.3	0.668	0.96	1.09	0.0257
A-7	II	26	24.7	28.3	0.653	0.95	1.09	0.0251
A-8	II	26	24.6	28.6	0.649	0.94	1.10	0.0249
C-14	II	26	24.5	28.5	0.646	0.94	1.10	0.0249
D-18	II	26	24.5	28.2	0.636	0.94	1.09	0.0245
A-26	II	26	24.3	28.3	0.628	0.93	1.09	0.0242
C-15	II	26	24.2	28.2	0.620	0.93	1.08	0.0239
D-2	II	26	23.9	28.0	0.601	0.92	1.08	0.0231
CK-2	II	26	22.6	27.0	0.521	0.87	1.04	0.0200

表 3-15 景谷试验点参试家系生长情况（16 年生）

家系号	树龄（年）	胸径（cm）	树高（m）	材积（m^3）	年均生长量		
					胸径（cm）	树高（m）	材积（m^3）
A-20	16	26.5	24.0	0.644	1.66	1.50	0.0403
A-2	16	26.2	24.0	0.626	1.63	1.50	0.0391
D-17	16	25.6	23.9	0.601	1.60	1.50	0.0375
C-14	16	25.6	23.9	0.597	1.60	1.50	0.0373
C-12	16	25.2	23.9	0.582	1.58	1.49	0.0364
A-26	16	25.2	23.9	0.578	1.57	1.49	0.0361
D-14	16	25.0	23.9	0.569	1.56	1.49	0.0356
C-30	16	24.9	23.9	0.564	1.55	1.49	0.0353
A-21	16	24.9	23.9	0.564	1.55	1.49	0.0352
D-19	16	24.8	23.9	0.559	1.55	1.49	0.0349
E-21	16	24.7	23.9	0.556	1.54	1.49	0.0347
A-22	16	24.4	23.8	0.544	1.53	1.49	0.0340
C-29	16	24.3	23.8	0.538	1.52	1.49	0.0336
C-15	16	24.3	23.8	0.536	1.52	1.49	0.0335
B-1	16	24.0	23.8	0.525	1.50	1.49	0.0328
D-10	16	24.0	23.8	0.524	1.50	1.49	0.0327
B-5	16	23.6	23.8	0.506	1.47	1.49	0.0316
E-20	16	23.5	23.8	0.502	1.47	1.49	0.0314
C-11	16	23.4	23.8	0.499	1.46	1.49	0.0312
A-14	16	23.4	23.8	0.499	1.46	1.49	0.0312
C-33	16	23.3	23.8	0.495	1.46	1.48	0.0309
A-7	16	23.2	23.7	0.490	1.45	1.48	0.0306
B-3	16	23.2	23.7	0.489	1.45	1.48	0.0306
A-27	16	23.0	23.7	0.481	1.44	1.48	0.0301
C-35	16	22.9	23.7	0.475	1.43	1.48	0.0297
D-9	16	22.6	23.7	0.465	1.41	1.48	0.0290
A-6	16	22.2	23.7	0.447	1.39	1.48	0.0279
E-19	16	16.8	23.3	0.252	1.05	1.45	0.0158
CK	16	20.3	23.5	0.373	1.27	1.47	0.0233

表 3-16 思茅试验点参试家系生长情况（6 年生）

家系号	树龄（年）	胸径（cm）	树高（m）	材积（m^3）	年均生长量		
					胸径（cm）	树高（m）	材积（m^3）
D-11	6	9.8	6.6	0.028	1.64	1.11	0.0046
D-9	6	9.7	6.7	0.027	1.61	1.11	0.0044
C-12	6	9.8	6.3	0.026	1.64	1.05	0.0044
A-2	6	9.8	6.2	0.026	1.64	1.04	0.0043
C-32	6	9.6	6.5	0.026	1.61	1.08	0.0043
C-20	6	9.6	6.4	0.026	1.61	1.07	0.0043
A-7	6	9.6	6.4	0.025	1.59	1.07	0.0042
A-6	6	9.4	6.6	0.025	1.56	1.10	0.0042
D-17	6	9.4	6.5	0.025	1.57	1.08	0.0041
C-33	6	9.4	6.5	0.024	1.56	1.08	0.0041
D-14	6	9.4	6.3	0.024	1.57	1.06	0.0040
D-18	6	9.5	6.2	0.024	1.58	1.04	0.0040
A-21	6	9.3	6.4	0.024	1.54	1.07	0.0040
A-18	6	9.2	6.5	0.024	1.53	1.09	0.0040
A-20	6	9.3	6.4	0.024	1.55	1.06	0.0039
A-8	6	9.4	6.2	0.024	1.57	1.03	0.0039
D-2	6	9.3	6.3	0.024	1.55	1.05	0.0039
D-10	6	9.3	6.2	0.023	1.55	1.04	0.0039
D-15	6	9.2	6.3	0.023	1.53	1.05	0.0038
C-15	6	9.2	6.2	0.023	1.53	1.04	0.0038
D-4	6	8.9	6.1	0.021	1.49	1.02	0.0035
C-14	6	8.8	6.3	0.021	1.47	1.05	0.0035
B-3	6	8.9	6.1	0.021	1.48	1.02	0.0035
B-1	6	8.9	5.9	0.020	1.48	0.98	0.0033
A-12	6	8.6	6.1	0.020	1.44	1.02	0.0033
A-27	6	8.7	6.0	0.020	1.45	1.00	0.0033
A-26	6	8.7	5.8	0.019	1.45	0.97	0.0032
A-14	6	8.5	6.0	0.019	1.41	0.99	0.0031
D-19	6	8.2	5.9	0.017	1.36	0.98	0.0028
CK	6	7.6	5.2	0.013	1.26	0.87	0.0022
A-25	6	5.2	3.7	0.004	0.86	0.62	0.0007

3.1.6.2 部分材用良种简介

（1）云林 1 号思茅松优良家系

云林 1 号思茅松优良家系（编号：云 S—SF—PK—001—2018）物候与定植与其他思茅松无差异，能正常结实，植株健康，在 3 个试验点均表现出较强的适应性。突出的性状主要表现在速生特性上，在普文试验点 28 年生植株树高可达 32.6m，胸径达 38.7cm，单株材积 1.808m^3，树高年均生长量 1.17m，胸径 1.38cm，材积 0.0645m^3，较当地商品种（对照）相比，树高增益 17.2%，胸径增益 54.9%，材积增益 175.8%；在景谷试验点，16 年生植株树高可达 24.0m，胸径达 26.2cm，单株材积 0.626m^3，树高年均生长量 1.50m，胸径 1.63cm，材积 0.0391m^3，较当地商品种（对照）相比，树高增益 1.6%，胸径增益 24.1%，材积增益 55.8%；在思茅试验点，树高年均生长量 1.04m，胸径 1.64cm，材积 0.0043m^3，较当地商品种（对照）相比，树高增益 20.0%，胸径增益 29.6%，材积增益 97.7%。

云林 1 号思茅松优良家系适宜在普洱市、西双版纳州及相似地区，在海拔 700~1700m、年均气温 17~22℃、年降水量≥1000mm、≥10℃活动积温 5500~8000℃的思茅松适生区种植。

（2）云林 2 号思茅松优良家系

云林 2 号思茅松优良家系（编号：云 S—SF—PK—002—2018）物候与定植与其他思茅松无差异，能正常结实，植株健康，在 3 个试验点均表现出较强的适应性。突出的性状主要表现在速生特性上，在普文试验点 26 年生植株树高可达 29.3m，胸径达 30.8cm，单株材积 1.044m^3，树高年均生长量 1.13m，胸径 1.19cm，材积 0.0402m^3，较当地商品种（对照）相比，树高增益 8.4%，胸径增益 36.8%，材积增益 100.6%；在景谷试验点，16 年生植株树高可达 23.9m，胸径达 25.6cm，单株材积 0.601m^3，树高年均生长量 1.50m，胸径 1.60cm，材积 0.0375m^3，较当地商品种（对照）相比，树高增益 1.7%，胸径增益 26.1%，材积增益 60.9%；在思茅试验点，树高年均生长量 1.08m，胸径 1.57cm，材积 0.0041m^3，较当地商品种（对照）相比，树高增益 24.1%，胸径增益 24.2%，材积增益 87.6%。

云林 2 号思茅松优良家系适宜在普洱市、西双版纳州及相似地区，在海拔 700~1700m、年均气温 17~22℃、年降水量≥1000mm、≥10℃活动积温 5500~8000℃的思茅松适生区种植。

（3）云林 3 号思茅松优良家系

云林 3 号思茅松优良家系（编号：云 R—SF—PK—014—2018）物候与定植

与其他思茅松无差异，能正常结实，植株健康，在 3 个试验点均表现出较强的适应性。突出的性状主要表现在速生特性上，在普文试验点 26 年生植株树高可达 28.9m，胸径达 27.6cm，单株材积 0.829m^3，树高年均生长量 1.11m，胸径 1.06cm，材积 0.0319m^3，较当地商品种（对照）相比，树高增益 7.1%，胸径增益 22.4%，材积增益 59.2%；在景谷试验点，16 年生植株树高可达 23.9m，胸径达 25.0cm，单株材积 0.569m^3，树高年均生长量 1.49m，胸径 1.56cm，材积 0.0356m^3，较当地商品种（对照）相比，树高增益 1.5%，胸径增益 22.8%，材积增益 52.4%；在思茅试验点，树高年均生长量 1.06m，胸径 1.57cm，材积 0.0040m^3，较当地商品种（对照）相比，树高增益 21.7%，胸径增益 24.4%，材积增益 84.8%。

云林 3 号思茅松优良家系适宜于普洱市、西双版纳州，在海拔 700~1700m、年均气温 17~22℃、年降水量≥ 1000mm、≥ 10℃活动积温 5500~8000℃的思茅松适生区种植。

（4）云林 4 号思茅松优良家系

云林 4 号思茅松优良家系（编号：云 S—SF—PK—001—2019）物候与定植与其他思茅松无差异，能正常结实，植株健康，在 3 个试验点均表现出较强的适应性。突出的性状主要表现在速生特性上，在普文试验点 28 年生植株树高可达 30.8m，胸径达 34.3cm，单株材积 1.349m^3，树高年均生长量 1.10m，胸径 1.22cm，材积 0.0482m^3，较当地商品种（对照）相比，树高增益 10.8%，胸径增益 37.1%，材积增益 105.8%；在景谷试验点，16 年生植株树高可达 23.7m，胸径达 23.2cm，单株材积 0.489m^3，树高年均生长量 1.48m，胸径 1.45cm，材积 0.0306m^3，较当地商品种（对照）相比，树高增益 0.9%，胸径增益 14.1%，材积增益 31.0%；在思茅试验点，树高年均生长量 1.02m，胸径 1.48cm，材积 0.0035m^3，较当地商品种（对照）相比，树高增益 18.1%，胸径增益 17.2%，材积增益 59.7%。

云林 4 号思茅松优良家系适宜于普洱市、西双版纳州，在海拔 700~1700m、年均气温 17~23℃、年降水量≥ 1000mm、≥ 10℃活动积温 5500~8000℃的思茅松适生区种植。

（5）云林 5 号思茅松优良家系

云林 5 号思茅松优良家系（编号：云 S—SF—PK—002—2019）物候与定植与其他思茅松无差异，能正常结实，植株健康，在 3 个试验点均表现出较强的适应性。突出的性状主要表现在速生特性上，在普文试验点 28 年生植株树高可达 31.1m，胸径达 32.8cm，单株材积 1.251m^3，树高年均生长量 1.11m，胸径 1.17cm，材积 0.0447m³，较当地商品种（对照）相比，树高增益 11.9%，胸径增益 31.4%，材积增益 90.8%；在景谷试验点，16 年生植株树高可达 23.8m，胸径达 24.0cm，单株材积 0.525m³，树高年均生长量 1.49m，胸径 1.50cm，材积 0.0328m³，较当地商品种（对照）相比，树高增益 1.2%，胸径增益 18.1%，材积增益 40.7%；在思茅试验点，树高年均生长量 0.98m，胸径 1.48cm，材积 0.0033m³，较当地商品种（对照）相比，树高增益 13.0%，胸径增益 17.1%，材积增益 53.1%。

云林 5 号思茅松优良家系适于普洱市、西双版纳州，在海拔 700~1700m、年均气温 17~23℃、年降水量 ≥ 1000mm、≥ 10℃活动积温 5500~8000℃的思茅松适生区种植。

3.1.7 杂交育种相关研究

3.1.7.1 思茅松物候

以我国首个思茅松无性系种子园定植的 10 年生思茅松无性系植株为观测对象，开展了思茅松物候的观测研究。

观测思茅松无性系种子园位于西双版纳的云南省林业科学院普文试验林场内，定砧时间为 1995 年 6 月，定植密度为 6m × 6m，于 1996 年 6~9 月采用髓心形成层对接法嫁接。种子园地理位置为 22° 25′ N、101° 06′ E，为高原低山中切割地貌，海拔 850~950m，地势完整平坦，以东南坡向为主，坡度多为 5° ~25° 。常年受到印度洋西风支流影响，干湿季明显，气温年较差小，日较差大，冬春多辐射雾。年平均气温 20.2℃，月最高气温 24.8℃，月最低气温 12.1℃，极高气温 37.9℃，极低气温 –0.7℃，≥ 10℃的积温 7459.0℃；年降水量 1675.5mm，年相对湿度 83%，蒸发量 1460.8mm，干燥系数 0.72。土壤以发育在砂岩或紫色砂岩上的赤红壤为主，具有向砖红壤过渡的性质。土层深厚，A~B 层有机质含量 0.83%~2.67%，全氮含量 0.072%~0.160%，有效磷较缺。植被为季风常绿阔叶林被破坏后的次生植被，主要树种有红木荷、短刺栲、刺栲、水锦树、黄牛木等。

（1）营养期的年生长节律

思茅松无性系种子园内 10 年生思茅松植株营养期的年生长节律如图 3–1、图 3–2 所示。在其观测年内的 10 月 25 日左右思茅松植株顶芽开始生长，初期生长缓慢，每 5 天生长 0.1cm 左右，到后期生长迅速，每 5 天生长 0.4~0.9cm，1 月中旬到 3 月底生长停止，在 4 月 15~25 日形成顶芽。

思茅松无性系种子园内的 10 年生思茅松植株的树梢生长，一年中亦分为春秋两次。在观测年内其春梢从 1 月 10~20 日开始生长，到当年的 4 月中旬停止生长，持续生长期达 87~89 天。由图 3-1 生长曲线可见，园内思茅松植株的春梢，初期生长迅速，到 3 月 20 日左右生长渐渐减缓，至 3 月底停止生长。在观测年内其秋梢从 7 月 12 日左右开始生长，到当年 12 月 20 日左右停止生长，平均持续生长期 161 天。由图 3-2 生长曲线可见，其秋梢从 7 月 12 日左右到 8 月 20 日左右生长迅速，每 5 天生长 1~3cm，此后生长变缓，直到停止生长。思茅松植株的春梢生长期比秋梢短，但春梢的增长长度比秋梢的增长长度要长（表 3-17）。

在观测期内，其无性系种子园内的思茅松植株于 1 月 15~20 日开始发叶，当年 6 月 22 日至 7 月 12 日发叶结束，持续时间约 187 天。而落叶期为 1 月 10 日至 4 月 30 日，换叶时间大约 100 天。

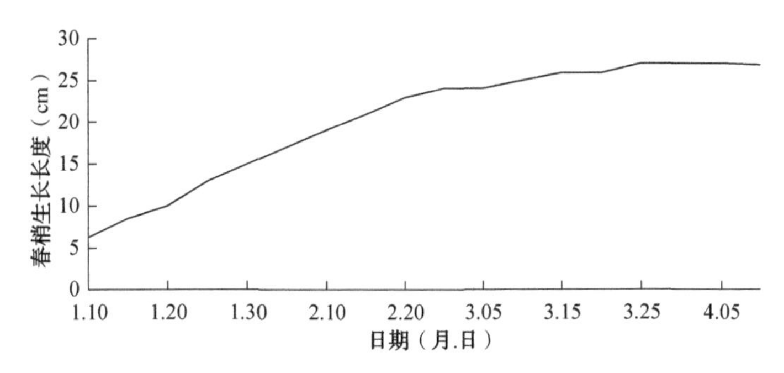

图 3-1　种子园内 10 年生思茅松植株的春梢生长曲线

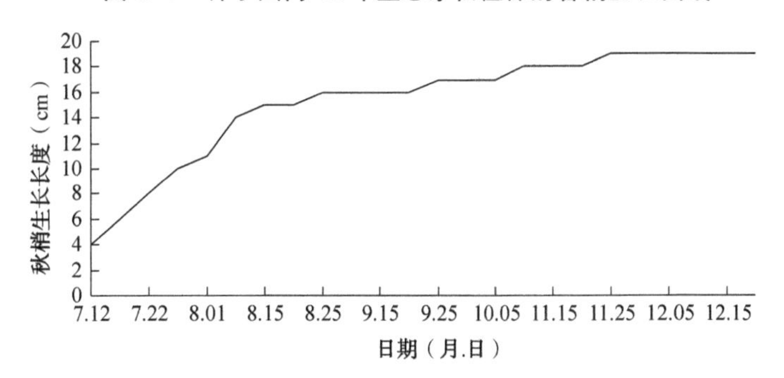

图 3-2　种子园内 10 年生思茅松植株的秋梢生长曲线

表 3-17　种子园中 10 年生思茅松植株的春秋梢生长情况

观测点		株数	生长时间（天）	初期长度（cm）	停止长度（cm）	增长长度（cm）	平均增长长度（cm）
春梢	观测点 1	15	87	6.5	24.0	17.5	19.0
	观测点 2	15	86	6.0	25.0	19.0	
	观测点 3	15	89	6.3	26.9	20.6	

续表

观测点		株数	生长时间（天）	初期长度（cm）	停止长度（cm）	增长长度（cm）	平均增长长度（cm）
秋梢	观测点 1	15	161	2.0	16.0	14.0	15.3
	观测点 2	15	161	4.0	19.0	15.0	
	观测点 3	15	161	3.0	20.0	17.0	

在观测期内思茅松无性系种子园中 10 年生思茅松植株的叶生长周期从 1 月 20 日至当年的 12 月 20 日，持续近一年。其生长曲线如图 3-3 所示，其针叶的年生长分为两个时段：第一时段从 1 月 20 日至 6 月 22 日，期间叶年生长迅速，称为春生叶。6 月 22 日至 7 月 12 日，春生叶脱落，秋生叶开始生长，直到 12 月 20 日结束，为第二阶段，此时段由于降水和气温下降的影响，叶初期生长快速，后期缓慢，总体上没有第一时段的生长快。

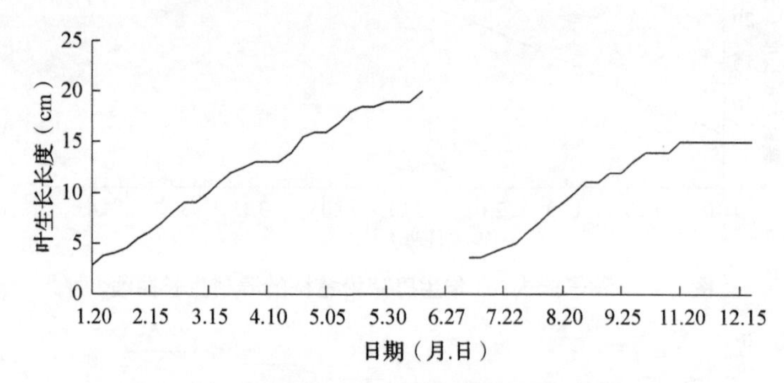

图 3-3　种子园内 10 年生思茅松植株的叶生长曲线

（2）生殖期的年生长节律

在观测期内思茅松无性系种子园的 10 年生思茅松植株的花芽在 10 月 25~30 日形成，11 月 5~10 日其雄花开始生长，每年的 2 月 5~8 日雄花开始开花，2 月 12~17 日花粉开始大量飞散。在树冠顶部、上部和中部较粗的树枝上的混合芽多为雌花芽，呈长圆锥形，芽的顶部有 2~5 枚雌球花原始体。2 月 5~8 日雌球花的球鳞张开接受花粉，为授粉始期；2 月 12~18 日进入授粉盛期；2 月 20 日进入授粉末期，授粉后珠鳞再闭合。12 月 12~15 日，授粉后的雌花所形成的球果的颜色由绿色变黄褐色直至黑褐色，表明其果实成熟。2 月 20~25 日，球果鳞盾张开，种子开始飞散。

在观测期内思茅松无性系种子园内的 10 年生思茅松植株果实的生长从 2005 年 9 月 6 日开始，到 2006 年的 9 月 15 日结束，其果实生长曲线如图 3-4 所示。此

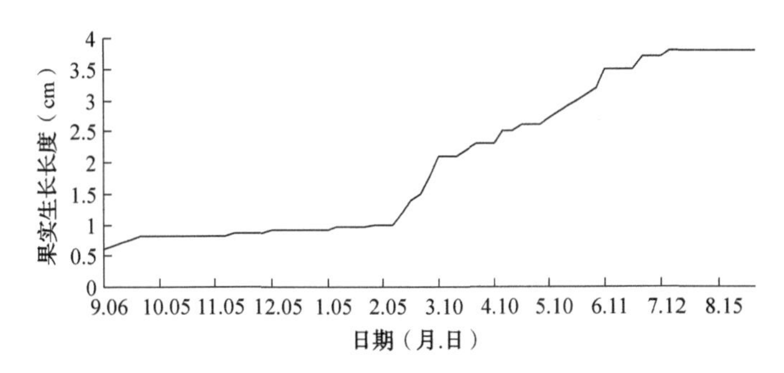

图 3-4 种子园内 10 年生思茅松植株的果实生长曲线

期间从当年 9 月到翌年 1 月，果实几乎没有生长。2~7 月，是其果实的快速生长期，每 5 天直径的生长量为 0.1~0.3cm，7 月以后，球果的生长渐渐变缓。

3.1.7.2 思茅松花粉特性

（1）思茅松花粉离体萌发特性

花粉具有萌发活力，这是完成受精的必要条件，花粉生活力的高低直接影响到育种的成败和成效，在人工授粉工作中要求花粉生活力旺盛，在使用花粉前需对其进行生活力测定。花粉生活力检测方法较多，常见的有 I_2-KI 染色法、TTC 染色法、联苯胺染色法、MTT 染色法和离体萌发法等（张超仪 等，2012），不同物种其适用的方法不一样。多数学者认为离体萌发法是测定花粉生活力最简单、最稳定、最可靠的方法（Stenli et al.，1974；贾继文 等，2009）。研究思茅松花粉离体萌发特性有助于准确测定思茅松花粉的活力，服务后续的杂交育种工作。

蔗糖对思茅松花粉离体培养的影响 以液体培养基进行培养，在 1%、2.5%、5%、10%、15%、20%、25% 浓度梯度范围内，在 25℃的恒温培养箱中暗培养条件下，思茅松花粉萌发率随着蔗糖浓度的升高呈现出先升后降的变化趋势（图 3-5）。在低浓度时，随着培养基蔗糖浓度的升高，思茅松花粉萌发率上升，蔗糖对花粉的萌发呈现出促进作用；当蔗糖浓度达到 2.5% 时，花粉萌发率与对照（不添加蔗糖）已经具有显著差异；当蔗糖浓度达到 10% 时，花粉萌发率达到最大值（48.87%），为对照萌发率（24.44%）的 1.99 倍；当蔗糖浓度超过 10% 时，花粉萌发率迅速降低；蔗糖浓度 15% 时，其萌发率与对照已无显著差异；蔗糖浓度超过 20% 时呈现出显著的抑制作用，其萌发率急剧下降到 6.83%，仅为对照的 28%。在花粉管生长方面，蔗糖浓度在 10% 时花粉管长度最长，达到 81.45 μm；蔗糖浓度高于 10% 以后，花粉管长度随着浓度的升高而降低。方差

分析表明不同浓度间花粉管生长存在差异（$P < 0.05$），进一步多重比较表明，1%、2.5%、5%、10%、15% 浓度与对照的花粉管长度无显著差异，20%、25% 浓度花粉管长度则显著低于对照，呈现出抑制作用。综合萌发率和花粉管长度数据，最适宜用于测定思茅松花粉生活力的蔗糖浓度为 10%。

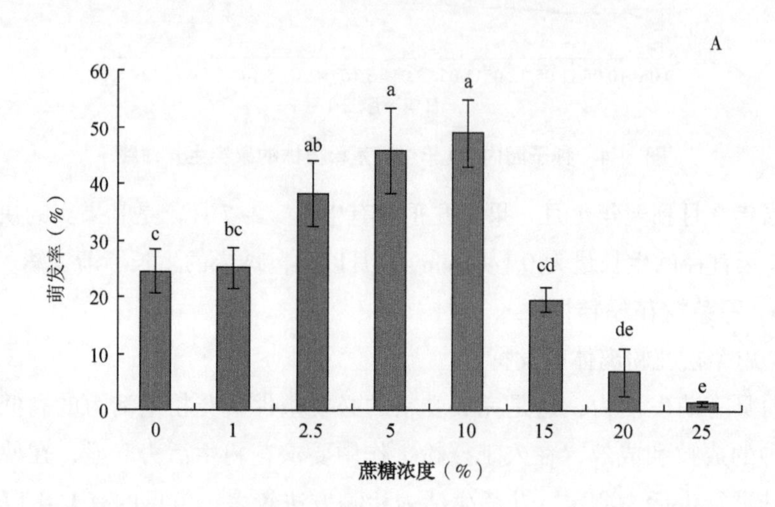

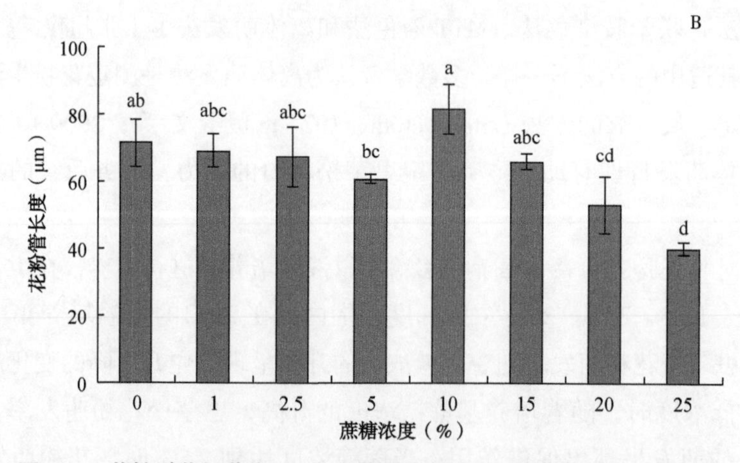

图 3-5　蔗糖对花粉萌发（A）和花粉生长（B）的影响（25℃暗培养）

注：不同小写字母表示 0.05 水平差异显著，下同。

硼酸对思茅松花粉离体培养的影响　以液体培养基进行培养，在 5mg/L、10mg/L、15mg/L、30mg/L、50mg/L、100mg/L 浓度梯度范围内，在 25℃的恒温培养箱中暗培养条件下，思茅松花粉萌发率随着培养基硼酸浓度的增加而增加（图 3-6）。硼酸浓度 10mg/L 时，萌发率开始大于对照但两者间差异不显著，当硼酸浓度大于等于 30mg/L 时，花粉萌发率开始显著大于对照，其中浓度为

100mg/L 时，花粉萌发率最大，达 50.09%，是对照的 2.05 倍。花粉管生长方面，不同浓度硼酸培养液都能促进花粉管的生长，其中，硼酸溶液浓度为 100mg/L 时，花粉管的长度最长，达 134.78 μm，为对照的 1.89 倍。方差分析表明，各处理间存在显著的差异（$P < 0.05$），进一步多重比较表明，浓度 5~50mg/L 的硼酸溶液，各处理间花粉管长度的差异不显著，但均显著高于对照，而与 100mg/L 硼酸溶液之间也具有显著差异。花粉萌发和花粉管生长的适宜硼酸浓度为 100mg/L。

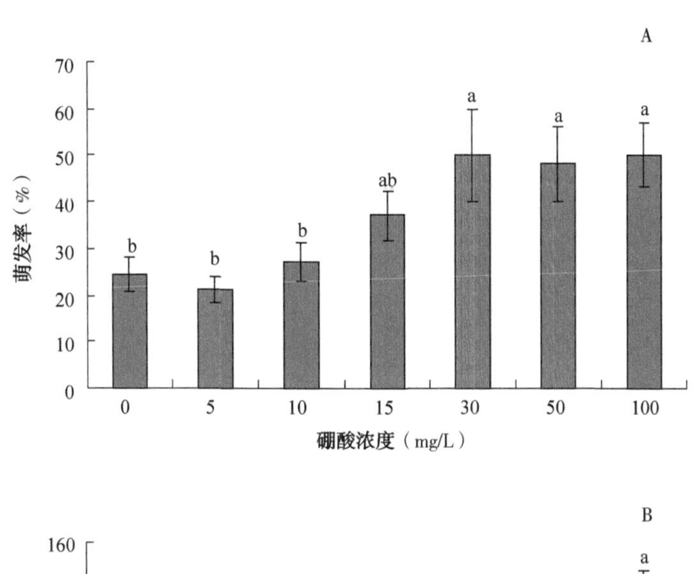

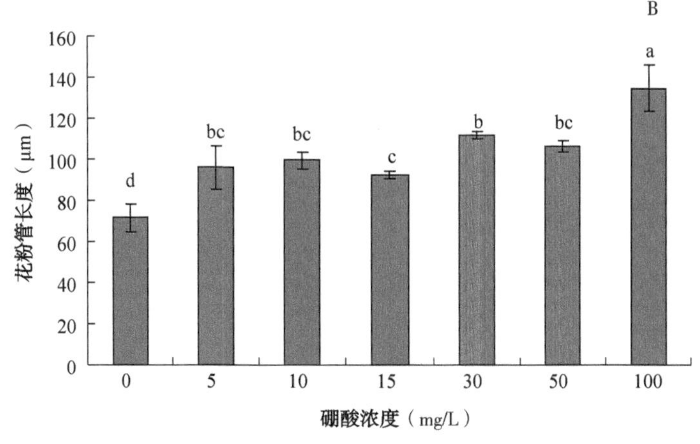

图 3-6 硼酸对花粉萌发（A）和花粉生长（B）的影响（25℃暗培养）

氯化钙对思茅松花粉离体培养的影响　以液体培养基进行培养，在 5mg/L、10mg/L、25mg/L、50mg/L、100mg/L、200mg/L 浓度梯度范围内，在 25℃的恒温培养箱中暗培养条件下，钙浓度对思茅松花粉萌发率的影响呈现出先升后降的特征（图 3-7），在 5~100mg/L 范围内，萌发率随着钙浓度的增加而增加，浓度为100mg/L时，花粉萌发率最大，达42.16%，为对照的1.72倍，浓度200mg/L时，萌发率较100mg/L有所降低。方差分析表明，各浓度间在萌发率上差异显著（$P < 0.05$），多重比较表明，5%、10%、25%、50%浓度与对照无显著差异，100mg/L和200mg/L浓度与对照形成显著差异。花粉管生长方面，钙浓度在5~50mg/L时与对照有差异但不显著，当浓度升高到100mg/L时，花粉管长度与对照开始具有显著差异，浓度200mg/L时，花粉管平均长度最长，达106.91μm，为对照的1.50倍，并且与浓度100mg/L处理形成显著差异。综合萌发率与花粉管长度判断，认为适宜用于测定思茅松花粉活力的氯化钙浓度为100mg/L。

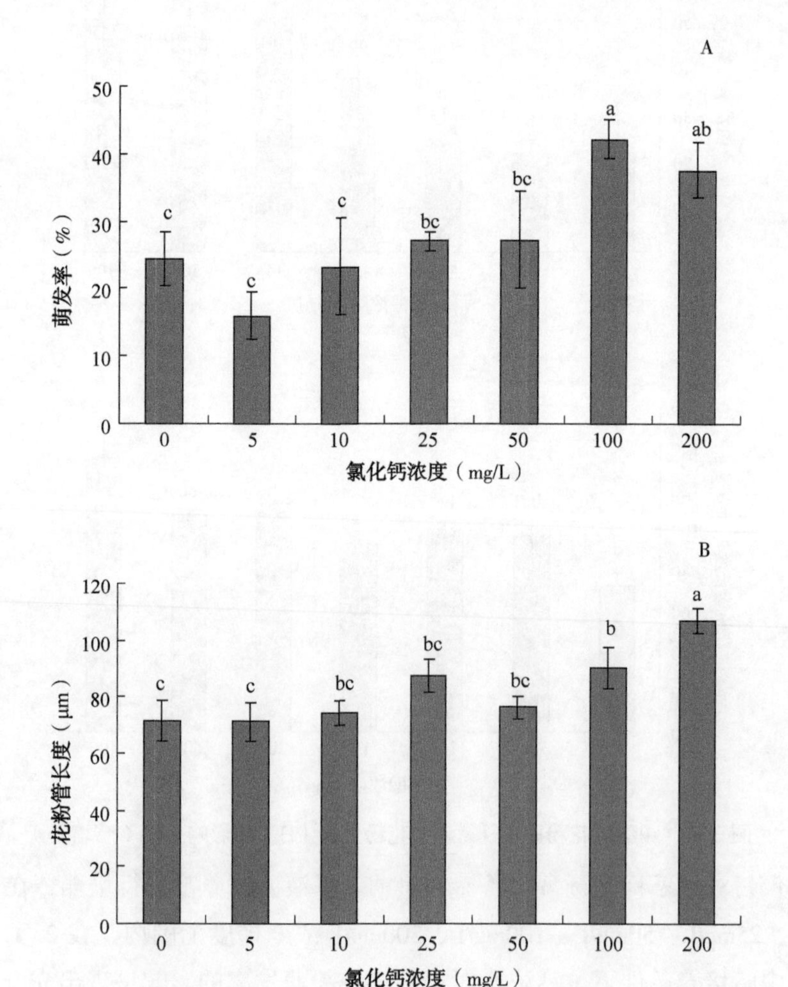

图3-7　氯化钙对花粉萌发（A）和花粉生长（B）的影响（25℃暗培养）

最佳培养基选择 以蔗糖、硼酸和氯化钙为试验因子，采用 $L_{25}(5^3)$ 正交试验设计（表 3-18），在 25℃的恒温培养箱中暗培养条件下，寻找最佳的培养基配方。参试的 3 个因素对思茅松花粉萌发率影响的主次顺序为蔗糖 > 氯化钙 > 硼酸，对花粉管长度影响的主次关系同样为蔗糖 > 氯化钙 > 硼酸，说明 3 个因素中蔗糖对思茅松花粉萌发和花粉管生长的影响最大。经直观分析优选出的花粉萌发培养基为 10% 蔗糖 +100mg/L 硼酸 +100mg/L 氯化钙（未出现在试验中），花粉管生长培养基为 10% 蔗糖 +30mg/L 硼酸 +100mg/L 氯化钙（在试验中出现）。进一步方差分析表明，萌发率差异极显著的因子有蔗糖（$P < 0.01$），而硼酸和钙因子在不同组合中差异不显著（$P > 0.05$），花粉管长度差异呈显著的因子也仅有蔗糖（$P < 0.01$），说明在思茅松花粉最佳萌发培养基选择上应优先考虑蔗糖因子及其水平，硼酸和氯化钙为次要考虑的因素。综合考虑各因素及水平对思茅松花粉萌发的影响，筛选出最适宜思茅松花粉离体培养的培养基配方为 10% 蔗糖 +30mg/L 硼酸 +100mg/L 氯化钙。

表 3-18 思茅松花粉在正交试验中的花粉萌发和花粉管生长（25℃暗培养）

试验号	蔗糖浓度（%）	硼酸（mg/L）	氯化钙（mg/L）	萌发率（%）	花粉管长度（μm）
1	0	0	0	14.87 ± 2.09	63.38 ± 9.68
2	0	10	10	23.63 ± 2.67	68.58 ± 10.56
3	0	30	30	28.81 ± 3.54	72.45 ± 5.97
4	0	50	50	21.89 ± 4.24	74.89 ± 3.16
5	0	100	100	30.39 ± 5.44	84.75 ± 9.53
6	5	0	10	29.87 ± 2.83	78.73 ± 4.64
7	5	10	30	29.32 ± 7.41	82.19 ± 16.64
8	5	30	50	36.96 ± 8.83	85.19 ± 7.84
9	5	50	100	40.23 ± 5.49	96.82 ± 13.62
10	5	100	0	41.73 ± 3.73	95.47 ± 6.94
11	10	0	30	45.39 ± 6.24	93.96 ± 13.17
12	10	10	50	42.58 ± 6.35	102.63 ± 12.24
13	10	30	100	49.31 ± 6.97	110.74 ± 10.40
14	10	50	0	39.14 ± 7.95	86.93 ± 4.43

续表

试验号	蔗糖浓度（%）	硼酸（mg/L）	氯化钙（mg/L）	萌发率（%）	花粉管长度（μm）
15	10	100	10	47.02 ± 9.57	88.12 ± 3.48
16	20	0	50	11.10 ± 1.85	54.78 ± 3.73
17	20	10	100	4.52 ± 0.36	46.94 ± 4.87
18	20	30	0	3.07 ± 1.65	50.82 ± 1.68
19	20	50	10	3.51 ± 0.80	44.27 ± 2.58
20	20	100	30	3.28 ± 1.30	45.00 ± 4.21
21	25	0	100	0.00	0.00
22	25	10	0	0.00	0.00
23	25	30	10	0.00	0.00
24	25	50	30	0.00	0.00
25	25	100	50	0.00	0.00

（2）思茅松花粉活力的测定方法筛选

为探讨适于思茅松花粉活力快速测定的方法，以思茅松种子园的花粉为材料，采用离体萌发法、I_2–KI 染色法、TTC 染色法、醋酸洋红染色法和 FDA 染色法对思茅松花粉活力进行测定。

离体萌发法测定花粉活力　采用硼酸溶液和氯化钙溶液为培养基，设置浓度梯度和温度梯度进行培养，其中，硼酸溶液设置 10mg/L、50mg/L 和 100mg/L 3 个浓度梯度，氯化钙溶液设置 50mg/L、100mg/L 和 200mg/L 3 个浓度梯度，温度设置 28℃和 30℃ 2 个梯度。

以硼酸溶液为培养基，前 48h 萌发率增幅较大，48h 后变化幅度变小，28℃培养条件下，72h 测定的萌发率最高，最大萌发率为 59%，且不同浓度间差异不显著（$P > 0.05$）; 30℃培养条件下，48h 即能获得较高的萌发率，其中 50mg/L 浓度培养基萌发率最高，达 65.76%，t 检验显示，同一浓度 72h 和 48h 的萌发率间差异不显著（$P > 0.05$），说明 48h 后培养时间的延长并不能显著增加萌发率。以氯化钙溶液为培养基，28℃培养条件下，72h 测定的萌发率最高，最大萌发率为 50.9%；30℃培养条件下，50mg/L 浓度在 48h 时可获得最大的萌发率（41.8%）。经比较，初步筛选出萌发法测定思茅松花粉活力最优方案，即以 50mg/L 浓度硼酸溶液为培养基，30℃下暗培养 24h，镜检萌发率（图 3–8、图 3–9）。

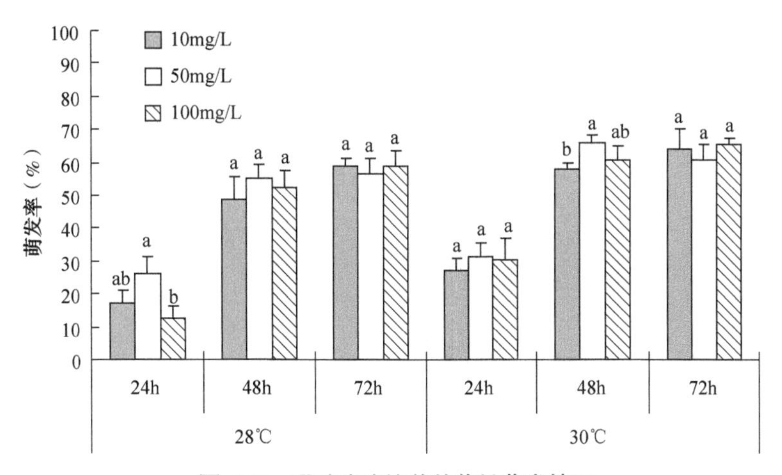

图 3-8 硼酸溶液培养基花粉萌发情况

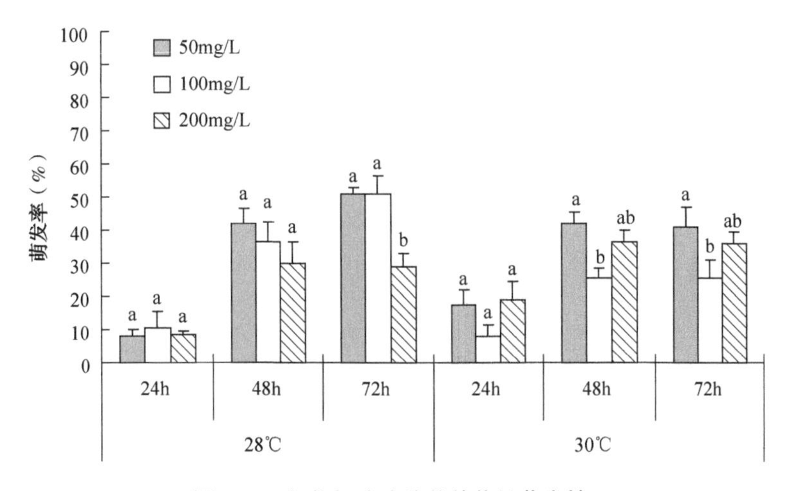

图 3-9 氯化钙溶液培养基花粉萌发情况

I_2-KI 染色法　多数植物正常的成熟花粉粒会积累较多淀粉，I_2-KI 溶液可将其染成蓝色或蓝黑色，发育不良的花粉则往往不含淀粉或积累淀粉较少，经 I_2-KI 溶液染色后呈黄褐色，根据淀粉遇碘变蓝的特性，可从花粉粒内部染色部分的比例或蓝色的深浅程度判断花粉粒中淀粉含量，进而确定花粉活性的高低（张志良 等，2003）。以 I_2-KI 溶液为染料，在 28℃恒温培养箱中染色 0.5h 和 1.5h 后镜检测定。I_2-KI 溶液能将思茅松花粉着色，未经特殊设置参数，低倍镜下 99% 以上的花粉均呈现黑色。经显微镜拍照参数的设置，可以进一步将花粉内部着色的花粉与未着色花粉在照片上清晰分辨开来（图 3-14 C）。经统计，0.5h 时花粉染色率 61.82%，1.5h 时花粉染色率为

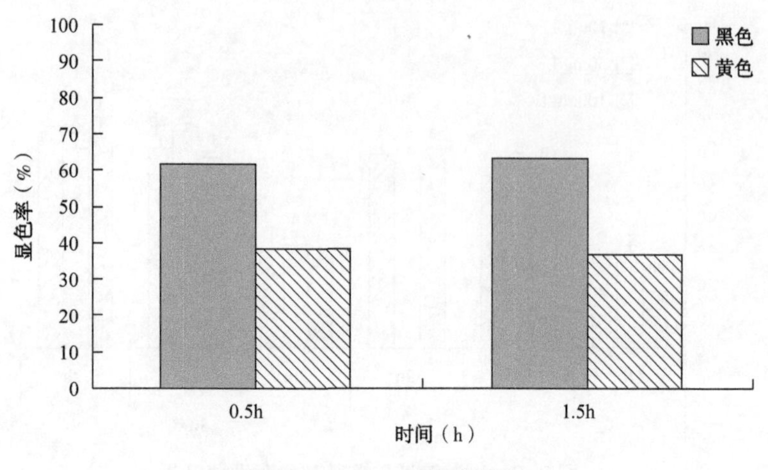

图 3-10 I_2-KI 法染色情况

63.21%，*t* 检验显示，两者差异不显著（*P* > 0.05），延长时间对染色结果影响较小（图 3-10）。

TTC（2，3，5- 氯化三苯基四氮唑）染色法　在传统的花粉活力测定方法中，TTC 法测定花粉活力具有快速、灵敏、准确的特点，当 TTC 溶液浸入有活力的花粉细胞内时，TTC 作为氢受体被呼吸代谢过程中产生的 NADH 或 NADPH 还原，TTC 由无色的氧化态，被还原成不溶性的红色三苯基甲臜（TTF）并被检测出来，而无活力的花粉则不被染色（高俊凤，2006）。TTC 染色法在大豆（曹芳 等，2017）、黄牡丹（律春燕 等，2010）等植物花粉测定中，具有较好的应用效果。

以 0.25%、0.5% 和 1.0% 浓度的 TTC 溶液为染料，在 35℃恒温培养箱中培养 0.5h、3h 和 6h 后，取样制片镜检统计，其测定结果如图 3-11 所示。未经染色处理的思茅松花粉在显微镜下的颜色为黑黄相间，气囊部分黑色，中间部分呈黄色。在 TTC 染色处理后，花粉中部呈现出 3 种不同颜色，即红色、黄色和暗灰色，红色表明已成功染色。试验所用的 3 个浓度 TTC 溶液均能使思茅松花粉着红色，与其他花粉染色所需时间不同，思茅松花粉在 30min 时均无花粉着红色，3h 时能观测到花粉显红色，在 6h 的观测时间内，随着时间的延长，显红色花粉数量呈增长趋势。不同浓度 TTC 溶液处理间比较，3h 时花粉染色率 1.0% > 0.5% > 0.25%，方差分析显示，三者差异达到显著水平（*P* < 0.05），说明适当提高 TTC 溶液浓度能在 3h 时提高染色的灵敏度，6h 时 3 种浓度花粉染色率 19.7%~21.54%，不同浓度间无显著差异（*P* > 0.05）。

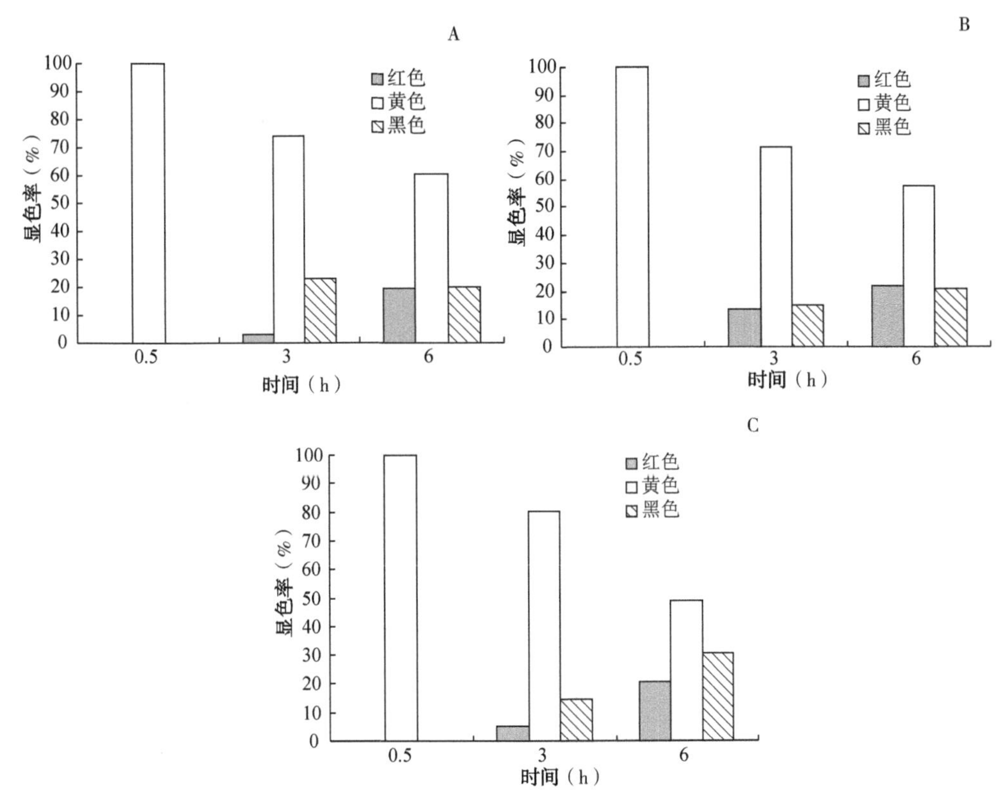

图 3-11 0.25%TTC（A）、0.5%TTC（B）、1%TTC（C）法染色情况

FDA（荧光素二醋酸酯）染色法 FDA 自身不能产生荧光，但可透过原生质膜，与原生质中的酯酶发生化学作用而形成能产生荧光的物质荧光素，新产生的荧光素不能自由透过原生质膜，只能在细胞内积累，可根据花粉染色后荧光的产生状况评判花粉的活力（王钦丽 等，2002）。因此，只要花粉粒原生质膜完好，花粉中具有活力的酯酶就会产生显色反应，并被检测出来，说明花粉内部的原生质具有活性，并据此进行花粉活力测定。

以 100μg/mL、50μg/mL 和 10μg/mL 3 种浓度的 FDA 丙酮溶液为染料，在 30℃恒温培养箱中培养 10min、40min 和 70min 后取样制片，镜检统计，其测定结果如图 3-12 所示。思茅松花粉经 FDA 染料处理后，有活力的花粉，在紫外光的照射下，能发出绿色荧光，在荧光显微镜下能被观测到，没有活力的花粉，不着色，不能发出荧光（图 3-14 E）。思茅松花粉经 3 个浓度梯度处理，有活力的花粉均能在 10min 中内被检测出，不同浓度间统计到的花粉活力存在显著差异（$P < 0.05$）。以 50μg/mL 浓度处理时花粉活力最高，达 86.9%；40min 时各处

理间统计到的花粉活力差异变小，相互间无显著差异（$P > 0.05$），随着时间的延长，50μg/mL 和 10μg/mL 浓度的处理花粉活力统计值快速降低。同一浓度在 70min 观测时间内，100μg/mL 浓度随时间波动较小，各观测时间统计值无显著差异；50μg/mL 浓度观测 10min 后呈现降低的趋势，10μg/mL 浓度呈现出先升后降的变化趋势；40min 为其最佳观测时间。说明 FDA 法检测思茅松花粉活力，具有快速的特点，但同时受处理浓度和观测时间的影响也较大，合适的浓度和观测时间是准确判定花粉活力的关键因素。

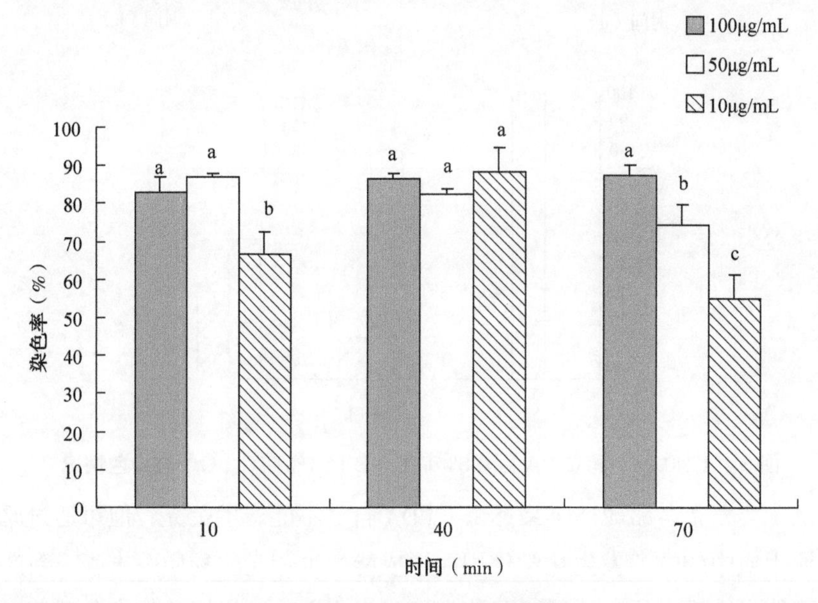

图 3-12　FDA 法染色情况

醋酸洋红染色法　以醋酸洋红染色液为染料，在 25℃恒温培养箱培养 10min、0.5h、1h 和 3h 后取样制片镜检统计。结果显示，思茅松花粉经醋酸洋红染色法处理，10min、0.5h、1h 和 3h 均未观测到花粉被染色（图 3-14 D），醋酸洋红染色法不适合思茅松花粉的测定。

不同检测方法比较　以活力值最高的处理代表对应的活力检测方法，对 4 种能测定思茅松花粉活力的方法进行比较，其结果如图 3-13 所示。4 种方法测定的花粉活力差异较大，FDA 法最大，TTC 法最小，I_2-KI 和萌发法介于两者之间。方差分析表明 4 种方法间存在极显著差异，多重比较显示，萌发法和 I_2-KI 间差异不显著，说明 I_2-KI 和萌发法测定花粉活力在统计学上具有相似性，而相较于萌发法，FDA 法测定的花粉活力偏高，而 TTC 法测定的花粉活力偏低。

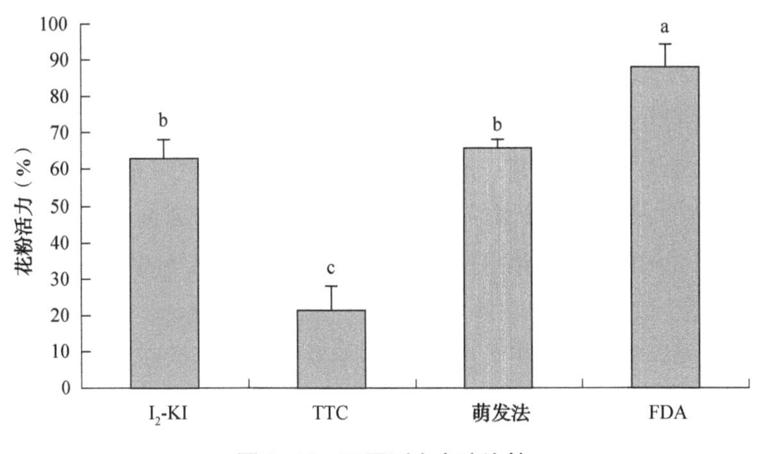

图 3-13　不同测定方法比较

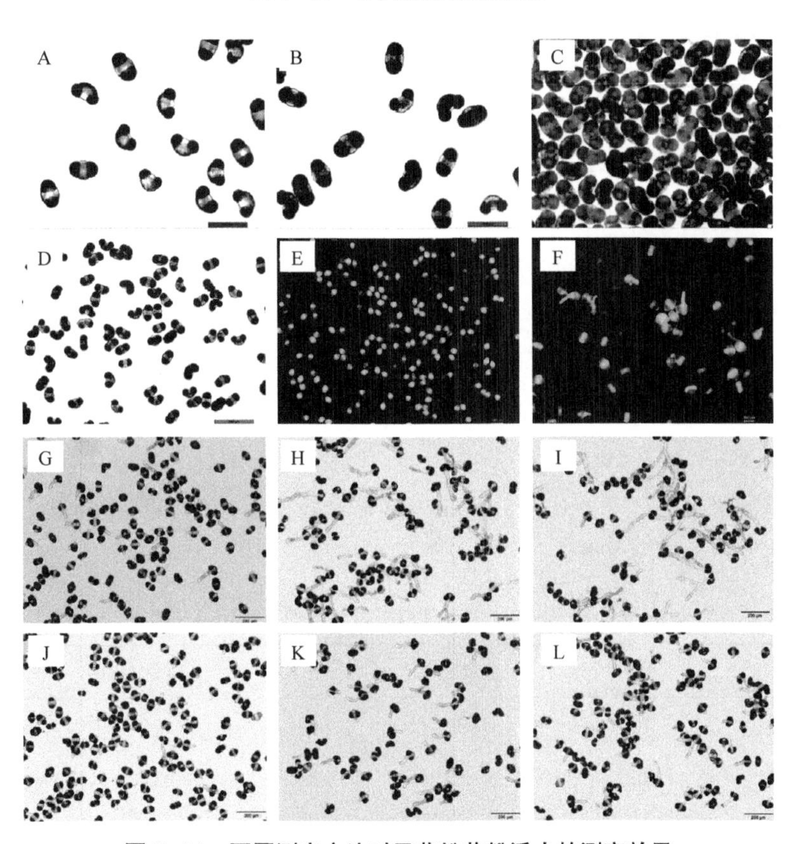

图 3-14　不同测定方法对思茅松花粉活力的测定效果

注：A 为显微镜下思茅松花粉形态；B 为 1%TTC 染色 6h（35℃）；C 为 I_2-KI 染色 0.5h（28℃）；D 为醋酸洋红染色效果；E 为 10μg/mL FDA 染色 40min（30℃）；F 为 10μg/mL FDA 染色 24h（30℃）；G 为 50mg/L 硼酸培养 24h（30℃）；H 为 50mg/L 硼酸培养 48h（30℃）；I 为 50mg/L 硼酸培养 72h（30℃）；J 为 100mg/L 氯化钙培养 24h（28℃）；K 为 100mg/L 氯化钙培养 48h（28℃）；L 为 100mg/L 氯化钙培养 72h（28℃）。

（3）思茅松花粉贮藏特性

花粉受精过程能否顺利完成是植物杂交育种成败的关键。在实践过程中，计划进行的交配经常会遇到花期不遇的问题，或需要在异地开展杂交工作，为解决花期不一致和异地杂交的问题，对花粉进行有效的保存至关重要。

花粉寿命的保持一方面由遗传因素所决定，另一方面也受环境因素的影响（Liu et al.，2010），有些物种的花粉在适当的温度和干燥条件下可以保存数年（陈晓阳 等，2005），如细叶桉（*Eucalyptus tereticornis*）花粉经干燥和抽真空处理，在 -20~-18℃条件下贮藏 42 个月后萌发率仍能达到 66.4%（吴坤明 等，1997）；松属的班克松（*Pinus banksiana*）在 2℃和 25.75% 相对湿度条件下贮藏 1 年后，其花粉萌发率几乎无变化（陈晓阳 等，2005）；汪企明等（1983）对松属 6 种松树花粉的研究表明，干燥后的花粉在低温、真空条件下贮藏 6 个月后，花粉萌发率的降幅均低于 5%，16 个月后花粉萌发率降幅达 11%~55%，说明条件适宜时，松树花粉可长时间贮藏。

为了探讨思茅松花粉的贮藏特性，采用当年新鲜采收的花粉为材料，对 4 种贮藏条件（常温、4℃、-18℃和 -80℃）下花粉活力的变化进行研究。

0.5 年花粉萌发率变化情况　0.5 年时，4 种保存方式的花粉萌发率均有不同程度的降低，其中，常温干燥保存的花粉萌发率最低（19.2%），比 CK（图 3-15 A）降低 69.7%；随着保存温度的降低，花粉萌发率逐渐升高，超低温（-80℃）干燥保存方式的花粉活力相对不容易失活，与 CK 相比降低 29.8%~36.1%（表 3-19、图 3-15 B~E）。方差分析表明，不同保存方式间的花粉萌发率差异极显著（$P < 0.01$）；Tukey 多重比较显示，3 种低温干燥保存方式间的花粉萌发率差异不显著。

表 3-19　不同保存方式花粉萌发率（0.5 年）　单位：%

类别	重复 1	重复 2	重复 3	重复 4	均值
常温	18.3	18.3	24.8	15.3	19.2 ± 4.0c
4℃	40.2	41.5	37.6	42.6	40.4 ± 2.2b
-18℃	45.5	33.6	42.5	43.8	41.4 ± 5.3b
-80℃	40.1	45.1	48.2	44.3	44.4 ± 3.3b
CK	62.2	59.4	67.2	64.4	63.3 ± 3.3a

注：同列不同小写字母表示差异极显著（$P < 0.01$）。下同。

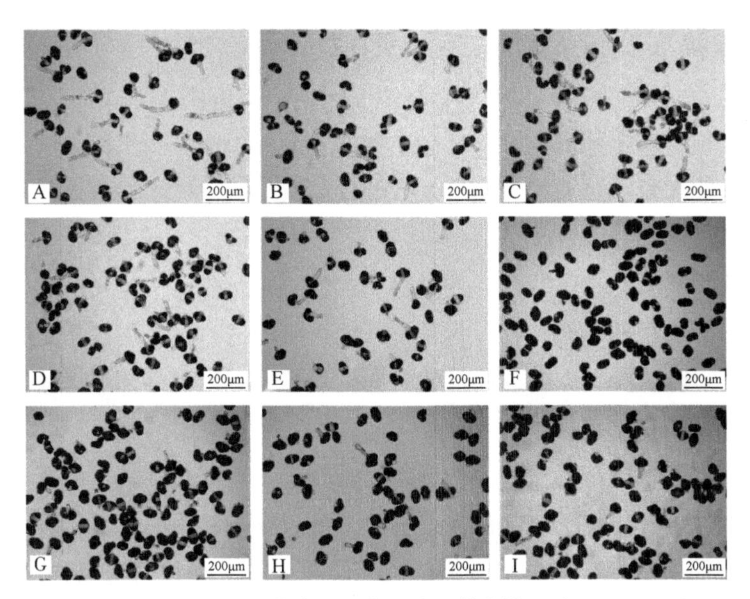

彩图 3-15 不同贮藏方式思茅松花粉萌发情况（28℃，48h）

注：A 为新鲜花粉；B 为常温贮藏 0.5 年；C 为 4 ℃干燥贮藏 0.5 年；D 为 −18 ℃干燥贮藏 0.5 年；E 为 −80℃干燥贮藏 0.5 年；F 为常温贮藏 1 年；G 为 4℃干燥贮藏 1 年；H 为 −18℃干燥贮藏 1 年；I 为 −80℃干燥贮藏 1 年。

1 年花粉萌发率变化情况 1 年时，4 种保存方式的花粉萌发率在 0.5 年的基础上又有较大幅度的降低，其中，常温干燥保存的花粉萌发率仅为 2.3%，与 0.5 年时相比降低 88.0%，与 CK 相比降低 96.4%，绝大多数花粉已经失去活力。超低温（−80℃）干燥保存方式的花粉萌发率仅为 25.5%，3 种低温干燥保存方式的花粉萌发率与 CK 相比分别降低了 63.7%、63.7% 和 59.7%（表 3-20、图 3-15 F~I）。方差分析和多重比较显示，各处理间差异极显著（$P < 0.01$），而 3 种低温干燥保存方式间的花粉萌发率差异不显著。

表 3-20 不同保存方式花粉萌发率（1 年） 单位：%

类别	重复 1	重复 2	重复 3	重复 4	均值
常温	2.1	2.4	3.1	1.6	2.3 ± 0.6c
4℃	23.2	23.2	22.3	23.1	23.0 ± 0.4b
−18℃	26.5	18.8	21.8	25.0	23.0 ± 3.5b
−80℃	23.9	26.3	26.4	25.3	25.5 ± 1.2b
CK	62.2	59.4	67.2	64.4	63.3 ± 3.3a

思茅松花粉在低温干燥条件下贮藏 1 年后，花粉萌发率可保留 25% 左右，相较于贮藏前，虽然花粉萌发率降低达 63.7%，但仍然具有一定的应用前景。松

属植物在开展人工辅助授粉时，鲜花粉常添加填充剂，花粉与填充剂的比例为2∶8或3∶7（陈晓阳 等，2005），2∶8（或3∶7）的比例与思茅松低温干燥保存1年后花粉萌发率相近，说明低温干燥保存方式已能满足生产上的使用，当花粉需要隔年使用时，可使用该简易方法进行花粉贮藏。

3.1.7.3 思茅松控制授粉技术

（1）套袋隔离

思茅松为典型的风媒植物，为防止其他花粉的侵入，人工授粉前必须对思茅松雌球花进行套袋隔离，套袋的最佳时期为新梢顶端出现外部形态能清楚识别的雌球花芽至雌球花突破芽鳞时。

隔离袋采用硫酸纸制作。由于思茅松雌球花生于新梢顶端，而套袋时新梢正处于快速生长阶段，袋子应制作成细长状，过短影响新梢的生长，雌球花容易在新梢生长过程中受损，过长则嫩脆新梢易风折。隔离袋规格为30cm×40cm，既可满足花粉隔离的需要，又不妨碍新梢的生长。袋子侧边用针线缝合或用胶水粘合，两端开口。当套袋隔离时，将袋子套入具有雌球花的新梢，底端用绳子拴好或胶带固定，顶端为了便于授粉采用回形针折叠袋子封口。套袋时须注意不让雌球花紧贴硫酸纸袋，以免太阳直射时出现灼伤雌球花的现象。

（2）花粉制备与处理

雄球花成熟特征 思茅松雄球花成穗状着生于新梢的底部，芽由膜质鳞片所包被，随着不断的发育，鳞片被顶破，露出绿色或者褐色（少数）的雄球花。雄球花成熟的标志是花粉囊内物质由浆状逐渐脱水变成粉质，外部形态特征表现为颜色由黄绿色转变为黄色，或由黄褐色转变为黄色，花粉从球花基部开始散落。通常整个散粉过程持续4~10天，遇到天干风大的年份，持续时间会有所缩短，散粉高峰集中于2~3天。

于新梢上排列成穗状的雄球花通常由基部向顶端发育，即底部雄球花先成熟散粉，顶端后成熟，但也有极少数与此相反。老枝条萌发的短小侧枝偶尔也形成雄球花，但通常表现为球花数量少（3~15个）、形态短小、散粉迟缓等特点。

花粉采集 花粉采集应在晴天早晨进行，早晨通常无风或风力较小，成熟花粉不易散落，应于露水刚收时集中采集。采集对象为新梢底部形成的纯黄色、基部开始有散粉迹象的雄球花，老枝条萌发的短小侧枝形成的雄球花不能作为采粉对象。不同植株应分开采集，采集前清洗采集工具以免污染，并做好采集记录。雄球花收集容器以透气的纸袋为佳，并敞开袋口，不宜长时间密封保存。

花粉的干制和保存 采集到的雄球花应及时处理，长时间闷于容器中容易发酵而使花粉失活。花粉收集采用自然阴干的方法，将雄球花均匀平铺于硫酸纸上，置于阴凉干燥的环境中，每半天翻动一次，1~2天即可见花粉散落。若阴干条件不具备，采集到的雄球花可适当置于太阳下晾晒取粉，晾晒时每隔1~2小时翻动一次，当见花粉大量散落时及时移至阴凉环境中进行后续处理。

散落的花粉应进行干燥处理，宜采用干燥器干燥，于干燥器中加入吸湿剂加速干燥，也可采用硅胶干燥，将硅胶置于盛有花粉的容器中吸湿。干燥好的花粉含水量约10%，表现出流动性好、无结块及粘连现象。

干燥后的花粉用筛子轻筛去除杂质后干燥低温保存备用。

（3）授粉

雌球花可授期 准确把握雌球花可授期，并及时授粉是确保控制授粉试验成功的关键。雌球花形态变为球形，颜色由绿色转为紫褐色，球花珠鳞张开是雌球花进入可授期的显著标志。应随时关注套袋雌球花的发育程度，当雌球花进入可授期时应及时授粉，通常从套袋到可授期需要4~10天不等。授粉时，拆除套袋上端的回形针，从顶端向雌球花授粉。

授粉工具 根据思茅松雌球花着生位置较高的实际情况，考虑操作的方便性，可使用滴管或者医用注射器作为思茅松授粉工具，而以医用注射器操作最为方便高效，根据授粉雌球果的数量选择一定容积的医用注射器。注射器授粉，一只手即可操作，大大增加高空作业的安全性，同时花粉的喷洒均匀程度较其他方法更高。

授粉 宜在早晨露水散去或者下午两点以后进行授粉，授粉时，先将花粉吸入，再往注射器中抽一定量的空气，对准可授的雌球花轻轻推射，花粉即均匀地喷向雌球花。授粉后将袋子用回形针封好。一个父本花粉使用一个注射器，不可混用注射器。为保证授粉质量，思茅松应选择两次以上授粉，于2~3天后再次开袋授粉，两次以上授粉不仅可以保证雌球花充分接受花粉，而且可以弥补不易掌握雌球花可授期的缺陷。

挂牌标记 授粉雌球花应做好标记工作，在授粉雌球花的枝条上挂上写有授粉信息的纸质标签，标签上应以“母本 × 父本”的形式注明亲本的信息，同时标注授粉次数及其日期，尽可能将授粉主要信息标注清楚。同时要求去掉同一新梢上没有授粉的雌球花，以免日后采种混淆，要在树干上及授粉枝条的显要位置用红色的油漆或铭牌做好识别标识方便今后查找。

（4）去袋及日常管理

于授粉后 10~20 天内观察雌球花的变化，当出现雌球花珠鳞增厚、闭合等特征时，应及时拆除所套硫酸纸袋，以利于新梢和雌球花生长发育。

思茅松从授粉到种子采收所需周期长，横跨两年，授粉后，可能会涉及标识信息的更换工作，每隔一段时间应检查标识信息的完整性，及时补全脱落的标签，油漆不显著的要及时加深颜色。

（5）种子收获

授粉后，雌球果不断膨大，球果的颜色由授粉时的紫褐色逐渐变为绿色，当球果由绿色变为黄黑褐色时，表明种子已发育成熟，这个过程大约需要经过 22 个月，即从当年 2 月授粉到翌年 12 月球果成熟。成熟的种子应在球果种鳞开裂散种前及时采收，不同的授粉组合应分开采收，单独晒种，同时做好标记，以免混淆。

（6）档案建立

作为思茅松种质创制的一种手段，控制授粉工作应建立完整的档案资料，内容包括思茅松开花生物学资料、交配设计、亲本信息、花粉采集与制备过程、套袋时间、授粉过程（授粉时间、方法、授粉次数等）、去袋时间、日常管理、球果采收及种子制备等一系列信息，并配有必要的信息表格和图片。

3.2 思茅松种子园营建管理

3.2.1 国内外松属种子园概述

以利用一般配合力理论为依据，通过建立自由授粉种子园生产遗传改良种子，以达到集约工业人工林高产和优质目的的林木遗传改良途径，是世界各国普遍采用的林木改良策略之一（马常耕，1994）。

种子园（seed orchard）是由优良遗传特性的林木组成的人工林，其目的是生产大量优质的种子。以种子园生产优质林木种子的想法始见于 1787 年的德国，F.A.L.von Burgsdord 建议用无性繁殖的方式营建种子园。1880 年荷兰人以提高奎宁含量为目标在爪哇营建了金鸡纳种子园。1934 年，C.S.Larson 比较系统地论述了营建无性系种子园的主张（陈晓阳 等，2005）。

由种子园生产遗传改良种子的构想得益于嫁接技术和优树选择的结合，1947 年瑞典建成第一个生产性欧洲赤松种子园。由 B. Lindquist 提出的种子园体系在世界范围内迅速应用，20世纪50年代，种子园得到了快速发展，美、英、挪威、芬兰、新西兰、澳大利亚和日本等国都开始了种子园营建研究（马常耕，1991）。20世纪60年代，种子园风靡世界。林木良种开始走上基地化道路，造林用种开始进入良种化时代。种子园不仅是良种繁殖基地，直接为生产提供大量优质种子，同时种子园本身又是不断发展的育种系统中的一个重要环节。种子园在实践中也不断发展，已由初级种子园、去劣疏伐种子园、第1.5代种子园、第2代种子园，循序发展到第3代种子园或更高世代种子园。种子园系统已经成为林木遗传改良、良种生产和人工造林的重要组成部分。

我国种子园研究从1958年开始（马常耕，1991），1964年由南京林业大学建立杉木无性系种子园（陈代喜，2001）。20世纪70年代全面开展杉木、马尾松等20个针叶树种研究和种子园营建工作（陈代喜，2001），截至1997年年底，我国大陆地区各类种子园面积达到15420hm^2，建园树种达40余个。我国主要树种初级种子园建立工作已完成，部分种子园已实施去劣疏伐或建立第1.5代种子园，马尾松等少数树种已营建第2代种子园，个别树种已着手建立第3代种子园。

种子园在林木良种化进程中的作用是显著和重要的。以杉木为例，我国杉木初级种子园平均遗传增益在10%~20%，第1.5代种子园树高增益可达19.2%~31.7%，第2代种子园平均遗传增益可提高到30%~35%（陈代喜，2001）。我国林业生产实践表明种子园是林木改良的有效途径。

3.2.2 思茅松无性系初级种子园营建情况

思茅松主要分布地的思茅林区是云南省重要的林区，林产工业是当地重要的经济支柱，在20世纪80年代以前林木主要依靠天然资源，多年的开发利用导致天然森林资源的急剧减少。与此同时，林分的逆向选择加剧，病虫害发生频率加剧，影响到了当地林产工业的可持续发展。开展人工林培育，营造速生丰产、高效优质的思茅松人工林是林业和社会经济发展的需要，优良的种质资源是实现思茅松人工林丰产优质目标的先决条件和保障，营建种子园生产优质种子供生产使用成为当时的迫切需求。无性系种子园通过无性繁殖方式培育产种母树来生产种子，遗传力高，能保证种子的优良遗传品质，加之无性系种子园植株结实早、易于矮化管理，在良种的品质和时间上均占有优势，营建思茅松无性系种子园成为推动思茅松良种化造林和促进产业发展的重要途径。基于此，在林业部、云南省科学技术委员会联合资助下云南省林业科学院开展了思茅松无性系种子园营建技术研究，开启了思茅松种子园研究的序幕。经过8年的建设，1995年在云南省林业科学院普文试验林场建成了全国第一个思茅松无性系种子园，面积33.3hm^2。此后，依托云南省林业科学院成熟的思茅松无性系种子园营建技术，在普洱市相继建成了7个思茅松种子园，为普洱林区思茅松产业的发展提供了优质的种苗。

3.2.3 思茅松无性系种子园营建技术

3.2.3.1 园址选择

思茅松种子园必须建在思茅松的适生区，具体要求海拔700~1800m，年均气温17~22℃，≥10℃积温6000~7500℃，年降水量≥1000mm，相对湿度70%~80%，坡度＜25°，以阳坡或半阳坡，土层厚度≥60cm，土壤肥力中等、透气和排水良好的地段为佳。园地应具备良好的花粉隔离条件，花粉隔离带的距离不少于500m。

3.2.3.2 种子园规划

无性系初级种子园总体设计应包括种子生产区、优树收集区、子代测定林及相关基础设施的设置和布局，第1.5代种子园以种子生产区为主。

种子园区划为若干大区，大区下设置小区。大区沿山脊或山沟、道路等划界。小区按坡向、坡位等划分。大区面积控制在10hm^{2}以内，小区面积控制在0.3~1hm^2，各分区边界记录坐标点埋设10cm×10cm×150cm的水泥桩用于标记。

坡度大于15°的坡地以小区为单位沿等高线开挖台地，带宽1.5~2.0m。

大区间设4~5m宽的间隔道，小区间设2~3m宽的间隔道。

3.2.3.3 建园材料

（1）砧　木

采用当地普通思茅松商品种子培育，优先采用抗逆性强的种源地种子培育，砧木培育时间为1~1.5年。

（2）接　穗

接穗来源于经优树选择程序选出的优树穗条。接穗好坏是影响嫁接成活率和嫁接后接穗生长质量的关键因子，穗条应为生半木质化枝条，从树冠中上部采集，接穗要求健壮、无病虫害，穗条长度≥20cm，粗度≥0.8cm。

根据思茅松的生长规律和物候状况，思茅松每年抽两次梢，第一次大量抽梢在2月、3月发叶，4月嫩枝开始木质化。第二次大量抽梢在8月、9月发叶，

10 月嫩梢开始木质化。每年的 5 月、6 月及 11 月、12 月是采集接穗的最好时间。

（3）无性系数量

无性系初级种子园应有 100 个以上的无性系，第 1 代改良种子园所用无性系数量为无性系初级种子园的 1/3~1/2。

3.2.3.4　建园

（1）建园方式

推荐采用先定砧后嫁接的方法进行营建，也可在圃地通过容器苗嫁接的方式先嫁接后定植。

（2）砧木定植

砧木定植时间在 6~8 月。

（3）苗木要求

选择一级、二级苗作为砧木定植苗木。

（4）定植穴规格

带状整地，定植穴规格 40cm × 40cm × 40cm。

（5）定植密度

定植密度为 18 株 / 亩（株行距 6m × 6m）或者 15 株 / 亩（株行距 6m × 7m），也可根据需要选择更小的定植密度。

（6）无性系配置

采用分组随机配置法，方法见《主要针叶造林树种种子园营建技术》（LY/T 1345—1999）。以小区为配置单位，各小区随机配置无性系 15~20 个。

（7）嫁　接

髓心形成层对接法。每株砧木嫁接优树穗条 1~2 条，嫁接后接穗套塑料袋保湿防水。嫁接时间为 5 月、6 月、11 月、12 月。考虑嫁接后种子园的建园质量和无性系林相整齐，大量嫁接应在 5~6 月进行，当年的 11~12 月进行补接。

（8）嫁接后管理

嫁接后应定期观察，记录嫁接植株的成活情况，统计成活率作为补接的依据。5 月、6 月嫁接，一旦塑料袋内有积水，必须立即排干，否则将影响嫁接成活率。思茅松嫁接后 50~60 天后成活植株开始生长，此时应摘除塑料袋。当接穗针叶开始展开，则要松开嫁接绑扎带和抹除砧木萌芽。接穗能独立生长并提供砧木生活的营养物质时，从接口以上约 2cm 处切除砧木的上部。未成活的植株，必须适时补接。

3.2.3.5 技术档案

建立种子园技术档案，档案由原始资料及整理汇总资料组成，具体要求需符合《主要针叶造林树种种子园营建技术》（LY/T 1345—1999）规定。

3.2.4 第 1.5 代种子园营建

3.2.4.1 第 1.5 代种子园概念

重建第 1 代种子园是利用第 1 代优树子代测定评选出的优良家系的亲本优树穗条重建的种子园，有的学者称之为第 1.5 代种子园。它是把第 1 代种子园中最好的遗传型聚集在一起组成新的、充分改良了的第 1 代种子园，它能产生优异的遗传增益，重建种子园的质量水平显著高于优树未经子代测定而营建的第 1 代初级种子园水平。就其增益幅度而言，是处于第 1 代与第 2 代之间，或者说大于第 1 代而小于第 2 代，所以有的学者按折中处置，称之为第 1.5 代种子园。

3.2.4.2 思茅松第 1.5 代种子园营建

（1）材料来源

选取全国第一个思茅松无性系种子园建园无性系中，经子代测定后通过后向选出的无性系。

子代测定林于 1990 年和 1992 年分两批营建（两批测定林参试家系不重复），其中第一批子测林参试家系 45 个，第二批测定林参试家系 47 个。定植后隔年测定植株的各表型性状。采用 2006 年（中龄林）的测定数据进行数据分析，筛选出 32 个优良家系，其中第一批 10 个，平均单株材积 0.3760~0.6338m^3，较对照提高 47.6%~148.7%，第二批 22 个，平均单株材积 0.2632~0.3606m^3，较对照提高 31.6%~80.3%。

为了保持种质来源的广泛性，在 2006 年筛选出 32 个优良家系的基础上，降低选择强度，兼顾种源的多样性，选择半同胞子代测定林材积指标高于子代测定林平均值的 60 个家系的母本无性系为第 1.5 代种子园建园无性系。

（2）部分技术参数

营建时间和地点　2016 年在云南省林业科学院普文试验林场建成了面积 150 亩的第 1.5 代种子园。

种子园区划　区划按种子园营建技术的无性系配置要求，依自然地形区划为 1 个大区 4 个小区，各小区以水泥桩分界，各小区的设计利用面积分别为：1 号小区 40 亩；2 号小区 35 亩；3 号小区 40 亩；4 号小区 35 亩，共 150 亩（表 3-21）。

表 3-21　普文试验林场思茅松第 1.5 代种子园区划

名　称	区　划		种源来源	设计面积（亩）
	大区	小区		
思茅松第 1.5 代种子园	I	1 号	思茅区	40
		2 号	景谷县	35
		3 号	宁洱县	40
		4 号	墨江、景东县	35
	合计	4 个	60 个家系	150

配置方法及密度　在小区内采用随机配置方法进行配置。因地势为缓坡进行带状整地，开挖台地，台地宽 1.2~1.5m 左右，台间距离 5~6m，分小区按水平方向开挖台地；株行距 6m × 6m。

嫁接　采用髓心形成层对接法，保湿和防水均采用接穗套塑料袋的方法实现。2012 年定植砧木，2013 年 5~6 月嫁接，2013 年 11~12 月和 2014 年补接。

树形管理　于嫁接后第 3 年开始树形管理，断顶并进行结果侧枝的培养，仅留 3~5 台侧枝为接果枝，每年进行修枝整形，抑制顶端生长，培养优质树形。

土壤管理　除进行正常按株施肥外，采用间种绿肥的方式改良土壤和减少抚育，以在台面种植木豆、苜蓿，台间种植大叶千斤拔的方式增加土壤肥力。

3.2.5　种子园的日常管理技术

3.2.5.1　抚育管理

植株嫁接后必须加强抚育管理，为保证成活率和初期生长量，一般嫁接前一年包括中耕和除草共抚育 3~4 次，以后逐年递减，第 5 年后每年抚育 1 次。

3.2.5.2　病虫害防治

病虫害防治是种子园管理的重要环节，及时对嫁接苗木生长情况进行监测，结合种子园实际情况制定完善病虫害防治措施。嫁接幼树重点防控松梢螟危害，全周期重点防控松毛虫危害。

3.2.5.3　水肥管理

无性系种子园区在嫁接成活后，每年每株施复合肥 100g。施肥一般在每年雨季前，随着植株的生长施肥量递增，也可在林下间种绿肥增加土壤肥力。

3.2.5.4　树形管理

种子园需注重树形管理，方便经营管理，当嫁接植株生长到一定高度时，需及时断顶、修枝，控制树高和冠型，以培养 4~6 个侧枝为主要结果枝为宜。修枝时修剪掉弱枝、重叠枝，以使树冠通风透光，促进开花结实。

3.2.5.5 生长情况调查

嫁接后应定期观察，嫁接未成活植株及时进行补接。观测各无性系（家系）雌雄（球）花花期早晚、产量和年变化，了解各无性系（家系）的球果出籽率和种子播种品质。

3.2.5.6 去劣疏伐

无性系初级种子园在子代测定和开花结实习性资料后，要及时对种子园去劣疏伐，一般分 2~3 次进行，伐除对象为不结实植株、子代测定生长表现较差的无性系植株以及病虫害较严重的植株。

3.2.5.7 人工辅助授粉

思茅松雌花和雄花的空间分布不均匀，而且雌雄比例也不一致，造成雌花授粉率低。通过人工措施促进授粉，可以增加授粉率，在种子园开花结实初期，或开花撒粉期遇阴雨天气时也应该采取人工辅助授粉措施。花粉从 10~20 个无性系植株或优树上采集，混合均匀后用滑石粉或死花粉按 1：5~1：4 比例稀释，在雌花授粉时期，静风时用喷粉器喷洒。

3.3 思茅松良种推广应用

3.3.1 审（认）定良种

历经 30 余年努力，截至 2022 年云南省林业和草原科学院共选育审（认）定良种 17 个，其中审定良种 5 个，认定良种 12 个，包括材用思茅松良种 12 个，脂用思茅松良种 5 个。

3.3.2 良种推广应用

3.3.2.1 良种推广面积

思茅松良种目前已累计在普洱市推广 30 余万亩，主要在普洱市的思茅区、景谷县、镇沅县、宁洱县、澜沧县等县区推广，近年来在临沧、红河和保山等邻近州市推广。

3.3.2.2 代表性的良种推广案例

（1）普洱市思茅区清水河现代林业试验示范基地思茅松样板林

依托“现代林业资源培育产业化试验与示范”项目，在普洱市思茅区东南清水河现代林业试验示范基地，云南省林业和草原科学院用材林培育团队利用普文思茅松无性系种子园种子开展良种良法试验示范，针对不同用途结合不同的培育措施形成多种模式的思茅松培育模式。普文思茅松无性系种子园种子在不同模式下均表现出较好的生长情况，所营建的试验林 2002 年被普洱市列为思茅松现代培育的样板林进行推广示范（表 3-22、表 3-23）。

表 3-22　思茅松良种在不同栽培密度下的树高生长过程　单位：m

树龄（年）	1m×1m	1.5m×1.5m	1m×2m	2m×2m	2m×3m
4	3.213	3.203	3.27	3.422	3.42
6	4.857	4.921	4.912	5.144	5.268
8	6.501	6.639	6.554	6.866	7.116
9	7.323	7.498	7.375	7.727	8.04
10	8.145	8.357	8.196	8.588	8.964
11	8.967	9.216	9.017	9.449	9.888
12	9.789	10.075	9.838	10.31	10.812
13	10.611	10.934	10.659	11.171	11.736
14	11.433	11.793	11.48	12.032	12.66
15	12.255	12.652	12.301	12.893	13.584
16	13.077	13.511	13.122	13.754	14.508

表 3-23　思茅松良种在不同栽培密度下的胸径生长过程　单位：cm

树龄（年）	连年生长量					总生长量				
	1m×1m	1.5m×1.5m	2m×1m	2m×2m	2m×3m	1m×1m	1.5m×1.5m	2m×1m	2m×2m	2m×3m
2	1.4	1.0	1.5	1.6	1.1	1.4	1.0	1.5	1.6	1.1
3	1.7	2.1	1.8	2.2	2.6	3.1	3.1	3.3	3.8	3.7
4	1.3	1.5	1.3	1.6	2.0	4.4	4.6	4.6	5.4	5.7
5	0.9	1.1	1.0	1.2	1.4	5.3	5.7	5.6	6.6	7.1
6	0.8	0.9	0.9	1.0	1.2	6.1	6.6	6.5	7.6	8.3
7	0.6	0.8	0.7	0.8	1.0	6.7	7.4	7.2	8.4	9.4
8	0.6	0.7	0.6	0.8	0.9	7.3	8.1	7.8	9.2	10.3
9	0.5	0.6	0.5	0.6	0.7	7.8	8.7	8.3	9.8	11.0
10	0.4	0.5	0.5	0.6	0.7	8.2	9.3	8.8	10.4	11.7
11	0.4	0.5	0.4	0.5	0.7	8.6	9.8	9.2	10.9	12.4
12	0.4	0.4	0.4	0.5	0.5	9.0	10.2	9.6	11.4	12.9
13	0.3	0.4	0.4	0.4	0.6	9.3	10.6	10.0	11.8	13.5
14	0.3	0.4	0.3	0.4	0.5	9.6	11.0	10.3	12.2	14.0

续表

树龄（年）	连年生长量					总生长量				
	1m×1m	1.5m×1.5m	2m×1m	2m×2m	2m×3m	1m×1m	1.5m×1.5m	2m×1m	2m×2m	2m×3m
15	0.3	0.4	0.3	0.4	0.4	9.9	11.4	10.6	12.6	14.4
16	0.3	0.3	0.3	0.3	0.5	10.2	11.7	10.9	12.9	14.9

（2）镇沅林产品公司良种示范林

依托国家高技术产业化生物育种专项“云南思茅松良种高技术产业化示范工程”，云南省林业科学院用材林培育团队于2008年开始在普洱市镇沅县推广思茅松良种生产技术及良种示范造林技术，建成总面积16700亩的良种繁育与示范种植区，包括种子园2600亩、良种扩繁基地400亩、速生用材良种示范种植区11400亩、高产脂良种示范种植区2300亩。助力镇沅林产品公司形成年产思茅松速生用材良种200kg、高产脂思茅松扦插苗960万株、穗条1600万条、纸浆材2万m^3、松脂690t的生产能力。

（3）云景林业开发有限公司良种示范林

依托云南省重点研发项目“主要用材树种种质创制及造林关键技术研究”和中央财政推广项目“云林4号思茅松优良家系及高效培育技术推广示范”等项目，云南省林业和草原科学院用材林培育团队于2021年开始在普洱市景谷县推广云林系列思茅松良种及高效培育技术，推广良种包括省级审（认）定的云林1~6号思茅松优良家系（表3-24）。该系列良种是目前最新最优的思茅松材用良种，其中云林4号思茅松优良家系入选国家林业和草原局2020年度全国重点推广林草科技成果，应用的思茅松用材林高效定向培育技术来源于云南省林业科学院2016年鉴定的国内先进成果。“良种良法”的应用充分体现出了科技的力量，其1年生幼林的平均树高超过1.3m，最高达1.71m，展示出了较好的示范效果。

表3-24 云林系列良种生长情况

良种名称	林龄（年）	株行距（m）	树高（m）
云林1号思茅松优良家系	1	2×3	1.56
云林2号思茅松优良家系	1	2×3	1.31
云林3号思茅松优良家系	1	2×3	1.43
云林4号思茅松优良家系	1	2×3	1.71
云林5号思茅松优良家系	1	2×3	1.50
云林6号思茅松优良家系	1	2×3	1.43

第 4 章 脂用思茅松良种选育

4.1 概 述

思茅松是云南省重要的材、脂兼用树种，具有速生、优质、高产脂和生态适应性强等特点，是云南省重要的用材树种和最大的采脂树种。据调查，普洱市思茅松松脂年储藏量接近 70 万 t。松脂是重要的林产化工原料，广泛应用于胶粘剂、油墨、涂料、造纸施胶剂、合成橡胶、表面活性剂、肥皂、食品、医药、电子等工业领域。

云南是全国松脂产业发展的重点省份，2012 年时云南松香产量达到 19.26 万 t，松节油产量接近 4.23 万 t，此时云南省的松香产量接近全国松香总产量的三分之一，仅次于广西，位居全国第二（董静曦 等，2010）。自 2016 年以来，云南省基本上停止了云南松的采脂活动，云南松年产松脂已不足 0.3 万 t。云南省松脂产量基本上以思茅松松脂产量为主，全省现有思茅松约 149.7 万 hm^2，活立木 51661 万株，其中胸径≥ 20cm 的可采脂思茅松 6018 万株，松脂年储藏量接近 24 万 t。云南省产脂松林的年产脂贮量约为 57.8 万 t/ 年，其中云南松林为 40.0 万 t/ 年，占全省松林松脂总贮量的 69.1%；思茅松为 17.8 万 t/ 年，占全省松林松脂总贮量的 30.8%。虽然松脂储量和分布面积以云南松为最，但实际产脂量思茅松占到了全省的 90% 以上（董静曦 等，2010）。云南省 2020 年松脂产量 9.13 万 t，其中普洱 7.79 万 t，临沧 0.57 万 t，楚雄 0.26 万 t，曲靖 0.75 万 t，其他地州不产或不足 0.1 万 t，其中，思茅松松脂产量占到 90% 以上（云南省统计局，2020；表 4–1）。

目前，普洱市已将松脂产业列为重点发展的特色产业。但近年来由于松香需求量大，收购价格不断升高，导致天然林采脂强度过大。采脂林分的盲目扩展，不利于普洱市林业经济的可持续发展。云南的松脂原料基地林绝大部分属于天然次生林，普遍处于产脂量不高、经济效益低下的现状。所经营的人工原料林，由于脂用良种选育滞后，无法向松脂原料基地林建设提供充足的良种。因此，营造优质、高效的思茅松脂用原料林已成为当前普洱林区社会经济发展的需要，而优良的种质资源是实现松脂人工林速生丰产目标的先决条件和保障。因此开展产脂思茅松的遗传改良研究，获得高产脂、高松香、高松节油及特定松脂组分分量 α－蒎烯、β－蒎烯和 3- 蒈烯的思茅松良种是建立思茅松采脂原料林基地的前提，对普洱市松脂产业的发展十分重要。

表 4-1 普洱市 2012—2020 年的松脂、松香产量 单位：万 t

年份	松脂产量	松香产量
2012	—	10.62
2013	10.03	9.18
2014	12.37	10.16
2015	—	9.31
2016	—	9.55
2019	9.12	6.9
2020	8.36	—

注：数据引自 2020 年、2021 年云南省统计年鉴和 2012—2015 年普洱市国民经济和社会发展统计公报。

基于上述背景，云南省林业科学院的蒋云东研究员等于 2001 年开启了脂用思茅松选育研究的历程。先后开展了脂用思茅松优树选择、无性系选择、优良家系选择、松脂化学组分研究及松脂产脂量影响因子等方面的研究。

思茅松高采脂的良种选育的研究从 2001 年开始开展，已经进行了 20 多年。现已在景谷共选出年单株产脂量 20kg 以上的脂用优树 81 个，并在景谷建立脂用思茅松优树收集区进行收集保存。2002 年、2003 年分别建立了半同胞子代测定林，并建立了 40 株脂用思茅松优树的无性系嫁接试验林 30 亩。云南省林业科学院于 2009 年在镇沅建立了 500 亩脂用思茅松种子园，2020 年在景谷建立了 100 亩的脂用思茅松种子园。

通过上述研究工作，项目组选育出了很多优良的家系和无性系，获得 5 个良种的省级认定，其中包括 2 个脂用思茅松优良家系，即思茅松高产脂 1 号和思茅松高产脂 2 号，3 个优良无性系，即云林 1 号思茅松优良无性系、云林 2 号思茅松优良无性系和云林 3 号思茅松优良无性系。这些研究为脂用思茅松和不同高松脂组分原料林的定向培育提供了育种材料，并为产脂树种的松脂组分选育研究提供了值得借鉴的经验和方法。目前思茅松的扦插快繁技术和嫁接技术已经成熟，可大量繁殖这些良种用于生产造林。近些年应用产脂良种建立了上万亩的思茅松产脂原料林，推进了产脂良种的应用。

4.2　思茅松松脂特点及化学组分特征

思茅松松脂是思茅松光合作用的产物。在阳光的照射下，松针中的叶绿体进行光合作用，生成蛋白质和糖类等物质，生成的糖类再通过一系列生物化学反应后在木质部的泌脂细胞中生成了松脂（图 4-1）。在细胞膜结构和分泌压力的作用下，松脂通过细胞膜渗入并集中于树脂道中（图 4-2）。

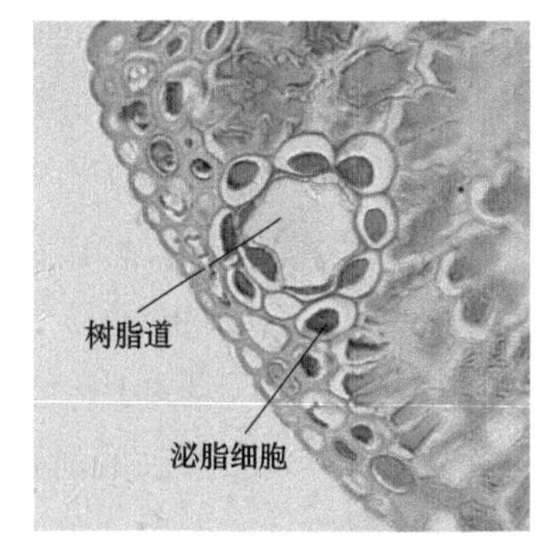

图 4-1　思茅松树脂道及泌脂细胞

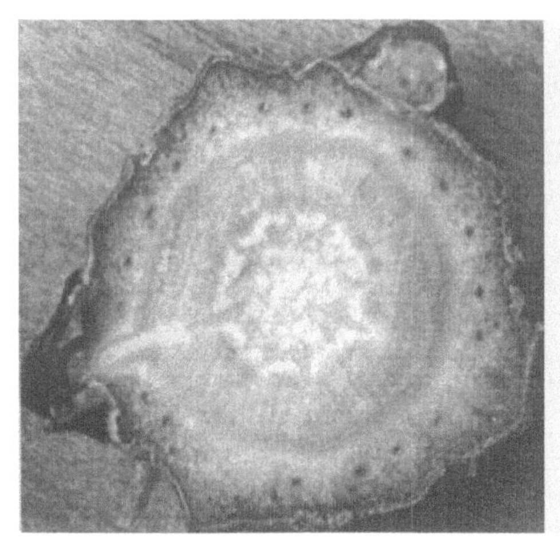

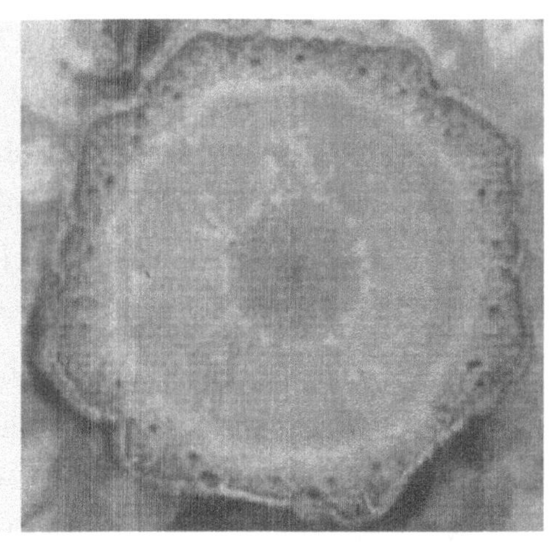

图 4-2　思茅松枝条中树脂道（左图 26 个，右图 42 个）

思茅松松脂品质优良，不会产生结晶，由松香和松节油两部分组成，松香和松节油质量之比约 10：2.3，其所产松节油全为优质油，占云南省松节油产量的 90% 以上。思茅松松脂的化学成分主要由单萜类、倍半萜类和双萜类成分组成，单萜类主要有 α－蒎烯、β－蒎烯和 3- 蒈烯，倍半萜类主要有长叶烯和 α－柏木烯，双萜类主要含有湿地松酸、长叶松酸和左旋海松酸、枞酸、新枞酸、去氢枞酸、山达海松酸、异海松酸（罗嘉梁 等，1985；宋湛谦 等，1993；尹晓兵 等，2005；李思广 等，2008 年）。

松香的使用范围很广，可用于日常生活、药用、工业装修、艺术、制造业等领域，可防滑、增加摩擦，增加初黏性，作为助焊剂。日常生活中香皂、化妆品中都有用到松香，而且现在很多工业用品，比如油漆、橡胶、电焊制品、造纸、食品、电气和建筑等产品的原料中也都有松香。

松节油是一种天然精油，是以蒎烯为主的多种萜烃类的混合物，主要由 α－蒎烯、β－蒎烯及 3- 蒈烯等组成，有特有的化学活性，为涂料、合成樟脑、松油醇、合成香料、医药、合成树脂、有机化工等方面化工原料。

α－蒎烯是一种有机化合物，化学式为 $C_{10}H_{16}$，为无色透明液体，微溶于水，不溶于丙二醇、甘油，溶于乙醇、乙醚、氯仿、冰醋酸等多数有机溶剂，是合成香料的重要原料，主要用于合成松油醇、芳樟醇以及一些檀香型香料，也可用于日化品以及其他工业品的加香，还可用作合成润滑剂、增塑剂。

β－蒎烯是被《食品添加剂使用卫生标准》（GB 2760—1996）规定为允许使用的香料，主要用以配制肉豆蔻和柠檬等柑橘类香精，是人工合成多种香料、樟脑、冰片、维生素 A、维生素 E、维生素 K、萜烯树脂等的重要原料。

通过 α－蒎烯、β－蒎烯可以生成芳樟醇，在全世界每年排出的最常用和用量最大的香料中，芳樟醇几乎年年排在首位，可以说没有一瓶香水里面不含芳樟醇，没有一块香皂不用芳樟醇的。芳樟醇价格现在约为 15 万元 /t。通过 α－蒎烯、β－蒎烯还可以生成香叶醇，其价格现在约为 12 万元 /t。

3- 蒈烯可应用于多种食用香精配方，也可作为农药和医药的合成原料，还是增塑剂、无感染性溶剂等许多贵重化学品中不可替代的原料之一。《2002 年食品添加剂使用卫生标准增补品种》规定 3- 蒈烯本身可作为天然食品用香料直接使用，也可以作为合成香料、药物和农药或者相应中间体的原料进行利用。

β－蒎烯存在有北回归线以北的偏高，北回归线以南的偏低的趋势，高 β－蒎烯思茅松主要分布于云南的墨江、景谷、镇沅、景东，德宏州也有一部分，其松节油的 β－蒎烯达 20% 以上（李炽 等，1986；耿树香 等，2012），而梁河县的部分思茅松松脂中松节油可高达 60% 以上。云南省林业和草原科学院林产工业研究所对云南不同产地思茅松林分的 3- 蒈烯资源研究中也发现其地理差异显著，云南德宏州的梁河和潞西林分的思茅松松脂中含 3- 蒈烯分别为 8.52% 和 20.11%，在松节油中的平均值分别为 19.47% 和 34.88%。个别单株松脂及松节油中最高含3-蒈烯分别是27.50%和44.99%。耿树香等（2005，2012）对梁河的3-蒈烯资源调查中也发现，思茅松松脂中3-蒈烯含量较高，可到8.2%~10%，单株松脂3-蒈烯含量可高达21.1%，因此，思茅松松脂组分具有定向选择的可能性。

云南省林业和草原科学院用材林培育团队采用气-质联用仪对40个脂用思茅松嫁接无性系及1个对照松脂的组成成分进行测定，分析脂用思茅松松脂的化学特征，找出高产脂思茅松与普通思茅松松脂间化学组成的差异，为以后的个体差异研究及脂用思茅松早期选择提供科学依据。

4.2.1　材料与方法

4.2.1.1　田间试验设计及样品采集和制备

2002年，云南省林业科学院用材林培育团队在云南省普洱市景谷县使用从思茅松天然林中选择的高产脂思茅松优树的穗条嫁接建立了脂用无性系嫁接试验林，试验采用随机区组设计，共设40个处理，6次重复，6株一小区，以普通未嫁接思茅松作为对照，株行距3m×3m，试验面积为$2hm^2$。

2007年4月，研究团队对试验林进行产脂量测定，并对其中的1~3次重复每次重复取一株平均木用试管取松脂进行化学组成的化验测试。采脂方式用常规的“V”形下降采脂法，割脂高度为1m左右。测沟夹角70°~90°，采割深入木质部0.3~0.4cm，割面负荷率45%~50%。

4.2.1.2　分析方法

将试管内松脂搅拌均匀，称取0.5g松脂溶于无水乙醇中，以酚酞为指示剂，用四甲基氢氧化铵-乙醇溶液滴定至微红，对滴定好的松脂溶液进行气相色谱和质谱分析。

气相色谱分析仪器为美国安捷伦6890型气相色谱仪。质谱分析仪器为英国VG公司的FISONSmD 800GC/MS/DS联用仪。

松脂GC条件：使用HP-5毛细管柱（30m×0.32mm×0.25μm），以高纯氮为载气，二阶程序升温80℃→240℃→280℃，升温速率分别为3℃/min和2℃/min，汽化室温度290℃，检测器温度300℃，柱前压为50kPa，分流比50∶1，进样量0.3μL。

MS条件：EI-MS，电子能量70eV；离子源温度200℃；灯丝电流4.1A；质量扫描范围35~600u；扫描周期1s；数据处理采用LAB-BASE系统，使用美国国家标准局 NBS 谱库检索。

4.2.2 结果与分析

经测试，所有无性系及对照松脂中共检测出约 69 种成分，本文仅列出各无性系及对照松脂中的 13 种主要成分。组分代号及其相关统计数据见表 4-2。

表 4-2 松脂 13 个主要组分的平均值、标准差及变异系数

组分代号	组分名称	平均值（%）	标准差	变异系数（%）
1	α-蒎烯	23.97	9.32	38.85
2	β-蒎烯	4.27	6.81	158.53
3	3-蒈烯	2.08	2.49	119.95
4	α-柏木烯	0.85	0.50	57.31
5	长叶烯	0.23	0.07	29.73
6	新枞酸	3.89	0.79	20.32
7	异海松酸	1.07	0.10	9.03
8	长叶松酸/左旋海松酸	10.83	10.92	103.35
9	去氢枞酸	30.08	11.20	36.95
10	枞酸	8.79	1.78	20.33
11	湿地松酸	11.85	1.45	12.28
12	山达海松酸	1.12	0.35	31.02
13	山达海松醛	0.30	0.11	37.68

4.2.2.1 高产脂思茅松松脂化学组分

用气相色谱分析仪器对高产脂思茅松及对照思茅松的松脂的化学组分进行分析，松脂中的 13 种主要化学成分分析结果及产脂力见表 4-3。

表 4-3 思茅松松脂中主要化学组分

无性系编号	产脂力（g）	松节油					双萜类化合物（松香）（%）							
		单萜类化合物（%）			倍半萜类化合物（%）									
		1	2	3	4	5	6	7	8	9	10	11	12	13
49	19.65	7.97	10.56	5.83	0.00	0.33	10.31	5.19	41.63	2.05	4.85	2.88	3.54	0.29
17	29.05	11.13	14.17	5.33	0.00	0.00	12.23	3.05	38.91	0.83	7.99	3.28	2.24	0.28

续表

无性系编号	产脂力（g）	松节油 单萜类化合物（%）			倍半萜类化合物（%）		双萜类化合物（松香）（%）							
		1	2	3	4	5	6	7	8	9	10	11	12	13
9	34.41	28.64	0.74	0.95	0.00	0.78	10.16	2.71	40.71	1.39	7.67	2.96	3.25	0.29
84	21.90	31.09	0.31	1.07	0.06	1.04	10.89	2.59	38.14	1.62	6.48	3.93	3.14	0.22
54	19.79	27.45	1.31	0.66	0.00	0.09	13.03	2.19	37.16	0.91	11.81	2.69	2.07	0.19
30	27.81	6.29	14.66	5.68	0.06	0.47	13.48	2.05	38.4	0.83	8.07	4.25	3.53	0.34
18	25.64	8.43	14.61	1.76	0.00	0.35	12.73	2.03	42.55	1.85	8.00	3.42	3.50	0.17
5	36.21	33.76	0.32	1.23	0.15	0.70	12.35	1.99	32.8	0.66	9.67	4.25	2.91	0.15
87	35.58	30.45	0.47	0.43	0.28	1.31	14.59	1.91	35.11	0.86	7.35	4.89	3.10	0.23
60	32.25	28.93	0.94	0.5	0.05	0.85	10.22	1.91	39.89	1.25	7.51	4.70	3.28	0.32
91	34.28	29.27	0.22	0.28	0.00	0.43	10.39	1.87	40.12	0.99	9.84	4.22	3.25	0.17
15	26.09	32.34	0.26	0.50	0.30	1.33	11.56	1.74	34.02	1.09	9.81	4.08	3.24	0.25
61	26.26	26.88	0.25	1.05	0.28	1.24	13.03	1.64	39.83	0.93	7.60	5.06	3.36	0.20
94	30.79	31.34	0.26	0.68	0.39	1.45	11.17	1.62	36.71	1.14	8.88	4.05	3.07	0.15
3	20.91	27.13	1.17	3.08	0.00	0.33	10.67	1.59	37.74	1.18	8.80	4.18	3.35	0.22
41	16.34	10.36	20.92	2.05	0.45	0.62	10.95	1.58	40.16	1.18	6.45	2.90	3.07	0.16
50	19.42	10.46	18.96	3.81	0.00	0.13	12.16	1.57	36.79	1.04	8.88	3.45	3.04	0.20
19	18.95	13.78	0.77	10.13	0.00	0.15	9.60	1.56	39.19	1.38	11.03	3.99	2.27	0.28
56	35.17	31.6	0.26	0.35	0.00	0.57	11.52	1.54	38.93	1.17	6.80	4.18	3.73	0.38
47	18.59	13.81	14.67	2.82	0.00	0.08	11.80	1.43	41.76	1.09	6.65	2.87	3.26	0.19
76	37.42	27.59	0.25	0.72	0.32	0.67	10.91	1.29	42.41	1.11	7.14	4.68	3.39	0.21
14	37.99	26.41	0.27	1.47	0.15	1.17	13.52	1.25	40.04	0.94	8.62	3.94	3.38	0.17
25	38.62	33.27	0.24	0.27	0.43	1.93	10.42	1.22	38.84	1.19	5.89	3.69	3.19	0.13
48	17.26	7.17	17.54	3.29	0.06	0.10	12.08	1.18	44.88	1.13	5.31	4.25	2.45	0.42
11	45.24	30.19	0.23	0.34	0.46	1.64	11.98	1.13	35.77	0.53	11.17	4.17	3.28	0.31
27	31.33	31.46	0.63	0.74	0.00	0.68	13.35	1.01	39.14	0.95	7.13	2.13	3.35	0.26
93	22.57	30.11	0.21	0.28	0.15	1.02	9.73	0.98	41.10	1.27	7.85	5.03	3.06	0.10
67	33.68	14.59	16.96	2.28	0.00	0.60	10.17	0.98	36.31	1.17	11.27	2.94	3.06	0.24
57	24.18	28.28	0.17	0.22	0.29	0.88	13.21	0.94	39.50	1.06	7.55	4.27	3.46	0.33

续表

无性系编号	产脂力（g）	松节油 单萜类化合物（%）			倍半萜类化合物（%）		双萜类化合物（松香）（%）							
		1	2	3	4	5	6	7	8	9	10	11	12	13
4	20.14	27.79	0.33	2.20	0.00	1.18	10.39	0.85	39.58	1.48	9.18	4.53	3.15	0.15
31	29.03	14.29	0.21	10.66	0.00	0.00	15.88	0.83	42.59	0.98	6.11	4.13	3.63	0.13
42	22.77	8.96	15.11	5.12	0.00	0.00	11.69	0.74	40.28	1.19	8.93	4.41	3.35	0.24
92	24.35	30.78	0.23	0.70	0.00	1.40	12.75	0.72	38.88	1.33	7.26	3.47	3.19	0.19
71	36.43	29.15	0.25	0.40	0.21	1.12	12.54	0.67	37.89	1.34	9.54	4.49	3.32	0.23
69	61.04	40.08	0.31	0.31	0.21	1.26	11.1	0.65	32.1	0.61	7.20	3.43	2.62	0.23
89	32.54	28.58	0.33	0.62	0.27	1.96	13.51	0.61	40.01	1.23	8.62	1.86	3.18	0.03
55	26.08	24.68	0.73	1.59	0.00	0.28	12.52	0.56	41.23	1.21	9.96	4.37	2.20	0.22
83	34.87	24.20	0.45	2.98	0.07	1.09	12.47	0.48	40.91	1.10	8.37	5.04	3.47	0.28
97	19.50	24.53	0.20	0.28	0.56	0.74	10.85	0.25	44.9	1.41	8.78	5.04	3.53	0.21
59	18.95	35.47	0.28	0.34	0.00	1.01	11.46	0.15	38.54	1.35	5.91	3.40	2.82	0.00
CK	8.59	26.51	2.86	1.04	0.15	0.78	12.55	0.25	40.53	1.66	7.60	3.46	1.07	0.08
平均	28.58	23.97	4.27	2.08	0.13	0.77	11.83	1.46	39.14	1.15	8.15	3.89	3.13	0.22

从表 4–3 可以看出，与对照相比，高产脂思茅松松脂化学组分中，异海松酸的含量为 1.46%，约为普通思茅松松脂中异海松酸含量（0.25%）的 6 倍；山达海松酸含量（3.13%）约为普通思茅松（1.07%）的 3 倍；山达海松醛含量约为普通思茅松的 3 倍；3– 蒈烯的含量约为普通思茅松的 2 倍。

因此，在进行脂用思茅松家系的早期选择及优树的选择时，可以考虑把松脂中的异海松酸、山达海松酸、山达海松醛、3– 蒈烯作为选择的参考标准，也就是把高异海松酸含量、高山达海松酸含量、高山达海松醛含量作为选择高产脂思茅松的参考指标。特别是参试的 40 个高产脂思茅松无性系中仅有 2 个无性系的异海松酸含量等于或低于对照的含量，其他的 38 个无性系含量远远高于对照的含量，因此可以把异海松酸的含量作为鉴定高产脂思茅松最主要的参考指标。

4.2.2.2 高产脂思茅松产脂力及 13 个化学组分相关矩阵分析

通过表 4–3 的数据，对高产脂思茅松的产脂力与松脂 13 个主要化学组分之间的相关关系进行分析，结果见表 4–4。

表 4-4 产脂力及 13 个化学组分相关矩阵分析

	1	2	3	4	5	6	7	8	9	10	11	12	13	14
1	1.000													
2	−0.850**	1.000												
3	−0.702**	0.361*	1.000											
4	0.305	−0.216	−0.413**	1.000										
5	0.684**	−0.542**	−0.599**	0.598**	1.000									
6	−0.083	−0.036	0.143	−0.016	−0.013	1.000								
7	−0.308	0.246	0.223	−0.222	−0.277	−0.182	1.000							
8	−0.457**	0.189	0.238	−0.103	−0.345*	−0.018	−0.047	1.000						
9	−0.247	0.106	0.103	−0.232	−0.096	−0.386*	0.285	0.499**	1.000					
10	0.097	−0.140	−0.048	0.010	−0.017	−0.076	−0.186	−0.376*	−0.287	1.000				
11	0.147	−0.310	−0.036	0.238	0.075	−0.048	−0.232	0.103	−0.105	0.077	1.000			
12	0.021	−0.090	−0.089	0.185	0.228	0.120	−0.006	0.211	0.204	−0.309	0.196	1.000		
13	−0.281	0.214	0.161	−0.131	−0.310	−0.052	0.295	0.059	−0.101	−0.018	0.202	0.041	1.000	
14	0.501**	−0.377*	−0.315*	0.258	0.467**	0.097	−0.143	−0.473**	−0.512**	0.108	0.053	0.111	0.077	1.000

从表 4-4 可以看出，高产脂思茅松的产脂力与松脂中的 α－蒎烯含量、长叶烯含量呈极显著正相关，而与长叶松酸 / 左旋海松酸、去氢枞酸的含量呈极显著负相关，与 β－蒎烯含量、3- 蒈烯呈显著负相关。说明产脂力与一些化学组分密切相关。

长叶烯含量与松脂中主要成分 α－蒎烯、α－柏木烯含量呈显著正相关，而与 β－蒎烯、3- 蒈烯呈显著负相关。

4.2.2.3 脂松节油主要组分含量

思茅松松脂松节油的含量及其主要的化学成分含量见表 4-5。

表 4-5 松脂中松节油含量及松节油中主要化学组分含量

无性系编号	松节油含量（%）	松节油中各主要组分含量（%）				
		1	2	3	4	5
91	30.96	94.55	0.72	0.92	0.00	1.38
56	33.46	94.44	0.78	1.05	0.00	1.72
59	37.76	93.93	0.73	0.9	0.00	2.68
93	32.48	92.72	0.64	0.85	0.71	3.15

续表

无性系编号	松节油含量（%）	松节油中各主要组分含量（%）				
		1	2	3	4	5
69	43.45	92.25	0.71	0.72	0.49	2.89
57	30.71	92.07	0.56	0.73	0.94	2.85
71	31.71	91.94	0.77	1.25	1.01	3.54
97	26.87	91.31	0.73	1.06	2.07	2.77
5	36.99	91.28	0.85	3.32	0.6	1.90
27	34.54	91.06	1.82	2.15	0.00	1.97
15	35.55	90.97	0.73	1.42	0.86	3.75
76	30.33	90.94	0.84	2.37	1.58	2.21
92	33.86	90.91	0.67	2.06	0.00	4.12
84	34.21	90.86	0.90	3.14	0.55	3.05
54	30.26	90.71	4.32	2.19	0.00	0.56
87	33.69	90.37	1.40	1.92	0.83	3.9
60	32.03	90.34	2.95	1.56	0.44	2.64
94	34.77	90.13	0.75	1.97	1.12	4.16
11	33.71	89.57	0.67	1.00	1.35	4.85
25	37.18	89.5	0.64	0.72	1.14	5.19
9	32.05	89.34	2.29	2.96	0.00	2.43
61	30.3	88.69	0.82	3.47	0.94	4.08
89	32.38	88.26	1.02	1.91	0.82	6.04
14	30.12	87.66	0.91	4.88	0.77	3.88
55	28.41	86.86	2.56	5.6	0.00	0.98
4	32.14	86.48	1.02	6.84	0.00	3.67
3	32.74	82.87	3.56	9.4	0.00	1.01
83	29.73	81.39	1.51	10.01	0.73	3.65
31	27.99	51.07	0.76	38.09	0.00	0.00
19	30.8	44.76	2.51	32.91	0.00	0.73
47	32.3	42.75	45.42	8.73	0.00	0.70
67	35.23	41.40	48.15	6.47	0.00	1.70
17	31.78	35.00	44.57	16.76	0.00	0.00
18	25.85	32.6	56.52	6.83	0.00	1.37
50	34.23	30.54	55.39	11.14	0.00	0.57
42	30.22	29.64	49.98	16.94	0.00	0.00

续表

无性系编号	松节油含量（%）	松节油中各主要组分含量（%）				
		1	2	3	4	5
41	35.2	29.43	59.44	5.82	1.28	1.77
49	29.26	27.25	36.07	19.92	0.00	1.13
48	28.96	24.75	60.59	11.36	0.59	0.50
30	30.83	20.40	47.56	18.43	0.62	1.54
CK	31.94	83.01	8.96	3.25	0.48	2.45
总计	32.38	73.27	13.57	6.74	0.49	2.38

从表 4–5 可以看出，高产脂思茅松的脂松节油含量与对照基本一致，而其主要化学组成与对照相比，β – 蒎烯、3– 蒈烯含量要高于对照的含量；α – 蒎烯含量要低于对照含量；α – 柏木烯、长叶烯含量与对照基本一致。

根据高产脂思茅松松节油中其主要组成成分划分为三个主要类别：高 α – 蒎烯、高 β – 蒎烯及高 3– 蒈烯。

其中有 18 个无性系的脂松节油中 α – 蒎烯的含量大于 90%，根据国家标准《α – 蒎烯》（LY/T 1183—1995），将 α – 蒎烯分为 95% 和 90% 两个等级。这 18 个无性系的松节油质量指标已经达到国家标准对 90% 的 α – 蒎烯的技术要求，可以直接把松节油作为 α – 蒎烯产品出售。

在国内市场上 β – 蒎烯的价值要远高于 α – 蒎烯，其产品价格约为 α – 蒎烯的 2 倍。从表 4–5 可以看出，有 10 个无性系的脂松节油中的 β – 蒎烯含量大于 36% 以上，最高的达到 60% 以上。而普通思茅松脂松节油中 β – 蒎烯含量不到 9%，所以这 10 个无性系可以作为高 β – 蒎烯思茅松推广。

3– 蒈烯是一种稀有香料资源，也是制备手性农药、手性 1R– 反式菊酸类的原料。从表 4–5 中可以看出有 10 个无性系 3– 蒈烯含量大于 9.4%，可以认为是高 3– 蒈烯的无性系，约为普通思茅松含量的 3 倍以上。所以这 10 个无性系可以作为高 3– 蒈烯思茅松推广。

4.2.3　结　论

高产脂思茅松松脂的化学组成中异海松酸含量比普通思茅松的要高 6 倍，山达海松酸、山达海松醛及 3– 蒈烯含量分别是普通思茅松的 2~3 倍。异海松酸含量可作为选择高产脂思茅松的指标。

高产脂思茅松的产脂力与松脂中的 α－蒎烯含量、长叶烯含量呈极显著正相关，而与长叶松酸 / 左旋海松酸、去氢枞酸的含量呈极显著负相关。

将高产脂思茅松松节油中主要组成成分划分为三个主要类别：高 α－蒎烯、高 β－蒎烯及高 3– 蒈烯。初步评选出 18 个高 α－蒎烯类型、10 个高 β－蒎烯及 10 个高 3– 蒈烯类型高产脂思茅松无性系。

4.3 脂用思茅松优树选择及收集保存

脂用思茅松优树选择是培育脂用基地的基础条件。通过脂用个体的基因型选择，选出产脂高、品质好的优良个体，采用有性或无性繁殖技术，建立脂用基地林，不断提高松脂产量和质量。

4.3.1 优树选择林分确定

通过走访思茅松分布州（市）林业局了解脂用思茅松在各州（市）下辖县的分布和生长情况，以确定符合选优林分的县，再到目标县了解思茅松在该县各乡镇的分布生长情况。再选择符合条件的乡镇，深入林区，实地调查思茅松分布状况与林分结构特点。选择林木长势良好、没有经过负向选择的天然林，以郁闭度在 0.6 以上的中龄林、近熟林为主，确定选优林分。此外，到达选择区后，需要先对脂民进行采脂情况的查访，对林分的采脂情况有一定的了解后，再确定选择的林分。

选择的林分要求：①生长健壮，无大量病虫危害发生，无机械损伤，林龄在 15~50 年范围内；②选择的林分刚采割松脂 1~2 年，但在近半年内未进行采割；③目前，自然保护区内是不允许开展采脂工作的，为保护自然资源不受破坏应选择避开保护区。但为避免漏选优良的种质，进行合理利用，还需要应用一些伤害较小的方法在保护区内进行选择。李思广等（2007）研究了 35 个脂用思茅松无性系的树脂道与产脂力的回归关系，表明思茅松的树脂道数量与产脂力密切相关，树脂道数量可作为选择或预测思茅松产脂量的一个参考指标（李思广 等，2007）。因此，在自然保护区内可以采用树脂道数量作为预选指标，根据树脂道数量来初选优株，同时嫁接到收集区，最后再在嫁接林中进行采脂测定复选优株，这样的选择程序比较复杂和缓慢，但可以减少对资源的破坏。这种方法存在一定的局限性，尽量少使用。

4.3.2　脂用思茅松优树选择标准与方法

采用优势木对比法，首先在列为选优的优良林分内通过全面查询选出生长量高的植株作为预选木。不选林缘木、被压木、断顶及孤立树等不良林木。

在距候选林木 10~15m 样圆范围内，选取 5 株仅次于候选树的优势木为对比树。实测候选树及优势木的树龄、树高、胸径、冠幅、枝下高、树皮厚度、割沟长、24h 产脂量、割面负荷等因子。采用常规下降采脂法进行加刀，割脂高度为 1m 左右。测沟夹角 70°~90°。采割深入木质部 0.3~0.4cm，割面负荷率 45%~50%（冉泽文，2001）。在选好加刀的位置割一刀，在下割口处放置一个盛装松脂的容器，留置 24h 测定容器中的松脂质量，测量割沟长，计算 24h 每 1cm 割沟的产脂量作为产脂量指标。优树日产脂量应大于相同条件下（立地、年龄、胸径等）5 株优势木日平均产脂量的 50% 以上。

对优树和优势木进行标记，用油漆标记好候选优树和优势木编号。同时记录海拔、坡向、坡度、土壤等相关的环境因子，并用 GPS 进行定位（图 4-3、彩图 14）。

图 4-3　脂用思茅松优树选择

4.3.3 优树选择结果

通过大范围的实地调查，在云南省共选出脂用优树 656 株，其中景谷县 191 株，宁洱县 129 株，镇沅县 115 株，思茅区 96 株，墨江县 65 株，景东县 60 株。优树种源分布范围见图 4–4。

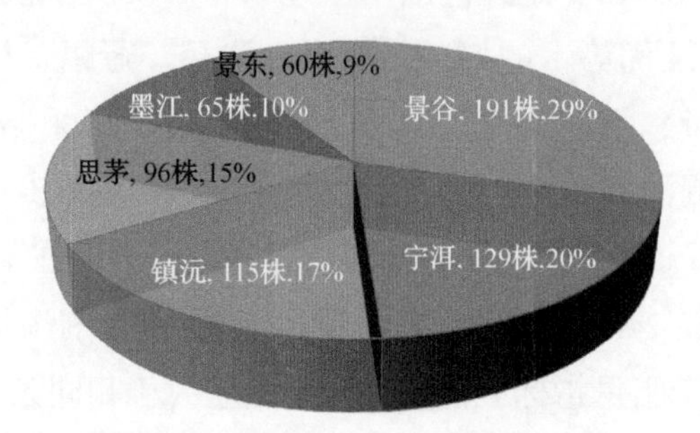

图 4–4 思茅松脂用优树种源分布

4.3.4 产脂优株收集保存

思茅松的嫁接技术已经十分成熟，优树的保存和种子园的营建都是采用嫁接的方法进行。截至目前，云南省林业和草原科学院共在普洱市、景谷县、宁洱县、镇沅县和景洪市普文镇共建立产脂优树保存圃 5 个，保存产脂优树 656 株。

4.3.4.1 收集区配置方法

对于收集到的优株，最好进行思茅松产脂核心种质的构建，保存时以核心种质为主，并尽可能地保存较多的脂用种质资料。如果核心种质构建工作没有做，收集到的优株就应该尽量都保存下来。

采用随机区组设计，定植株行距 3m × 5m，按优树来源进行配置，同一生态区域群体安排在一个小区，同一无性系采用单行排列。考虑到将来的抚育间伐，同一无性系应保留适当的株数，同时尽可能地保存较多的无性系，收集圃内无性系数 ≥ 50 个，以便为后期的遗传改良研究提供较多的遗传信息。

4.3.4.2 收集圃施肥及抚育

每株需施有机肥 10kg 和氮、磷、钾的三元复合肥 500g，分 3 次施入，底施有机肥 10kg，造林后第二年 5~6 月追施三元复合肥 200g，第三年 5~6 月追施 300g，以后将根据长势决定追肥量。追肥时，在每株树左右的两边台地上树冠投影处挖 2 个长 × 宽 × 深为 40cm × 20cm × 20cm 弧状施肥穴，然后施入相应的肥料，覆土即可。施肥前需抚育。

对优树无性系的物候期、开花结实习性进行观察，开展控制授粉，研究亲本遗传表现，为种子园生产区的建立提供充分科学依据。

砧木培育期和嫁接苗成活后的 3 年内，都需要对圃地及时进行杂草和杂灌木清除抚育。每年进行抚育 2 次，分别在 5~6 月和 11~12 月进行。

4.4 脂用思茅松无性系和家系选育

通过开展脂用思茅松优良种质资源收集与保存，对所选择收集的脂用思茅松优树开展子代测定、优良家系选择、优良无性系选育、杂交育种等良种选育研究。从中分别选出脂用优良家系、无性系，为脂用思茅松的良种培育和遗传改良研究奠定基础，为脂用思茅松种子园和无性繁殖提供优良的繁殖材料，为思茅松人工林定向培育提供经过遗传改良的造林材料。

在思茅松产脂良种选育过程中，根据选育目的的不同将思茅松产脂良种选育的目标分为两个层次。第一层次，首先满足产脂力强、产脂量高、产脂性能好、抗病虫害能力强，并具有较快的生长速度。生长量指标作为次要考虑因子，应满足中等生长以上，生长太差即使产脂力强，需要较长年限才能采脂，也满足不了生产需求。第二层次，考虑的是分类经营的问题，在产脂力强的基础上，以高松香、高松节油以及高 α－蒎烯、高 3－蒈烯或高 β－蒎烯为选育目标，进行定向选育。

云南省林业和草原科学院自 2001 年开始脂用思茅松优良单株选择、优良无性系、优良家系选育，对选育出来的优良家系、半同胞子代测定林、优良单株等的松脂化学组分进行选育研究，以选育高产脂力、高 α－蒎烯含量，高 β－蒎烯含量或高 3－蒈烯含量，且具有较好抗性的脂用思茅松优良无性系的定向选育的育种目标，以满足思茅松松香产业和松节油深加工产业对原料的需求。

20 多年来，云南省林业和草原科学院已开展以下方面的优良无性系、家系选择方面的研究。

完成了脂用思茅松优树无性系试验林和子代测定林的营建 2001 年建立 40 株脂用思茅松优树的无性系测定研究试验林。2002 年、2003 年建立了脂用思茅松半同胞家系试验。

开展杂交育种研究，并建立全同胞子代测定林 自 2007 年开始，开展杂交育种研究，并取得了 50 个杂交组合的种子，并于 2010 年在镇沅县建立了 50 亩脂用思茅松全同胞子代测定林。2014 年建立 50 亩全同胞脂用思茅松子代测定林。

对无性系试验林、子代测定林开展了产脂、化学组分含量等方面研究 先后对无性系试验林及子代测定林开展生长量、产脂量及化学组分的测定分析，开展了松脂化学组分、无性系、家系选育等方面研究。

选育出脂用思茅松良种5个 通过以上几方面的研究，已选育并认定了脂用思茅松良种5个，部分良种已在生产中应用推广。

4.4.1 脂用思茅松优良无性系的选育

4.4.1.1 田间试验设计及方法

云南省林业科学院林业研究所于2001年从普洱市景谷县初步选择出81个脂用思茅松优树，经复选和决选，选择采集其中的40个优树的枝条于2002年在景谷县松脂研究基地进行嫁接，建立无性系测定林2hm^2。试验采用随机区组设计，共设40个无性系，6次重复，6株一小区，以普通未嫁接思茅松作为对照，株行距3m×3m。2005年对无性系测定林受松梢螟为害情况进行了调查分析，2017年2月对所建立的无性系测定林的生长量、产脂力和松脂化学组分进行了测定分析（图4-5、彩图15）。

图4-5 脂用思茅松无性系试验林

上述脂用思茅松无性系试验林位于云南省普洱市景谷县云海村的脂用思茅

松研究基地（100° 02′ ~101° 07′ E、22° 49′ ~23° 52′ N，海拔 1400~1600m），年均气温 21.1℃，最冷月（1 月）平均气温 13.0℃，最热月（7 月）平均气温 24.6℃，≥ 10℃的活动积温 7360.9℃，年降水量 1235.4mm，5~10 月为雨季，土壤主要为红壤。试验林于 2001 年种植砧木，2002 开始嫁接。

树高测定采用测高仪，胸径测定采用围尺。

2017 年 2 月进行无性系产脂力测定，每个重复取一株平均木测定产脂量，产脂量测定采用“V”形下降采脂法，割脂高度 1.3~1.5m，割面负荷率 45%~50%，割沟夹角 70°~90°，深入木质部 0.3~0.4cm。每 3 天加割一刀，步距 0.1cm，连续割 3 刀后测定其总的产脂量（图 4–6、彩图 16）。

图 4–6　思茅松产脂量测定

遗传方差和环境方差：

$$\delta_g^2 = 1/r(M_1 - M_2);\ \delta_e^2 = M_2$$

式中，M_1 为无性系均方差；M_2 为环境均方差；r 为重复数。

表型方差和广义遗传力（重复力）：

$$\delta_p^2 = \delta_g^2 + 1/r\delta_e^2;\ h^2 = \delta_g^2/\delta_p^2 \times 100 = (M_1 - M_2)/M_1 \times 100$$

遗传增益：

$$\Delta G = h^2 \cdot S/X$$

式中，S 为选择差；X 为性状平均值。

实际增益：

$$G_{实} = (x_i - x)/x$$

式中，x_i 为各无性系平均值；x 为对照平均值。

4.4.1.2 结果分析

（1）松脂产量

松脂产量测定结果表明 40 个脂用无性系的产脂力均高于普通思茅松的产脂力，平均增产 145.3%（表 4-6）。

表 4-6 脂用思茅松无性系产脂量分析

无性系号	产脂量（g/10cm）							实际增益（%）	遗传增益（%）	显著性水平
	1 重复	2 重复	3 重复	4 重复	5 重复	6 重复	总平均			
69	108.6	121.3	101.7	121.7	120.5	121.7	115.9	890.6	855.0	**
87	65.4	66.2	46.3	44	39.9	69.5	55.2	371.8	356.9	**
14	39.9	32.3	51.5	28.6	55.9	29.4	39.6	238.5	229.0	**
55	41.7	31.8	30.3	35.3	49.4	45.3	39	233.3	224.0	**
83	39.6	45.5	34	28	39.9	42.6	38.3	227.4	218.3	**
91	44.1	43.4	35	24.7	32.1	49.4	38.1	225.6	216.6	**
11	26.6	29.4	42.3	21.5	41.9	55.4	36.2	209.4	201.0	**
18	36.7	24.4	46.4	24.5	28.1	47.1	34.5	194.9	187.1	**
17	35.2	27.4	23.1	35.3	42.4	40.8	34	190.6	183.0	**
89	33.6	50.9	33.7	24.2	32	29.4	34	190.6	183.0	**
48	34.9	27.4	33.1	35.3	43.9	27.6	33.7	188.0	180.5	**
94	29.2	33.7	33.8	25.1	33.2	44.4	33.2	183.8	176.4	**
5	34.2	28.7	52.2	29.9	20.3	30.3	32.6	178.6	171.5	**
92	44.2	18.7	16.4	18.7	66.7	29.1	32.3	176.1	169.1	**
31	36	24.9	17.4	30.8	27	39.7	29.3	150.4	144.4	**
93	18.3	27.3	29.4	19.9	38.9	39.1	28.8	146.2	140.4	**
76	23.5	33	10.1	26.5	46.3	29.4	28.1	140.2	134.6	**
49	30.7	29.1	20.8	20.3	28.6	31.2	26.8	129.1	123.9	**
67	18.1	20.7	26.2	30.5	21.3	36.9	25.6	118.8	114.0	**
61	25.1	19.6	27.2	25.9	28	25.4	25.2	115.4	110.8	**
47	26.1	34.5	25.9	14	19.5	30.9	25.1	114.5	109.9	**
84	21.6	32.1	19.5	22.3	15.4	29.9	23.5	100.9	96.9	*
54	18.2	25.8	16.4	32.8	12	33.6	23.1	97.4	93.5	*

续表

无性系号	产脂量（g/10cm）							实际增益（%）	遗传增益（%）	显著性水平
	1 重复	2 重复	3 重复	4 重复	5 重复	6 重复	总平均			
25	24.9	18.9	16.5	25.3	16.3	29.9	22	88.0	84.5	*
71	15	18.7	16.2	33.6	22.2	23.9	21.6	84.6	81.2	*
15	20.2	18.4	17.8	16	17.6	32.8	20.5	75.2	72.2	
3	24.1	22.5	15.1	28.3	5.7	26.1	20.3	73.5	70.6	
97	20.9	24.9	18.8	13.1	24	19.1	20.2	72.6	69.7	
42	21.9	23.1	18.1	21.8	8.4	23.5	19.5	66.7	64.0	
30	15.8	13	21.7	22.1	21.9	21.2	19.3	65.0	62.4	
60	31	16.3	17	12.5	21.9	17.1	19.3	65.0	62.4	
41	16.5	20.9	25.9	12.9	14.2	21.6	18.7	59.8	57.4	
27	14.3	15.1	12.5	19.9	28.1	21.7	18.6	59.0	56.6	
9	28.6	19.3	9.5	20.3	11.8	17.9	17.9	53.0	50.9	
56	20.3	27.2	16.4	8.5	19	15.5	17.8	52.1	50.0	
57	22.4	14.3	16.8	18.4	14.5	19	17.5	49.6	47.6	
50	13	22.9	11.4	17.1	20.3	19.5	17.4	48.7	46.8	
59	13.9	13.3	24.1	7.4	15.6	22.6	16.2	38.5	37.0	
4	15.9	15.7	18.1	10.6	16.6	15.1	15.3	30.8	29.6	
19	16.4	15.1	9.8	19.5	12.9	12.5	14.4	23.1	22.2	
CK	8.8	14.4	12.3	8.2	17.8	10	11.7			
无性系总平均	29.2	28.7	26.5	25.7	29.3	33.3	28.7	145.3		

（2）方差分析及重复力

为比较无性系间松脂产量的差异显著性，对产脂量调查数据进行方差分析（表 4–7），可以看出无性系的产脂力产量具有极显著的统计差异。表明思茅松无性系的产脂量存在着丰富的变异，这些变异主要是由遗传特性决定的，因此，定向选择具有很大的潜力。

表 4–7　产脂量方差分析

变异来源	平方和	自由度	方差	F	$F_{0.01}$
无性系间	66620.96	40	1665.52	25.86**	1.69
无性系内	13202.02	205	64.40		
总变异	79822.97	245			

由表 4–7 可以计算出脂用思茅松产脂力的无性系遗传力（重复力）为 0.96，说明产脂力受较高的无性系遗传效应控制，可以开展有效的选择。

4.4.1.3 脂用无性系多重比较及评选

无性系评选采用最小显著差数法（*LSD*），当评选指标按评选公式大于标准正态 α =0.01 水平时单侧临界值 *t* 时的 *LSD*，就可以认为该无性系产脂力极显著大于对照无性系产脂力。经比较有 21 个无性系与对照相比差异达到极显著水平，占全部参试无性系的 53%。

考虑到推广应用时，太多无性系不便于操作，所以以 20% 入选率所选择的产脂力前 8 位的无性系（69、87、14、55、83、91、11、18）作为入选无性系。这 8 个无性系的产脂力的对照遗传增益为 323.94%，实际增益为 310.98%，这些无性系可作为入选无性系进行推广造林，实现早期增益。

4.4.2 高松香含量思茅松无性系的选育

4.4.2.1 田间试验设计及方法

田间试验设计及方法见 4.2。

产脂力 = 产脂量 / 采割沟水平长。为了消除各单株之间因割沟夹角、直径大小及割面负荷率不完全一致而带来的误差，将树木的产脂力进行校正（校正产脂力 = 产脂力 / 单株胸径）。松脂化学组分测定方法同 4.2。

4.4.2.2 数据统计分析方法

松香产量：思茅松个体的松香含量与松脂产量并不一定呈正比关系，存在松脂中松香含量很高但松树产脂力并不高的情况，因此为了选择出真正高松香产量的无性系，研究团队以松香产量作为选择标准。松香产量 = 校正产脂力 × 松脂中松香质量。

遗传方差和环境方差：

$$\delta_g^2 = 1/r(M_1 - M_2)\text{；}\ \delta_e^2 = M_2$$

式中，M_1 为无性系均方差；M_2 为环境均方差；r 为重复数。

表型方差和广义遗传力（重复力）：

$$\delta_p^2 = \delta_g^2 + 1/r\delta_e^2\text{；}\ h^2 = \delta_g^2/\delta_p^2 \times 100 = (M_1 - M_2)/M_1 \times 100$$

遗传增益：

$$\Delta G = h^2 \cdot S/X$$

式中，S 为选择差；X 为性状平均值。

实际增益：

$$G_{实} = (x_i - x)/x$$

式中，x_i 为各无性系平均值；x 为对照平均值。

4.4.2.3 试验结果

（1）松香产量及方差分析

根据各无性系及对照的松脂产脂力，计算出其校正产脂力，并对松脂样品进行松香、松节油等松脂特征组分分析测定，最后计算出各重复的松香产量。结果表明，脂用无性系的平均松香产量（2.865g/cm）远高于对照（0.980g/cm），约为普通思茅松产脂力 2.9 倍。无性系间松香产量变化极大，变幅为 1.175~5.043g/cm。40 个无性系的松香产量均高于对照的产量。对各无性系及对照的松香产量进行方差分析，结果表明：无性系间松香产量差异极显著（$P < 0.01$），存在着丰富的变异，这些变异主要由遗传特性决定的，定向选择具有很大的潜力（表 4–8）。

表 4–8 思茅松无性系松香产量的方差分析结果

变异来源	平方和	自由度	方差	F	$F_{0.01}$	方差组成
无性系间	89.2182	39	2.2876	3.09	1.86	$\delta_e^2 + r\delta_g^2$
无性系内	59.3051	80	0.7413			δ_e^2
总变异	148.5233	119				

（2）松香产量遗传参数

松香产量的遗传参数中环境方差 δ_e^2=0.7413，遗传方差 δ_g^2=0.5154，表型方差 δ_p^2=0.7625，无性系遗传力 h^2=0.68。可见，松香产量差异中遗传性因素占较大比例，说明通过一定强度的选择，松香产量能获得很高的遗传增益，但考虑到以后的遗传基础不能过于狭窄，且林分处于幼林阶段，性状没有完全稳定，故选择强度不能太大。

为了能选出最优的思茅松高松香产量无性系，可以根据各个参试无性系松香产量与对照进行选择差、实际增益和遗传增益的估算，结果见表 4–9。从表 4–9 可以看出，40 个参试无性系的松香产量实际增益变幅为 19.9%~414.6%，总平均达 192.4%；理论遗传增益的变幅为 13.5%~281.9%，总平均达 130.8%，其增益效果极为显著。

表 4-9　思茅松无性系松香产量增益

序号	无性系号	松香产量（g/cm）	实际增益（%）	理论遗传增益（%）	松香产量增益
1	238	5.043	414.6	281.9	4.063**
2	212	4.481	357.3	243.0	3.501**
3	118	4.336	342.4	232.9	3.356**
4	252	3.971	305.2	207.6	2.991**
5	122	3.931	301.2	204.8	2.951**
6	220	3.631	270.5	183.9	2.651**
7	234	3.629	270.3	183.8	2.649**
8	184	3.534	260.6	177.2	2.554**
9	134	3.519	259.1	176.2	2.539**
10	282	3.484	255.5	173.7	2.504**
11	150	3.482	255.4	173.6	2.502**
12	154	3.384	245.3	166.8	2.404**
13	288	3.382	245.1	166.7	2.402**
14	242	3.304	237.2	161.3	2.324**
15	110	3.186	225.1	153.1	2.206**
16	160	3.150	221.4	150.6	2.170**
17	162	3.046	210.8	143.3	2.066**
18	128	2.922	198.2	134.8	1.942**
19	274	2.896	195.5	132.9	1.916**
20	136	2.830	188.8	128.4	1.850**
21	222	2.802	185.9	126.4	1.822*
22	210	2.775	183.2	124.6	1.795*
23	278	2.728	178.4	121.3	1.748*
24	130	2.706	176.1	119.8	1.726*
25	266	2.704	175.9	119.6	1.724*
26	284	2.624	167.7	114.0	1.644*
27	106	2.383	143.2	97.4	1.403*
28	198	2.359	140.7	95.7	1.379
29	196	2.284	133.1	90.5	1.304

续表

序号	无性系号	松香产量（g/cm）	实际增益（%）	理论遗传增益（%）	松香产量增益
30	194	2.261	130.7	88.9	1.281
31	138	2.198	124.2	84.5	1.218
32	214	2.192	123.7	84.1	1.212
33	294	2.076	111.8	76.0	1.096
34	208	2.052	109.3	74.4	1.072
35	286	1.838	87.5	59.5	0.858
36	200	1.755	79.1	53.8	0.775
37	268	1.644	67.8	46.1	0.664
38	218	1.511	54.2	36.9	0.531
39	108	1.41	43.9	29.9	0.430
40	182	1.175	19.9	13.5	0.195
41	ck	0.980			
	无性系均值	2.865	192.4	130.8	

（3）优良无性系的评选

无性系评选采用最小显著差数法（*LSD*）。评选指标按评选公式大于标准正态 α =0.01 水平时单侧临界值 t 时的 *LSD* 就可以认为该无性系极显著大于对照，即可入选。经计算，$LSD_{0.05}$=1.385，$LSD_{0.01}$=1.838，通过比较有 20 个无性系与对照相比差异达到极显著水平，这 20 个无性系平均松香产量达 3.56g/cm，其松香产量的平均实际增益为 263.0%，平均理论遗传增益为 178.8%，增益效果异常显著，可作为入选无性系进行推广造林，实现早期增益。

4.4.2.4 总 结

对 5 年生的 40 个无性系及对照进行松香产量的测定，结果表明，各无性系间松香产量差异极显著。与对照相比，所有参试思茅松无性系的松香产量均大于对照；20 个入选无性系的松香产量平均为 3.56g/cm，约为对照产量（0.980g/cm）的 3.6 倍；其松香产量的平均实际增益为 263.0%，平均理论遗传增益为 178.8%，说明这 20 个思茅松无性系的松香产量的增益效果异常显著。通过对松香产量性状遗传参数的计算，得出松香产量的无性系遗传力为 0.68，表明思茅松松香产量在无性系间存在着很大的遗传差异，并且这种差异受较强的遗传控制，可作为筛选优良无性系的依据。因此，可以继续扩大脂用高松香产量的思茅松的优树选择，并建立初级无性系种子园，开展多层次的遗传改良工作，进一步选择出更高松香产量的思茅松无性系。考虑到思茅松林分林龄只有5年左右，尚处于幼林阶段，性状没有完全稳定，故选择强度不能太大。通过多重比较（*LSD*法），选择出松香产量与对照差异达极显著水平的20个无性系，入选率为50%。对于初步选择出的无性系，还需进一步的观测及试验，并进行多点试验，以便找出适合不同立地条件下的优良无性系，但为尽快实现高松香产量思茅松培育的目标，可将这20个优良无性系进行适当地推广种植。

4.4.3 高松节油含量思茅松无性系选育研究

松节油是通过蒸馏作用或其他方法从松脂中提取的液体，主要成分是萜烯。松节油主要用途为合成樟脑、龙脑、香料、树脂、除虫杀菌剂。

松节油深加工产品有 α–蒎烯、β–蒎烯、合成龙脑（冰片）、芳樟醇、香叶醇等产品。云南的松节油质量在行业内有非常明显的优势。

对脂用思茅松子测林进行产脂力及松脂化学成分测定，以期选育出脂用、高松节油含量的家系进行繁殖造林，也可为早期选择提供科学依据。

2016年，研究团队对建立14年的脂用思茅松嫁接试验林开展了产脂力测定，并采样分析其松脂化学组分，研究松节油产量在无性系间的遗传变异，并从中选择出一批高松节油含量的无性系，为思茅松的遗传改良和早期选择提供科学依据。

4.4.3.1 田间试验设计与统计方法

田间试验设计与方法同4.2。为了消除各测试单株之间因直径大小、割沟夹角及割面负荷率不一致可能带来的误差，对思茅松产脂力进行了调整，调整方式为：

$$\text{校正产脂力} = \frac{\text{产脂力}}{\text{单株胸径}} \times 10$$

松脂化学组分测定方法同4.2。

思茅松产脂力以每日每10cm割沟的校正产脂力计算。思茅松松节油产量 = 思茅松校正产脂力 × 松脂中松节油含量。

遗传参数估算方法见4.2。

4.4.3.2 结果与分析

根据所测定的思茅松无性系及对照的松脂产脂力，计算其校正产脂力，并对松脂样品进行松节油的分析测定，最后计算出各重复松节油产量（表4–10）。

表 4–10　思茅松无性系松节油产量

序号	无性系号	松节油产量（g/10cm）			
		重复Ⅰ	重复Ⅱ	重复Ⅲ	平均
1	3	43.96	42.00	35.71	40.56
2	4	14.70	18.44	11.48	14.88
3	5	29.76	39.29	36.41	35.15
4	9	57.80	36.68	35.98	43.49
5	11	42.34	52.01	51.60	48.65
6	14	45.81	48.56	43.20	45.86
7	15	16.96	8.33	19.78	15.02
8	17	41.55	50.51	28.70	40.25
9	18	40.46	36.67	57.29	44.81
10	19	6.10	33.10	17.28	18.83
11	25	21.83	34.92	33.85	30.20
12	27	34.75	32.92	41.95	36.54
13	30	25.00	28.40	35.14	29.51
14	31	28.57	33.33	31.68	31.20
15	41	26.00	36.18	31.95	31.38
16	42	33.86	31.41	30.70	31.99
17	47	17.91	25.04	32.68	25.21
18	48	54.46	52.42	49.57	52.15
19	49	44.41	33.01	31.96	36.46
20	50	18.52	17.54	18.28	18.12
21	54	38.84	41.54	37.43	39.27
22	55	39.77	30.22	48.08	39.36
23	56	31.36	24.00	33.33	29.56
24	57	17.21	27.21	23.72	22.71
25	59	11.96	11.97	19.85	14.59
26	60	32.58	19.62	15.38	22.53
27	61	32.77	19.48	24.24	25.50
28	67	37.52	39.51	34.92	37.32
29	69	108.91	106.30	72.91	96.04
30	71	22.01	24.24	13.78	20.01

续表

序号	无性系号	松节油产量（g/10cm）			
		重复Ⅰ	重复Ⅱ	重复Ⅲ	平均
31	76	38.75	24.24	16.52	26.50
32	83	22.10	16.48	35.20	24.59
33	84	28.21	30.38	24.94	27.84
34	87	72.33	86.29	54.73	71.12
35	89	41.43	57.14	43.20	47.26
36	91	16.05	34.12	40.26	30.14
37	92	39.80	36.11	17.52	31.14
38	93	20.77	32.74	40.25	31.25
39	94	48.70	56.12	36.73	47.19
40	97	33.50	8.28	19.94	20.58
41	CK	9.26	7.98	14.17	10.47
	无性系均值	34.48	35.42	33.20	34.37

从表 4–10 可以看出，脂用思茅松无性系平均松节油产量为 34.37g/10cm，远高于对照的产量（10.47g/10cm），约为普通思茅松的 3 倍多。各思茅松无性系松节油产量变幅极大，变幅为 14.59~96.04g/10cm。所有思茅松无性系的松节油产量均大于对照的松节油产量。思茅松松节油产量最高的是 69 号无性系，其产量是对照的 9 倍。

（1）参试无性系松节油产量差异分析

将表 4–10 中松节油产量数据，运用 SPSS 软件进行方差分析（表 4–11），结果表明松节油产量在无性系间存在极显著的差异。思茅松松节油差异极显著性为松节油无性系选择提供了理论依据。这表明思茅松松节油产量在无性系有较丰富的变异。

表 4–11 无性系松节油产量方差分析

变异来源	平方和	自由度	方差	F	$F_{0.01}$	方差组成
无性系间	17753.02	39	455.21	6.08**	2.12	$\delta_e^2 + r\delta_e^2$
无性系内	2995.09	40	74.88			δ_e^2
总变异	20748.11	79				

（2）松节油产量遗传参数估计

通过表 4–11 的数据可对思茅松松节油产量的遗传参数进行计算（表 4–12）。估算结果表明：松节油无性系重复力达 0.84，松节油产量受中较高程度遗传控制，表明对松节油产量进行无性系选择具有较大的意义。

表 4–12　思茅松无性系松节油产量遗传参数估算

环境方差（δ_e^2）	遗传方差（δ_g^2）	表型方差（δ_p^2）	遗传力（h^2）
74.88	126.78	151.74	0.84

通过对思茅松无性系进行早期选择，可以获得显著的遗传增益。但考虑到思茅松试验林林分现处于中龄林阶段其性状还没有完全稳定，宜采用较小选择强度。

无性系松节油产量的实际增益和遗传增益及显著性水平的估算见表 4–13。从表 4–13 的数据可以看出：参试的思茅松无性系松节油产量的实际增益、遗传增益都远高于对照，其实际增益范围为 19.9%~414.6%，增益总平均高达 192.4%；遗传增益范围为 13.5%~281.9%，所有无性系遗传总平均高达 130.8%，其实际增益及遗传增益都非常显著。从中可以开展高松节油产量的思茅松无性系的初步选择。

表 4–13　思茅松无性系松节油产量增益估算

序号	无性系号	松节油产量（g/10cm）	实际增益（%）	遗传增益（%）	显著性水平
1	69	96.04	817.3	686.5	**
2	87	71.12	579.3	486.6	**
3	48	52.15	398.1	334.4	**
4	11	48.65	364.6	306.3	**
5	89	47.26	351.4	295.2	**
6	94	47.19	350.7	294.6	**
7	14	45.86	338.0	283.9	**
8	18	44.81	327.9	275.5	**
9	9	43.49	315.4	264.9	**
10	3	40.56	287.4	241.4	**
11	17	40.25	284.5	238.9	**
12	55	39.36	275.9	231.8	**

续表

序号	无性系号	松节油产量（g/10cm）	实际增益（%）	遗传增益（%）	显著性水平
13	54	39.27	275.1	231.1	**
14	67	37.32	256.4	215.4	**
15	27	36.54	249.0	209.1	**
16	49	36.46	248.2	208.5	**
17	5	35.15	235.7	198.0	**
18	42	31.99	205.5	172.6	*
19	41	31.38	199.7	167.7	*
20	93	31.25	198.5	166.7	*
21	31	31.20	198.0	166.3	*
22	92	31.14	197.5	165.9	*
23	25	30.20	188.4	158.3	*
24	91	30.14	187.9	157.8	*
25	56	29.56	182.4	153.2	*
26	30	29.51	181.9	152.8	*
27	84	27.84	165.9	139.4	*
28	76	26.50	153.1	128.6	
29	61	25.50	143.5	120.6	
30	47	25.21	140.8	118.3	
31	83	24.59	134.9	113.3	
32	57	22.71	116.9	98.2	
33	60	22.53	115.2	96.7	
34	97	20.58	96.5	81.1	
35	71	20.01	91.1	76.5	
36	19	18.83	79.8	67.0	
37	50	18.12	73.0	61.3	
38	15	15.02	43.5	36.5	
39	4	14.88	42.1	35.3	
40	59	14.59	39.4	33.1	
41	CK	10.47			
	无性系均值	34.4	228.3	191.7	

（3）思茅松优良无性系选择

思茅松高松节油优良无性系的评选是通过对各参试的无性系及对照的产量进行多重比较分析（*LSD*）的方法来实现。参试无性系与对照的松节油产量的多重比较的结果见表 4-13。从表 4-13 可以看出，共有 17 个无性系产量与对照产相比差异达到显著水平，其平均松节油产量为 47.2g/10cm，是对照（10.47g/10cm）的 4 倍多。入选无性系的松节油产量平均实际增益为 350.3%，其理论遗传增益为 294.2%，增益效果非常显著。所以这 17 个思茅松无性系可作为入选无性系。

4.4.3.3 小结与讨论

通过对 14 年生的思茅松无性系试验林的松节油产量测定结果表明，参试的 40 个无性系间松节油产量均存在着极显著差异。17 个入选思茅松无性系松节油产量均值为 47.2g/10cm，是对照产量（10.47g/10cm）的 4 倍多；其平均遗传增益为 294.2%，平均实际增益高达 350.3%。入选无性系的松节油的增益效果非常显著。

通过计算思茅松松节油产量性状的遗传参数，可以看出思茅松松节油产量的无性系遗传力为 0.84，思茅松松节油产量受较高程度的遗传控制，表明对松节油产量进行无性系选择具有较大的意义。

初步选择出 17 个高松节油产量的思茅松无性系。这 17 个无性系可作为初步选择结果应用于生产，建立定向培育工业原料林。

该研究是在思茅松无性系试验林的中期进行无性系选择研究，选择结果可以看出无性系选择具有较高的可行性及其培育潜力，但这并不是松节油无性系选育的最终结果，需要后期继续对试验林的松节油产量及生长进行综合评定来最终选育出最优的无性系。

4.4.4 脂材兼用型思茅松无性系选育

近年来，由于松脂价格的提高，我国相继开展了对松类无性系，特别是对马尾松产脂力及生长量遗传改良研究工作，选育出一批高生长量、高产脂力的家系、无性系。脂材兼用型思茅松无性系的选育尚未开展。本研究通过测定 17 年生的脂用思茅松嫁接无性系试验林的生长量及产脂量，通过测定分析其生长性状、产脂性状及其遗传变异，以期选择出产脂多、出材高的脂材兼用型思茅松无性系，应用于生产。

4.4.4.1 田间试验设计及统计分析方法

田间试验设计及统计分析方法同4.2。

4.4.4.2 结果与分析

（1）思茅松无性系生长及产脂性状的遗传变异

计算40个无性系的树高、胸径、材积及产脂力的平均值有变异系数，结果见表4–14。从表4–14可以看出，17年生思茅松无性系的树高、胸径、材积总平均值分别为13.05m、15.57cm和0.123m^3；无性系间的变异幅度分别为9.34~15.94m、10.22~20.35cm、0.042~0.225m^3；其中无性系树高大于总体均值的有22个，大于对照的有29个；胸径大于总体均值的有19个，大于对照的有22个；材积大于总体平均值的无性系有19个，大于对照的有21个。产脂力的总平均值为36.97g，变异幅度为12.97~144.26g，产脂力大于总平均值的有15个，仅有一个无性系的产脂力小于对照。产脂力的遗传变异系数是最大的，达63.06%，是树高和胸径等生长性状变异系数的3~5倍。产脂力最高的无性系是最低的11.12倍，表明对于该无性系试验林，产脂力具有较大的选择潜力，通过产脂力的选择可取得较高的遗传增益。树高的遗传变异系数最小，只有10.65。材积的遗传变异系数也高达35.56，单株材积最高的无性系是最低的5倍多，说明通过生长性状的选择也可取得较高的遗传增益。

表4–14　思茅松无性系生长及性状及产脂力均值及变异幅度

性状	平均值	最小值	最大值	标准差	遗传变异系数
树高（m）	13.05	9.34	15.94	1.604	10.65
胸径（cm）	15.57	10.22	20.35	2.654	16.04
材积（m^3）	0.123	0.042	0.225	0.047	35.56
产脂力（g/10cm）	38.07	17.14	144.26	24.207	63.06

（2）思茅松无性系生长量及产脂力方差分析及重复力估算

为比较各无性系生长性状及产脂力的差异显著性，对生长量、产脂量的调查数据进行方差分析，分析结果见表4–15。方差结果表明无性系生长情况（树高、胸径、材积）及产脂力的差异均达到极显著水平（$P < 0.01$）。表明生长性状和产脂力在无性系间存在着较大的差异，这为脂材兼用型思茅松优良无性系的选择奠定了基础，可以有效地开展脂材兼用型思茅松无性系的选择。

表 4–15 无性系生长性状及产脂力方差分析

均方差				F 值			
树高	胸径	材积	产脂力	树高	胸径	材积	产脂力
14.011	41.772	0.013	3519.600	5.80**	9.59**	8.64**	13.62**

注：** 表示差异极显著。

（3）思茅松无性系生长量及产脂力重复力估算

根据方差分析结果，可估算出无性系方差分量、环境方差和表型方差，进而估算出树高、胸径、材积和产脂力的重复力（表 4–16）。从表 4–16 可以看出生长性状的重复力在 0.83~0.90 之间，说明生长性状在无性系间受高度遗传控制，产脂力的重复力高达 0.93，说明产脂力在无性系间受高度遗传控制。通过无性系选择，可以选择出高生长量、高产脂力的思茅松无性系。

表 4–16 思茅松无性系生长量及产脂力重复力估算

性状	无性系方差	环境方差	表型方差	重复力
树高	1.932	2.417	2.335	0.83
胸径	6.236	4.358	6.962	0.90
材积	0.0019	0.0015	0.0022	0.88
产脂力	543.537	258.38	586.6	0.93

（4）思茅松无性系选择

综合考虑思茅松无性系生长量性状和产脂力性状，分别对 17 年生思茅松无性系的生长量性状（单株材积）、产脂性状（产脂力）进行多重比较，多重比较方差采用最小显著差数法（*LSD*）。多重比较的结果表明，3、5、15、49、61、67、76、87、91 号等 9 个无性系的单株材积与对照存在着极显著差异，但 3 号、49 号无性系的材积要远低于对照的材积，这两个无性系可排除，其他 7 个无性系可初步入选高生长量无性系；11、14、47、61、69、83、87、89、91、93 号等 10 个无性系的产脂力与对照产脂力均值存在着极显著差异，这 10 个无性系可入选脂用无性系。

综合考虑思茅松无性系的生长性状与产脂性状，仅 61、87 和 91 这 3 个无性系在生长性状和产脂性状上均与对照存在着极显著差异。其中 87、91、61 3 个无性系的材积排名分别为第一、第三和第四，产脂力排名分别为第二、第四、第九，产脂力排名第一的 69 号无性系的单株材积表现一般，仅为 0.134m^3，排名第 17，其遗传增益仅为 10% 左右，因此 69 号未入选，但 69 号可作为脂用无性系推广应用。这3个无性系可入选为脂材兼用型思茅松无性系。

入选无性系的生长、产脂情况及较无性系平均值的增益情况见表4–17。

表4–17 入选脂材兼用型无性系生长、产脂表现及增益

无性系号	入选无性系				遗传增益（%）			
	树高（m）	胸径（cm）	材积（m^3）	产脂力（g）	树高	胸径	材积	产脂力
87	15.67	20.35	0.225	120.19	23.43	23.90	78.39	559.14
61	14.8	19.12	0.191	42.66	17.52	17.01	53.24	138.47
91	14.27	19.69	0.196	53.88	13.92	20.21	56.94	199.35
均值	14.91	19.72	0.204	72.24	18.29	20.37	62.86	298.99

从表4–17可以看出，入选的3个无性系的树高、胸径、材积、产脂力均值分别为14.91m、19.72cm、0.204m^3和72.24g/10cm，其遗传增益分别为18.29%、20.37%、62.86%和298.99%。所有3个入选无性系的生长性状（单株材积）增益均超过50%，最高的是87号无性系，单株材积遗传增益接近80%，可作为以材用为主的优良无性系。3个入选无性系的产脂力遗传增益均达到100%以上，其中87号无性系的遗传增益最高，达559.14%。说明87号无性系材积增益、产脂增益均排名第一，其材脂综合增益最高。

4.4.4.3 结论与讨论

本实验对17年生的脂用思茅松嫁接无性系试验林的生长性状（树高、胸径、材积）和产脂性状（产脂力）进行了研究，结果表明：树高、胸径、材积和产脂力的总平均值分别为13.05m、15.57cm、0.123m^3和36.94g/10cm；单株材积、产脂力的遗传变异系数分别高达35.56%和63.06%，产脂力遗传变异系数是树高、胸径的3~5倍，说明产脂力的遗传变异要远大于生长性状的遗传变异。产脂力最高的无性系是最低的11倍多，单株材积最高的无性系是最低的5倍多，说明通过产脂性状和生长性状的选择均可取得较高的遗传增益。

思茅松生长性状（树高、胸径、材积）和产脂性状（产脂力）方差分析结果表明无性系生长情况（树高、胸径、材积）及产脂力的差异均达到极显著水平。说明其生长性状和产脂力在无性系间均存在着丰富的变异，从中开展脂材兼用型思茅松优良无性系的选育是必要和有效的。

思茅松生长性状和产脂力的重复力在0.83~0.93之间，说明生长性状和产脂力在无性系间受高度遗传控制，通过无性系选择，可取得较好的遗传改良效果。

综合考虑思茅松无性系的生长性状和产脂性状，初步筛选出3个产脂、出材多的脂材兼用型的思茅松优良无性系，这3个无性系的材积和产脂力平均值分别为0.20m^{3}和73.44g/10cm，入选率为7.5%。入选的3个无性系的树高、胸径、材积、产脂力的平均增益分别为12.34%、24.66%、62.60%和98.81%，产脂力和材积两方面的增益效果都非常显著。这3个脂材兼用型思茅松优良无性系可开展无性系繁育并推广作为下一代育种群体补充材料。

4.4.5 脂用思茅松家系选育

脂用思茅松子代测定主要已开展的是优树自由授粉子代测定，即直接从选择出的脂用思茅松优树中采集自然授粉的种子并建立子代测定林，对各种性状如生长量、产脂量等进行子代测定工作。

4.4.5.1 田间试验设计及方法

在云南省思茅区景谷县建立脂用子代测定试验林，2003年建立的脂用思茅松半同胞子代测定林，设立了3个重复，42个家系，株行距为2m×3m。对8年生家系进行产脂力测定，在每个家系中选取6株平均木进行产脂力测定，用常规下降采脂法，割脂高度为1m左右。测沟夹角70°~90°，采割深入木质部0.3~0.4cm，割面负荷率45%~50%。每2天加割一刀，连续割3刀后测定产脂量（图4-7、彩图17）。

图4-7 脂用思茅松半同胞子代测定林

思茅松单株材积计算公式为：

$$V=0.000088708447 \times DBH^{1.9204135} \times H^{0.74489561}$$

式中，V 为思茅松单株材积；DBH 为胸径；H 为树高。

通过 SPSS 软件进行方差和各性状间的相关性分析与计算，进一步估算下列遗传参数。

①遗传方差和环境方差

$$\delta_g^2 = \frac{1}{r}(M_1 - M_2)，\delta_e^2 = M_2$$

式中，M_1、M_2 为家系、环境均方差；r 为重复数。

②表型方差和各家系遗传力

$$\delta_p^2 = \delta_g^2 + \frac{1}{r}\delta_e^2 \; h^2 = \frac{\delta_g^2}{\delta_P^2} \times 100 = \frac{M_1 - M_2}{M_1} \times 100$$

③遗传变异系数

$$GCV(\%) = \sqrt{\delta_g^2} / \bar{X} \times 100$$

式中，δ_g^2 为遗传方差值；$\bar{X}$ 为某一性状群体平均值。

④遗传增益

$$\Delta G = h^2 \cdot S/\bar{X}$$

式中，S 为选择差；$\bar{X}$ 为性状平均值。

4.4.5.2 结果分析

（1）各家系生长性状及变异分析

对 8 年生子代测定林进行生长量测定，结果见表 4-18。

从表 4-18 可以看出，所有参试家系的平均胸径较对照平均胸径要高 19% 左右，平均胸径最大的为 26 号、64 号及 117 号家系，其平均胸径达到 12cm 以上，表现较差 2 个家系其平均胸径皆小于对照的平均胸径。

所有参试家系的平均树高较对照要高 15% 左右，最大的为 26 号、64 号及 84 号家系，其平均高达到 7m 以上；表现较差的为 8 个家系其平均树高皆小于对照的平均树高。

所有参试家系的平均材积较对照平均材积要高 35% 左右，材积表现最好的 5 个家系其平均材积达到 $0.0366m^3$，表现最差的 3 个家系的平均材积均低于对照，平均材积仅为 $0.0193m^3$。

参试家系的胸径、树高及材积的变异系数的平均值皆大于对照，特别是材积的变异系数差异很大，说明在同一家系的不同个体之间生长性状也存在着较大的变异。

方差分析的结果表明各家系在胸径、树高及材积间均存在着极显著的统计差异，表明思茅松半同胞子代测定林的生长性状间存在着丰富的变异。

表 4–18　家系生长情况及分析

家系号	胸径		树高		材积	
	平均值（cm）	变异系数（%）	平均值（m）	变异系数（%）	平均值（m^3）	变异系数（%）
64	12.7	2.9	7.2	4.2	0.0383	19.2
117	12.7	8.7	7	4.9	0.038	13.2
26	12.3	8.3	7.4	5.5	0.0359	6.4
10	12.2	8.5	6.9	4.3	0.0354	22.2
12	12.2	16.3	6.9	4.6	0.0353	15.4
118	11.8	4.1	6.5	5.6	0.0334	20
32	11.8	5.4	6.6	5	0.0332	19.6
33	11.7	8	6.4	5.8	0.0327	21.7
8	11.7	5.8	6.4	3.5	0.0325	61.3
116	11.7	9.7	6.7	5.8	0.0324	20
69	11.5	7.7	6.8	5.8	0.0315	27
25	11.5	8.8	6.8	2.9	0.0314	19.4
35	11.4	9.8	6	17.4	0.0311	10.2
72	11.4	6.4	6.6	5.7	0.0309	3.3
58	11.4	13.2	6.9	10.5	0.0307	28.3
43	11.3	8.5	6.4	11.4	0.0306	18.1
27	11.3	1.5	6	5.8	0.0303	9
84	12.2	17.5	7.5	11.3	0.0302	38.1
71	11.1	5.4	6.4	8.9	0.0294	16.3
34	11.1	7.7	6	11.8	0.0293	32.7
63	11.1	12	6.5	7.8	0.0291	7.6
47	10.9	17.2	5.8	12.1	0.0283	21.2
45	10.8	6.9	5.7	6.2	0.0278	26.5
9	10.8	30.4	4.8	0.8	0.0277	19.5
70	10.7	10.6	5.8	13.5	0.0271	18.8
1	10.6	8.3	5.1	5.4	0.0267	21
11	10.5	7.7	6.3	9.6	0.0262	36.6

续表

家系号	胸径		树高		材积	
	平均值（cm）	变异系数（%）	平均值（m）	变异系数（%）	平均值（m^3）	变异系数（%）
46	10.4	11.5	5.6	6.3	0.0257	39.5
56	10.2	12	5.5	17.5	0.0257	35.6
40	10.2	5.8	5.4	11.5	0.0249	1.6
54	10.2	9.7	5.4	4.4	0.0246	11.6
50	10.2	3.6	5.8	3.5	0.0243	21.2
48	9.9	7.7	5.7	9.7	0.0233	17.9
42	9.8	1.8	5.2	5.1	0.0231	26.8
2	9.8	8.4	5.2	5	0.0228	14
115	9.5	14	5.7	14.9	0.0226	22.5
38	9.7	9	6.7	26	0.0224	20.4
49	9.6	5.3	5.1	9.3	0.0219	6.2
28	9.6	3.6	5.5	2.5	0.0218	3.3
31	9.3	7.2	5.1	13.5	0.0197	15.1
83	9.1	1.5	5	0.5	0.0197	44.2
55	8.7	3.2	4.7	8.1	0.0185	39.6
CK	9.1	7.1	5.3	6.8	0.0209	9.6
总计	10.9	8.6	6.1	7.9	0.0282	21.2
F 值	3.13**		4.97**		4.04**	

（2）产脂量分析

所建的子代测定林 8 年生的产脂量测定结果见表 4–19。

从表 4–19 可以看出所有参试的 42 个脂用半同胞子代的校正产脂力变幅为 6.50~12.69g，平均达 8.60g，均大于对照的校正产脂力（6.47g）。42 个参试家系产脂力的较对照提高的变幅为 0.4%~129.9%，总平均达 32.9%；理论遗传增益的变幅为 0.2%~35.4%，总平均达 11.8%。增益效果较为显著。

表 4–19　家系产脂力、遗传增益及多重比较

家系	产脂力（g/10cm）				较对照提高（%）	遗传增益（%）	显著性水平
	Ⅰ重复	Ⅱ重复	Ⅲ重复	平均			
42	13.08	19.28	12.27	12.69	129.9	35.4	**
54	17.65	9.33	9.47	12.15	87.8	32.4	**

续表

家系	产脂力（g/10cm）				较对照提高（%）	遗传增益（%）	显著性水平
	Ⅰ重复	Ⅱ重复	Ⅲ重复	平均			
64	15.56	8.48	9.20	11.08	71.3	26.3	*
69	8.37	9.59	15.02	10.99	69.9	25.8	*
117	12.51	8.06	12.32	10.96	69.4	25.6	*
48	10.45	9.83	12.31	10.86	67.9	25.0	*
9	8.35	12.12	11.98	10.82	67.2	24.8	*
56	10.91	12.70	7.93	10.51	62.5	23.0	*
83	8.47	12.02	10.10	10.20	57.6	21.3	*
11	11.25	7.87	11.12	10.08	55.8	20.6	*
10	7.99	11.31	8.86	9.39	45.1	16.6	
45	12.32	7.02	8.14	9.16	41.6	15.3	
2	8.79	7.75	10.89	9.14	41.3	15.2	
71	7.07	9.30	10.85	9.07	40.3	14.8	
118	12.35	8.65	5.93	8.98	38.7	14.3	
49	10.51	7.44	8.58	8.85	36.7	13.6	
40	9.36	10.70	6.10	8.72	34.8	12.8	
32	11.53	5.26	9.07	8.62	33.2	12.3	
34	5.37	7.66	12.67	8.57	32.4	12.0	
63	9.94	8.22	6.85	8.34	28.9	10.7	
58	8.73	9.65	5.97	8.11	25.4	9.3	
55	9.50	7.27	7.03	7.93	22.6	8.3	
38	10.86	6.69	5.46	7.67	18.6	6.8	
47	8.28	6.86	7.87	7.67	18.6	6.8	
1	8.26	8.48	6.04	7.59	17.3	6.4	
26	8.50	6.65	7.42	7.53	16.3	6.0	
8	9.28	6.63	6.57	7.49	15.8	5.8	
31	9.82	5.57	7.05	7.48	15.6	5.8	
12	7.39	5.76	9.26	7.47	15.5	5.7	
27	7.09	7.78	7.42	7.43	14.8	5.5	
46	6.80	8.39	6.95	7.38	14.1	5.2	
35	8.61	8.19	5.26	7.35	13.6	5.0	
50	9.07	7.06	5.82	7.32	13.1	4.8	
84	6.47	6.07	9.34	7.29	12.7	4.7	

续表

家系	产脂力（g/10cm）				较对照提高（%）	遗传增益（%）	显著性水平
	Ⅰ重复	Ⅱ重复	Ⅲ重复	平均			
70	8.22	5.44	7.74	7.13	10.2	3.8	
28	10.43	5.99	4.36	6.93	7.1	2.6	
25	5.26	6.11	9.06	6.81	5.2	1.9	
33	5.65	6.09	8.38	6.70	3.6	1.3	
72	7.19	7.61	5.21	6.67	3.1	1.1	
115	7.07	6.29	6.58	6.65	2.7	1.0	
43	5.95	5.08	8.83	6.62	2.3	0.9	
116	4.42	7.24	7.82	6.50	0.4	0.2	
CK	7.13	5.69	5.95	6.47			
平均	9.16	8.18	8.45	8.60	32.9	11.8	

注：** 表示差异极显著，* 表示差异显著。

（3）产脂力方差分析

为比较子代测定林各家系间产脂力的差异显著性，对产脂力调查数据进行方差分析，结果见表 4-20。从表 4-20 可以看出半同胞家系子代测定林的产脂力具有极显著的统计差异，表明思茅松半同胞子代测定林的产脂力存在着丰富的变异。这些变异主要由遗传特性决定的，因此，家系间定向选择具有很大的潜力。

表 4-20　半同胞子代林产脂力的方差分析

变异来源	平方和	自由度	方差	F	$F_{0.01}$	方差组成
重复间	21.47	2	10.74	2.14	3.11	
家系间	400.07	41	9.76	1.95**	1.54	$\delta_e^2+r\delta_g^2$
机误	410.75	82	5.01			δ_e^2
总变异	814.76	125				

（4）半同胞产脂力的遗传参数

由表 4-20 可以估算出半同胞产脂力的遗传参数，见表 4-21。脂用思茅松半同胞的家系遗传力为 0.49，具有中等遗传力，产脂力差异中遗传性因素占较大比例。入选率为 5% 时，家系的理论遗传增益为 39.7%。

表 4-21　半同胞子代林遗传参数

环境方差 δ_e^2	遗传方差 δ_g^2	表型方差 δ_p^2	家系遗传力 h^2	遗传增益 ΔG
4.88	1.58	3.25	0.49	39.7%

这一结果说明通过一定强度的选择，能获得较高的遗传增益。考虑到以后的遗传基础不能过于狭窄，且林分处于幼林阶段，性状没有完全稳定，故选择强度不能太大。

（5）脂用优良家系的评选

为了能选出最优的脂用思茅松家系，可以根据各个参试家系产脂力与对照产脂力进行选择差、实际增益和遗传增益的估算，并参考参试家系的生长性状指标来选择优良家系。

脂用家系评选采用最小显著差数法（*LSD*），当评选指标按评选公式大于标准正态 α=0.05 水平时单侧临界值 *t* 时的 *LSD*，就可以认为该家系显著大于对照家系。经计算有 8 个家系与对照相比差异达到显著水平，占全部参试家系的 24%，但其中只有 64 号、117 号及 69 号家系的生长量分别排在第 1、第 2 及第 11 位，均超过家系平均生长量；而其他 5 个家系的生长量均低于家系平均生长量，83 号家系生长量小于对照生长量，因此这 5 个家系不能作为入选家系。64 号、69 号及 117 号家系的平均产脂力较对照提高 70.2%，并且其生长表现也非常高，可作为脂材两用型的思茅松优良家系。

有 2 个家系（42 号、54 号）产脂力与对照比达到极显著水平，占全体家系的 5%，其产脂力的平均现实增益为 108.8%，但这两个家系生长性状表现并不是特别理想，因此这 2 个家系可作为脂用型入选家系。

4.4.5.3　总结与讨论

通过对培育 8 年的 42 个半同胞家系的子代进行产脂力、树高、胸径的测定，结果表明各半同胞家系间产脂力差异极显著。与对照的产脂力相比，42 个家系的产脂力平均值为 8.60g，均大于对照的产脂力 6.47g，其平均实际增益可达 32.9%。

通过计算产脂力性状的遗传参数得出，产脂力的家系遗传力为 0.49，表明产脂力差异中遗传性因素占较大比例。入选率为 5% 时，家系的理论遗传增益为 39.7%。因此，可继续扩大脂用思茅松的优树选择，并对现有实生子代林和初级无性系种子园开展多层次的遗传改良工作。

对 42 个半同胞家系进行评选，初步选择出产脂力、生长性状都表现良好的材脂兼用型思茅松优良家系 3 个，平均产脂力相比对照的实际增益可达 70.2%。选择出产脂力特别优异的脂用型思茅松优良家系 2 个，相比对照的实际增益可达 108.8%。作为初步选择结果，为尽快实现提高思茅松的产脂量的目标，可用评选出的 5 个优良家系进行人工林培育，实现早期增益。

4.5 脂用思茅松的杂交育种

从 2007 年开始就已经在景谷松脂基地开展思茅松杂交育种的研究，2010 年在镇沅县建立了 50 亩全同胞子代测定林；2014 年在思茅区建立 50 亩全同胞子代测定林。脂用思茅松杂交育种已开展了 6 年，主要开展了以下几方面的杂交育种工作：

（1）以速生、脂用为目的的杂交育种研究

以脂用思茅松优良家系和速生思茅松优良家系为亲本，通过人工控制授粉，以培育产脂量高、生长快、抗病虫害能力强的优良品种为目的，开展杂交育种研究，并进行子代测定和选择。

（2）以分类经营为目的的杂交育种研究

开展脂用思茅松中高松节油含量、高 α－蒎烯含量、高 β－蒎烯含量及高 3- 蒈烯含量家系间的杂交育种试验研究，以期培育出高松节油含量、高 α－蒎烯含量、高 β－蒎烯含量及高 3- 蒈烯含量的全同胞优良家系。

（3）种间杂交育种初步研究

初步开展云南松优良家系与脂用思茅松优良家系间的杂交育种研究，以期选育出适宜于较高海拔生长的脂用思茅松杂交良种。扩大思茅松的种植范围，进行子代测定和选择。

应用控制授粉方法，通过选用具有优良性状的家系以及个体进行杂交，繁殖出符合育种要求的杂种群。

控制授粉是在母本雌蕊成熟前进行人工去雄，并套袋隔离，避免自交和天然异交，然后适期授以纯净新鲜花粉，做好标记并套袋隔离和保护。杂交所得种子种植而成的个体群称杂种一代，用 F1 表示，此 F1 代种子即为下一代无性种子园建园的基本材料。

4.5.1 杂交无性系分类及交配方式

4.5.1.1 以产果数量分类

产果最多的家系号：84、83、94。

产果较多的家系号：55、25、93、15、57。

4.5.1.2 以产脂量及生长量的不同分类

分类结果见表 4-22。

表 4-22 杂交组合无性系分类情况

类别	第 1 类	第 2 类	第 3 类	第 4 类	第 5 类
特点描述	产脂量最高、生长量也较高的家系	产脂量较高但生长量较低的家系	生长量很高但产脂量很低的家系	产脂量很高、生长量很高的家系	产脂量较高、生长量很高的家系
包括家系	69、5	67、17、25、42、11、55、18、14	89、91、84	87、83	61、71、76

4.5.1.3 以松脂化学组分分类

另外，在项目实施期间还考虑到各家系的松脂中化学组分的含量，并设计了一些杂交组合（表 4-23），以期获得高 α－蒎烯含量、高 β－蒎烯含量、高 3-蒈烯、高松节油含量、高松香含量的杂交新品种。

表 4-23 各家系的化学组分

化学组分	家系号
高 α－蒎烯含量	59、5、25、15、56、27、94、84
高 β－蒎烯含量	41、50、48、67、42
高 3- 蒈烯	31、49、30、42
高松节油	69、59、25、5、15、67、41、94
高松香	97、31、55、48、49、83

4.5.1.4 交配方式

脂用思茅松杂交交配方式主要采用单交、巢式、半双列和全双列（图 4-8、彩图 18）。

图 4-8 脂用思茅松人工控制授粉

4.5.2 杂交结果及子测林营建情况

通过2007年以来的人工控制授粉工作，现已获得全同胞杂交组合50多个，并且已用所获得的杂交种子于2010年在镇沅县建立了50亩全同胞子代测定林。2014年在思茅区建立50亩全同胞子代测定林，试验地点设在普洱市思茅区万掌山林场。2014年4月开始进行脂用思茅松子代测定林的育苗工作，6月完成了子代测定林的林地清理、整地及挖塘工作，7月完成子代测定林的营建工作，株行距2m×3m。共设立2个全同胞试验林，1个半同胞子代测定林。

第一个全同胞子代测定林共36个处理，包含19个全同胞，16个半同胞，1个对照，每6株一小区，6个重复；第二个全同胞子代测定林共44个处理，包含25个全同胞，18个半同胞，1个对照，每6株一小区，4个重复。定植后，每年进行2次除灌草抚育。

因尚未达到采脂年龄，产脂力测定还没有开展。杂交育种结果待后续研究。

4.6 脂用思茅松种子园的营建

建立脂用思茅松无性系种子园的目的是：保持优树原有遗传品质，提早开花结实，较快地提供大量遗传品质好的种子；将树形矮化，降低结实层，便于管理和采收种子；优良基因型可多次繁殖，最大限度地提高遗传效果和盈利；谱系比较清楚，可有效控制近亲繁殖；为育种的持续发展准备物质和技术条件。

至今，云南省林业和草原科学院已完成2个脂用思茅松种子园的营建，分别是镇沅脂用思茅松种子园（2010年营建，占地500亩）和景谷脂用思茅松种子园（2021年营建，占地100亩）。

4.6.1 镇沅脂用思茅松种子园

4.6.1.1 镇沅脂用思茅松种子园建园无性系

直接利用云南省林业和草原科学院目前已收集到的80个脂用思茅松的优良家系的优树穗条进行嫁接。

4.6.1.2 种子园配置原则、方式、密度

种子园中无性系的配置应避免无性系近亲自交退化，尽力使各无性系间有充分杂交的机会，还必须考虑将来的疏伐。根据地形情况，选用随机分组配置

方法。相同地点的无性系应配置于同一大小区内。在随机配置中要求相同无性系不能相互靠近。种子园共设 4 个大区 36 个小区（图 4-9、彩图 19）。种植密度为 6m × 4m。

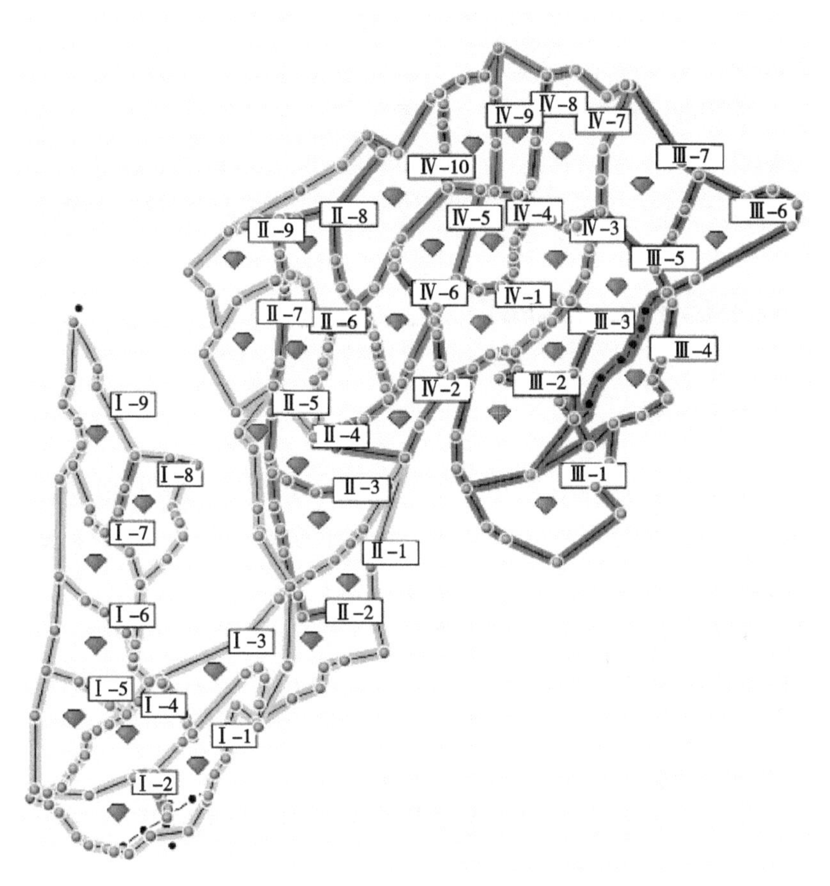

图 4-9　镇沅古城麻骂山高产脂思茅松种子园规划

注：Ⅰ、Ⅱ、Ⅳ、Ⅳ为大区编号，1、2、3，…，9 为小区编号。

根据各大区面积的不同，各大区无性系数为 17~23 个。种子园中各无性系配置情况见表 4-24。

表 4-24　脂用思茅松无性系种子园配置情况

大区号	小区数	无性系号	无性系数
Ⅰ	9	1~20	20
Ⅱ	10	21~40	20
Ⅲ	7	41~57	17
Ⅳ	10	58~80	23

4.6.2 景谷脂用思茅松种子园

4.6.2.1 种子园建园无性系

从收集到的80个脂用思茅松的优良无性系中选择了23个无性系，从文朗思茅松无性系种子园中选择了7个无性系，共30个无性系的穗条进行嫁接。

4.6.2.2 种子园配置原则、方式、密度

种子园设立了种子生产区70亩、优树收集区15亩、子代测定区15亩。种子生产区选用随机分组配置方法。种子园共设2个大区7个小区，种植密度为6m×5m。

4.7 脂用思茅松研究展望

4.7.1 存在问题

云南省林业科学院2001—2014年已先后建立了脂用思茅松优树收集区、无性系试验林、半同胞子代测定林、全同胞子代测定林和种子园。20多年来，通过对无性系试验林及子测林的生长量、产脂量及思茅松松脂化学组分的研究，已取得了一些研究成果，已申请认定了5个脂用思茅松良种，部分良种已在生产中推广应用。但与脂用马尾松、湿地松的研究来说，还存在着不足，主要表现在以下几方面。

（1）尚未完成脂用思茅松种质资源收集

现在仅在部分思茅松分布区内选择了优树，并未完成思茅松全分布区内种质资源收集，也未完成遗传多样性分析。

（2）脂用思茅松种子园仅停留在初级种子园阶段

镇沅建立的脂用思茅松种子园只是初级种子园，景谷建立的种子园是改良种子园，需要加强研究，为建成高世代种子园作准备。

（3）功能基因定位、分子标记和辅助育种方面研究进展缓慢

在脂用思茅松的良种选育研究工作中，尚未深入开展产脂功能基因定位、分子标记和辅助育种等方面研究。与国内的马尾松、湿地松等在这方面研究有很大的差距。

（4）尚未开展全同胞子代测定

2010年、2014年已营建了2个脂用思茅松全同胞子代测定林，但因树龄等

方面原因尚未开展子代测定研究。

（5）脂用思茅松杂交组合数量不足

自2007年至今，通过人工控制授粉，只得到50个左右的脂用思茅松杂交种子。杂交组合的数量不足。

对杂交组合已进行了分子方面的研究。近年来，在推广脂用思茅松良种时发现产脂量高的思茅松良种其生长量较普通思茅松的生长量要低一些，这对思茅松良种的推广带来了困扰。生产上需要的是产脂量高、生长量同样突出的思茅松良种，所以现在急需选育出材脂兼用型思茅松良种。

因此，需要在产脂量观测及松脂化学组分测定的基础上，估算相关遗传参数和遗传增益，结合SSR或SNP分子标记辅助手段，对产脂量及松脂化学组分含量的性状进行功能基因定位，以期从分子水平上对脂用思茅松无性系及特定松脂化学组分含量的无性系进行早期选择及鉴别，为今后的良种选育提供分子学依据。

4.7.2 下一步研究方向

近年来，制约松脂产量的最大问题是原料林的培育，而脂用的良种选育又是原料林营建的瓶颈。所以良种的选育是思茅松松脂产业化发展的关键，因此脂用思茅松良种选育下一步需从以下几个方向开展研究。

（1）脂用思茅松种质资源收集

为不断丰富脂用思茅松的遗传多样性和基因资源，继续开展思茅松全分布区的脂用、高松节油产量、高β-蒎烯及高3-蒈烯产量的脂用思茅松优良单株选择。对前期已选脂用思茅松优树进行松脂化学组分分析，进一步选择出高松节油产量、高β-蒎烯及高3-蒈烯产量优树。同时在已有的基础上补充收集、建立脂用思茅松优树收集圃，并开展遗传多样性分析方面研究。

（2）脂用思茅松优良家系定向选择研究

对已建立的脂用思茅松半同胞优良家系试验林，进一步开展脂用思茅松优良家系选育，进行生长量、产脂量、松脂化学组分、相关生理、物理生化指标测定，开展思茅松松脂深加工产业所需要的脂用及高松节油产量、高α-蒎烯、高β-蒎烯及高3-蒈烯思茅松优良家系的定向选择研究。

（3）脂用思茅松杂交育种研究

以速生、脂用为目的的杂交育种研究 以脂用思茅松优良家系和速生思茅松优良家系为亲本，通过人工控制授粉，以培育产脂量高、生长快、抗病虫害能力

强的优良品种为目的，开展杂交育种研究，并进行子代测定和选择。

以分类经营为目的的杂交育种研究 开展脂用思茅松中高松节油产量、高β－蒎烯产量及高3－蒈烯产量家系间的杂交育种试验研究，以期培育出高松节油产量、高β－蒎烯产量及高3－蒈烯产量的全同胞优良家系。

种间杂交育种初步研究 开展云南松优良家系与脂用思茅松优良家系间的杂交育种研究，以期选育出适宜于较高海拔生长的脂用思茅松杂交良种，扩大思茅松的种植范围。

（4）开展脂用思茅松高世代种子园营建技术研究

主要开展截顶矮化及树冠整形技术等方面的试验研究。

（5）脂用思茅松分子辅助技术研究

思茅松产脂性状及相关化学组分（α－蒎烯、β－蒎烯、3－蒈烯含量）相关基因的差异基因筛选、验证及表达分析。对主要松脂化学组分含量（α－蒎烯、β－蒎烯、3－蒈烯含量）及产脂量性状进行定位，发掘性状相关基因。

第5章　思茅松产脂相关基因研究

5.1 概　述

思茅松属松科松属植物，主要分布于云南省南部地区，具有生长速度快、树干端直高大、生态适应性强、产脂量高等优点，是优良的材脂兼用树种（李帅锋 等，2013）。云南省是中国树脂松香的主产区之一，思茅松不仅是云南省主要产脂树种，且所产松脂质量较高（Cai et al.，2017），其树干富含树脂，松节油平均含量达20%，最高可达32%，松节油中β-蒎烯含量高，为全国之最（徐明艳 等，2012）。据调查，目前云南省思茅松的林地面积约102.5万hm^2，松香年蓄积量为11.5万t，其松香产量占云南省产量的90%以上（董静曦 等，2009），其松香年产量超过25万t，松节油产量超过6万t。但云南的松脂原料林绝大部分都属于天然次生林，松脂产量低下，平均单株松脂产量仅为2~3kg/年。在生产实践中发现思茅松个体松脂产量差异显著，单株年产量一般3kg，最高可达140kg（徐明艳 等，2012）。这意味着思茅松单位面积产脂量有巨大的提升空间。因此，培育高产脂思茅松种苗成为提高思茅松松脂产量的重要手段。我国自20世纪80年代开展思茅松遗传改良研究，在种源试验、优良林分选择、优树收集、无性系种子园建设、半同胞子代测定、早晚期性状相关及遗传变异等方面开展了大量研究工作，并取得了可喜的成绩（张文勇 等，2010）。

思茅松产脂量高低属于数量性状，但是传统的数量性状研究方法在解决生长周期较长的物种的数量性状时却面临诸多困难。虽然目前已经发展出利用第二代测序技术，获得SSR或SNP等分子标记，然后将分子标记关联到数量性状上，有效地揭示了一些数量性状机理，也大大提高了分子辅助育种的效率（Le et al.，

2012）。但是对于思茅松这样的树种，除了生长周期长的特性之外，还有基因组特别庞大的特点，这为筛选到与数量性状关联的分子标记带来巨大困难（Ribaut et al.，2010）。随着越来越多的数量性状机理被揭示，研究者发现与数量性状相关的代谢途径基因往往处于数量性状基因座内或者附近（Zorrilla et al.，2011；Induri et al.，2012）。因此，Mauricio（2001）提出反向数量遗传学研究策略，即从候选基因（通常是与数量性状相关的代谢通路上的关键基因）出发，首先确定候选基因与数量性状相关性，再对候选基因上下游序列进行研究，获得数量性状基因座进而阐明数量性状基因调控机理（Salvi et al.，2005；Longhi et al.，2013）。特别是近年来测序技术的飞速发展，从候选基因出发，通过比较基因组上的差异已经获得大量数量性状基因座（Wang et al.，2011；Guggenheim et al.，2013）。

5.2 基因克隆及功能表达分析

5.2.1 基因克隆

5.2.1.1 RNA 提取

思茅松 RNA 提取采用 CTAB 提取，氯化锂沉淀的方法（Azevedo et al.，2003；王雁 等，2011）。RNA 提取裂解液配方为：100mmol/L Tris-HCl（PH 值 =8.0）、2%CTAB、30 mmol/L EDTA、2mol/L 氯化钠和 0.05%（W/V）亚精胺，在提取时再加入 2%（w/v）PVPP、2%（v/v）β－巯基乙醇、2mg/mL 蛋白酶 K。具体步骤如下：①首先将样品尽量磨碎（通常加 4 次液氮进行研磨），将样品粉末加入预热的裂解液中，42℃水浴 90min；②然后用氯仿－异戊醇反复抽提 2 次，用最终浓度为 2mol/L 的氯化锂进行 4℃过夜沉淀后，以 15000r/min 在 4℃下离心 25min，弃上清，加入 50μL DEPC 水溶解；③ DNA 消化，将溶解的 RNA 用 DEPC 水补足 200μL 后，加入 100μL 的无水乙醇。混匀后加入 RNA Spin Column（宝生物，RNA 提取试剂盒），按照试剂盒步骤进行 DNA 消化，最终用 30μL 洗脱液进行洗脱 RNA；④分别提取每个样品的 RNA 后，用 1% 琼脂胶检测 RNA 完整性，并用分光光度计测量各样品 RNA 在 230nm、260nm、280nm、320nm 下的光密度，确定其纯度；并分别取 1μg RNA 用于反转录得到 cDNA，将各样品 cDNA 保存在 -20℃冰箱中备用。

5.2.1.2　cDNA 文库的构建和转录组测序技术（RNA-Seq）

cDNA 文库的构建和 RNA-Seq 由中国北京基因组研究所（BGI）进行。TruSeq RNA 样品制备试剂盒（Illumina）用于 mRNA 的纯化和片段化。使用切割的 RNA 作为模板，通过反转录酶合成第一链 cDNA，通过 DNA 聚合酶 I 产生第二链 cDNA。修饰 DNA 片段的末端，并与接头连接，将清洁的连接产物用作 PCR 的模板，以富集产物。获得 cDNA 文库，用 PicoGreen 检测试剂盒通过 Agilent 2100 生物分析仪（美国加州圣克拉拉）检测质量。在 BGI 的 Illuminahiseq2000 仪器上对构建的 cDNA 文库进行测序。

5.2.1.3　转录组分析组装及 RACE 方法

将思茅松的组织样本进行转录组测序，对序列进行组织拼接后，通过以马尾松 GGPS 蛋白序列对转录组进行本地 Blast，寻找高产脂思茅松组织转录组中的 GGPS 基因。通过修剪原始读取以删除适配器序列、Q 值小于 20 或不明确碱基（'N'）的低质量读取，从而生成高质量的干净读取；然后使用 Trinity 平台（http：//trinityrnaseq.sf.net.）重新组装干净的读数；所有的基因被用作检索 NR、eggNOG、GO、KO 和 Swissprot 数据库（E 值 $< 10^{-5}$）的查询，并用 Blast2GO 软件进行 GO 分析（E 值 $< 10^{-5}$）；利用 KEGG 图谱预测代谢途径（Wang et al.，2018）。

在对 cDNA 文库进行测序之后，由于转录组数据分析只能得到思茅松目的基因的片段，还缺少 5′ 端和 3′ 端的基因序列。因此，首先以思茅松组织样本的 RNA 为模板，按照 SMART RACE cDNA Amplification Kit 及 3′ -Full RACE Core Set Ver.2.0 试剂盒说明书合成 5′ 端及 3′ 端完整的思茅松 cDNA 第一链。根据获得的目的基因片段序列设计 5′ 端和 3′ 端 RACE 引物，用 5′ -Full RACE Kit with TAP 试剂盒和 3′ -Full RACE Core Set with PrimeScript RTase（TaKaRa）对思茅松目的基因片段的 5′端和 3′端基因片段进行克隆。

5.2.1.4　cDNA 全长扩增

依据 cDNA 拼接序列，设计目的基因的特异引物，以提取的思茅松 cDNA 为模板，扩增思茅松 HDR 基因 cDNA 开放阅读框全长序列。反应条件为：94℃ 5min → 94℃ 30s → 58℃ 45s → 72℃ 2min，30 个循环；72℃延伸 10min。扩增的 PCR 产物胶回收后连接到 pEASY-T3 载体中。并测序验证所克隆得到的全长 cDNA。

5.2.1.5　目的基因的克隆

以目的基因序列为依据，设计含有起始密码子的上游特异引物和含有终止密码子的下游特异引物。以 cDNA 为模板，通过 EasyPfu DNA 聚合酶进行 PCR 扩增得到目的基因全基因片段。经过电泳检测后将目的片段连接到 pGEMT 载体上，经菌落 PCR 检测，选择阳性克隆进行测序。

5.2.1.6 半定量 RT-PCR

以获得的目的基因序列为模板设计特异引物。将样品液氮研磨后，用 CTAB 法分别提取思茅松的组织样本，并用琼脂糖凝胶电泳检测 RNA 质量后，将 RNA 保存在 -80℃超低温冰箱。cDNA 合成参照 Reverse Transcriptase M-MLV 试剂盒的说明书操作，并将 cDNA 保存在 -20℃冰箱。以特异引物检测目的基因的表达情况，同时以 actin 为内参。

5.2.1.7 基因组步移技术

根据同源片段扩增获得序列设计正向和反向 SP 引物，按照试剂盒所设程序进行三轮 PCR 扩增，将有明显条带的 PCR 用多功能 DNA 纯化试剂盒回收后连接到克隆载体 pGM-T 上，利用菌落 PCR 筛选阳性克隆后送往测序公司进行测序。利用在线 BLAST 软件以及 ATGC 等序列拼接软件对所获得序列进行拼接，然后用 FGENESH 分析其开放阅读框。

5.2.2 基因功能分析

5.2.2.1 思茅松目的基因 cDNA 序列及其编码蛋白氨基酸的序列分析

用美国国家生物技术信息中心（NCBI）在线软件 ORFFinder 对目的基因进行蛋白翻译后，再用在线软件 ProtParam 对编码蛋白的理化性质进行分析，编码蛋白的保守结构域分析由在线蛋白功能结构域分析软件完成，其氨基酸同源序列比对则用 DNAMAN 软件完成，最终确定编码蛋白的保守结构域。将思茅松编码蛋白与 NCBI 已知其他植物的编码蛋白进行多重比对后，用 MEGA7 软件中的邻位相连法程序进行进化树分析。

5.2.2.2 思茅松目的基因在不同组织中的表达分析

分别取 2μg 思茅松高产脂和低产脂个体不同组织的 RNA，按照 RevertAidTM First Strand cDNA Synthesis Kit 试剂盒说明合成 cDNA 第一条链。以不同组织的 cDNA 为模板，用特异引物进行荧光定量 PCR 分析，并以阿尔法延长因子基因作为内参基因。具体反应体系如下：分别向 PCR 管中加入 12.5μL 2×SYBRgreen master mix（含 ROX）、上游和下游引物各 0.5μL、cDNA 1μL，最终用超纯水补足 25μL。PCR 反应条件为：预变性温度 95℃，时间 10min，变性温度 95℃，时间

15s；退火和延伸温度为 60℃，时间为 30s，共 40 个循环。反应结束后，收集信息做循环数阈值（cycle threshold，CT）分析。

5.2.2.3 差异表达单基因的 GO 分类及通路分析

为了比较高和低含树脂产量个体之间的表达丰度，单基因表达的计算使用 FPKM（RPKM）方法（每百万次阅读每 1000 个碱基对片段数）。所有高质量的阅读都与组装的转录物对齐，它们的标签被标准化为 RPKM 值。通过基于 Audic 方法的严格算法鉴定两个样品之间的差异表达基因。将所有差异表达基因映射到基因本体数据库（http：//www.geneontology.org/）的每个术语中，并计算每个 GO 术语具有的基因数目（Audic et al.，1997）。列出每个特定 GO 术语的基因名称和数量，然后使用超几何检验来发现 DEGs 中与基因组背景相比显著富集的 GO 术语。所有差异表达基因也定位于 KEGG 途径，Q 值≤ 0.05 的基因在 DEGs 中显著富集。

5.2.2.4 目的基因功能互补分析

为了鉴定思茅松目的基因的互补功能，将含有目的基因的不同 cDNA 克隆到质粒 pEASY-Blunt E2 中。将目的基因的表达载体转化为大肠杆菌突变体 EcAB4-2，在添加适当抗生素（50mg/mL 氨苄青霉素）和 1mg 甲苄戊酸盐（MVA）的 LB 肉汤板上选择转化子。

5.2.2.5 实时荧光定量 PCR（qRT-PCR）分析

采集高脂低油树脂产量思茅松树皮样品，采用 V 滴交叉法诱导树皮内油树脂的排水，在 0h、6h、12h 后用液氮冷冻。使用 RNeasy 植物迷你试剂盒（Qiagen）提取不同样本的 RNA。cDNA 合成采用逆转录酶试剂盒（TaKaRa 超级 RT 试剂盒），使用 sYBRGreen（Invitrogen）使用特异性引物检测 PCR 产物。25 μL 反应体系的可选参数如下：2 × SYBRgreen 主混合物 12.5 μL，上下游引物（10 μmol/L）0.5 μL，模板（cDNA）1 μL，ddH_2O 10.5 μL。PCR 反应采用 PCR 热循环器（ABI 7300；美国福斯特市应用生物系统公司）。反应系统使用变性程序（95℃，10min），放大和量化程序重复 45 次（95℃ 15s → 57℃ 15s → 72℃ 15s，单次荧光测量），熔化曲线程序（60~95℃，加热速率为 0.1℃ /s，连续荧光测量），最后一个冷却步骤 40℃。以延伸因子 1-alpha（EF1a）基因作为基因表达正常化的内对照。每个样本至少有 2 个独立的生物重复和 3 个技术重复进行 qPCR 分析，以确保重复性和可靠性。最终采用 $2-\Delta\Delta C_t$ 法计算基因的相对表达量。

5.3 思茅松合成酶关键基因的研究结果

5.3.1 DXS 基因功能分析

1-脱氧-D-木酮糖-5-磷酸合酶（DXS）是 MEP 途径中的第一个酶，也是第一个限速酶（Xiang et al.，2013），DXS 通过控制质体中类异戊二烯前体的供应，从而调控植物的初级代谢以及次级代谢（Salvi et al.，2005）。许多实验已经证明过量表达 DXS 基因将提高宿主植物中萜类化合物的含量（Enfissi et al.，2005）。DXS 存在于植物和细菌中，并且有非常高的同源性，在植物和细菌中任何一对 DXS 拥有高于 45% 的相同氨基酸，并且在植物中 DXS 的保守性高于细菌中的保守性。最近的研究表明，大多数植物中都含有超过一个 DXS 基因。DXS1 拥有与细菌 DXS 非常相似的功能；而 DXS2（和 DXS3）在植物中具有不同组织或者不同器官的表达差异性。比如研究人员发现松科植物中的 DXS 基因会在其受伤组织中大量表达（Walter et al.，2013）。Kim 等（2009）的研究也发现赤松通过改变 DXS 的转录水平来调控其松脂代谢，在割脂（创伤）后，DXS 基因表达量和松脂产量成正相关。在研究葡萄中单萜成分含量数量性状基因座时，发现 DXS 基因位于影响葡萄中单萜含量的数量性状基因座上（Battilana et al.，2009）。因此，我们推测思茅松的松脂代谢也受到 DXS 基因表达调控，其所在基因座也影响着松脂产量。通过对思茅松转录组数据进行分析后获得思茅松的 DXS 基因部分序列，然后利用 RT-PCR 和 RACE 方法获得全长的思茅松 DXS 基因，并进行生物信息学分析以及基因表达分析，以期为思茅松 DXS 基因功能研究奠定基础，同时也为阐明思茅松松脂生物合成机制和分子育种提供参考。

5.3.1.1 思茅松 DXS 全长 cDNA 的克隆与序列分析

首先从思茅松树皮转录组数据中获得 1200bp 大小的 DXS 基因片段，再根据该片段设计特异引物，应用 RACE 技术克隆获得思茅松 DXS 的 3′ 端和 5′ 端 cDNA 末端序列信息，其大小分别为 1452bp 和 1235bp（图 5-1）。将获得的 DXS 基因片段序列进行拼接后，得到全长 cDNA 序列为 2888bp。利用在线软件（http://www.ncbi.nlm.nih.gov/gorf/gorf.html）分析获得 cDNA 开放阅读框，以 cDNA 为模板，PCR 扩增获得 2223bp 的 cDNA 完整的开放阅读框，将其命名为思茅松

DXS1。将此 2223bp 片段与 DXS cDNA 拼接序列进行比对分析，分析结果显示两序列一致，这表明思茅松 DXS 基因 cDNA 拼接序列正确。其 5′ 端含有 308bp 的非编码区，3′ 端含有 360bp 的非编码区，这表明思茅松 DXS 基因的 cDNA 序列完整（GenBank Accession No. KM382170）。

```
                                                                  ↓
PkDXS1   MAIASRAGVAPILQVDCPFTHFNSMTELGSRNSTWFQSAIPCSFRQIRATTKRKRCVLFA    60
PdDXS    MAIASRAGVAPILQVDCPFTHFNSMTELGSRNSMLFLSAIPCSFRQIRATTKRKRCVLFA    60
PaDXS    MAITSRAGAAPVLQVDCHLTHFHSITELGSRNSAMFQSAIPCTFQQISAATKRKRCILFA    60
GbDXS    MAASSMQAVS-FPQVDCQS-HFHSIPELGS-FSGLRKILPATTAYNRSAATKKKGCALYT    57
CrDXS    MAVSG------------------AVIGLNPPISPAYWTVP-----RLNYTARKQFCLRAS    37
         ** .                   . . *.  *                 . . . . *   .

PkDXS1   KLS--NSDG-EKGKNVKAAVEVAS-KSGFPAEKPPTPLLDTVNYPVHLKNLSIQDLEQLA   116
PdDXS    KLS--NSDG-EKGKNVKAAVEVAS-KSGFPAEKPPTPLLDTVNYPVHLKNLSIQDLEQLA   116
PaDXS    KLN--NSDG-EKMKNVRAAVEIAP-KKDFSAEKPPTPLLDTINYPVHLKNLSVQDLEQLA   116
GbDXS    KANANNSDGGESRKIVTAGVEVGG-KIDFSGEKPATPLLDTINYPIHMKNLSVEDLRQLA   116
CrDXS    SVN—SSNDAEEGKMISIKKEKDGWKIDFSGEKPPTPLLDTINYPVHMKNLSAHDLEQLA   95
             *    *   *  .    *      *   *    ***   ******. ***.  *.  ****    **  ***

PkDXS1   TEIRAELVFGVAKTGGHLGGSLGVVDLTVALHHVFDSPEDKIIWDVGHQSYPHKILTGRR   176
PdDXS    TEIRAELVFGVAKTGGHLGGSLGVVDLTVALHHVFDSPEDKIIWDVGHQSYPHKILTGRR   176
PaDXS    TEIRAELVFGVSKTGGHLGGSLGVVDLTVALHHVFDSPEDRIIWDVGHQSYPHKILTGRR   176
GbDXS    SELRAEIVFGVSKTGGHLGASLGVVDLTVALHHVFNTPEDRIIWDVGHQAYPHKILTGRR   176
CrDXS    AELRAEIVYSVAKTGGHLSASLGVVDLTVALHHVFNTPEDRIIWDVGHQAYPHKILTGRR   155
          .*. ***.*.  *.******   **************  .***.  ********.  **********

PkDXS1   SKMHTIRQTSGLAGFPKRDESKYDAFGAGHSSTSISAGLGMAVGRDLLKKKNHVVAVIGD   236
PdDXS    SKMHTIRQTSGLAGFPKRDESKYDAFGAGHSSTSISAGLGMAVGRDLLKKKNHVVAVIGD   236
PaDXS    SKMHTIRQTSGLAGFPKRDESKYDAFGAGHSSTSISAGLGMAVGRDLLRKSNHVVAVIGD   236
GbDXS    SRMHTIRQTSGLAGFPKRDESEHDAFGAGHSSTSISAGLGMAVGRDLLGKRNHVVAVIGD   236
CrDXS    SKMHTIRQTSGLAGFPKRDESIYDAFGAGHSSTSISAGLGMAVARDILGKNNNVISVIGD   215
         *.******************  *******************  **.*  *  *.*..****

PkDXS1   GAMTAGQAYEAMNNSGYLESNLIIILNDNKQVSLPTATLDGAAPPVGALTRALTKLQSSK   296
PdDXS    GAMTAGQAYEAMNNSGYLESNLIIILNDNKQVSLPTATLDGAAPPVGALTRALTKLQSSK   296
PaDXS    GAMTAGQAYEAMNNSGYLESNLIIILNDNKQVSLPTATLDGAAPPVGALTRALTKLQSSK   296
GbDXS    GAMTAGQAYEAMNNSGYLDSNMIIILNDNKQVSLPTATLDGAAPPVGALSSALTKPQSSK   296
CrDXS    GAMTAGQAYEAMNNAGFLDANLIVVLNDNKQVSLPTATLDGPATPVGALSSALSKLQASP   275
         **************.*.*..*.*..****************  *  *****.  **.*  *.*

PkDXS1   KLRKLREAAKGLTKQIGGPTHEVASKVDKYARGLISPAGSSLFDELGLYYIGPVDGHNIE   356
PdDXS    KLRKLREAAKGLTKQIGGPTHEVASKVDKYARGLISPAGSSLFDELGLYYIGPVDGHNIE   356
PaDXS    KIRKLREAAKGLTKQIGGQTHEMASKVDKYTRGIINPAASSLFEELGLYYIGPVDGHNIE   356
GbDXS    KLRKLREAAKSLTKQIGGQTHEIASKVDEYARGMISPAGSSLFEELGLYYIGPVDGHNME   356
CrDXS    KFRQLREAAKSITKQIGPQAHEVAAKVDEYARGMLSATGSTLFEELGLYYIGPVDGHSIE   335
         *  *.******  .*****  .**.*.***  *.**..   .  *.**.************* .*

PkDXS1   DMVTILEKIKSMPATGPVLIHLVTEKGKGYPPAEEAADKLHGVVKFDPVTGKQFKSKSSV   416
PdDXS    DMVTILEKIKSMPATGPVLIHLVTEKGKGYPPAEEAADKLHGVVKFDPVTGKQFKSKSSV   416
PaDXS    DMVTILEKIKSMPDSGPVLIHLVTEKGKGYPPAEEAADKLHGVVKFDPATGKQFKSKSSV   416
GbDXS    DMVTILDKVKSMPAPGPVLIHLVTDKGKGYPPAEKAADKLHGVVNFDPATGKQFKSKSST   416
```

图 5-1　思茅松和其他物种 DXS 氨基酸序列比对分析

```
CrDXS   DLVTIFQKVKAMPAPGPVLIHIVTEKGKGYPPAEVAADKMHGVVKFDPKTGKQFKSKSPT  395
        *.***  *.*.**  ******.**. ********* ****. **** *** *********

PkDXS1  LSYTQYFAEALIAEAEVDSKIVGIHAAMGGGTGLNYFQKKFPERCFDVGIAEQHAVTFAA  476
PdDXS   LSYTQYFAEALIAEAEVDSKIVGIHAAMGGGTGLNFFQKKFPERCLDVGIAEQHAVTFAA  476
PaDXS   LSYTQYFAESLIAEAEVDSKIVAIHAAMGGGTGLNYFQKKFPERCFDVGIAEQHAVTFAA  476
GbDXS   LSYTQYFADALIAEAEEDSKIVAIHAAMGGGTGLNYFQKRFPDRCFDVGIAEQHAVTFAA  476
CrDXS   LSYTQYFAESLIKEAEIDNKIIAIHAAMGGGTGLNYFQKRFPDRCFDVGIAEQHAVTFAA  455
        ********..** *** * **. ************. ***.**. ** *************

PkDXS1  GLATEGLKPFCAIYSTFLQRGYDQVVHDVDLQKLPVRFAMDRAGLVGADGPTHCGSFDVA  536
PdDXS   GLATEGLKPFCAIYSTFLQRGYDQVVHDVDLQKLPVRFAMDRAGLVGADGPTHCGSFDVA  536
PaDXS   GLATEGLKPFCAIYSTFLQRGYDQVVHDVDLQKLPVRFAMDRAGLVGADGPTHCGSFDVA  536
GbDXS   GMATEGLKPFCAIYSTFLQRGYDQVVHDVDLQKLPVRFAMDRAGLVGADGPTHCGAFDIT  536
CrDXS   GLATEGLKPFCAIYSSFLQRGYDQVVHDVDLQKLPVRFAMDRAGLVGADGPTHCGAFDVA  515
        *.*************.*************************************.**..

PkDXS1  YMACLPNMIVMAPSDEVELMHIVATAAAIDDRPCCFRFPRGNGVGLSNLPLNNKGVPLEI  596
PdDXS   YMACLPNMIVMAPSDEVELMHIVATAAAIDDRPCCFRFPRGNGVGLSNLPLNNKGVPLEI  596
PaDXS   YMACLPNMVVMAPSDEVELMHMVATAAAIDDRPSCFRFPRGNGVGLSNLPLNNKGLPLEI  596
GbDXS   YMACLPNMVVMAPSDEAELMHMIATAAAIDDRPSCFRFPRGNGVGVP-LPPGNRGIPLEI  595
CrDXS   YMACLPNMIVMAPSDEAELMHMVATAAKIDDRPCCFRFPRGNGIGVA-LPPNNKGTPLEI  574
        ********.******* ****..****.*****.*********.*.   ** .*.* ****

PkDXS1  GKGRILVEGTRVAILGFGTIIQNCLAAGKILNEQAGISVTIADARFCKPLDGDLIKRLAK  656
PdDXS   GKGRILVEGTRVAILGFGTIIQNCLAAGKILNEQAGISVTIADARFCKPLDGDLIKRLAK  656
PaDXS   GRGRILVEGTRVAILGFGTIIQNCLAAGKMLNEQAGISVTIADARFCKPLDGDLIKRLAK  656
GbDXS   GKGCILQEGSRVAILGCGAIVQNCVAARMLLKEHD-ISITIADARFCKPLDGDLIRQLAK  654
CrDXS   GKGRILVEGSRVAILGYGSIVQQCLGAAEMLKSHN-VSPTVADAKFCKPLDGDLIKTLAK  633
        *.* ** **.****** *.*.*.*. *   *   .  .*.*.***.**********.  ***

PkDXS1  EHEILLTVEEGSIGGFGSHVSHFLALNGLLDGKLKWRAMVLPDRYIDHGAPKDQIEEAGL  716
PdDXS   EHEILLTVEEGSIGGFGSHVSHFLALNGLLDGKLKWRAMVLPDRYIDHGAPKDQIEEAGL  716
PaDXS   EHEILLTVEEGSIGGFGSHVSHFLALNGLLDGKLKWRAMVLPDRYIDHGAPKDQIEEAGL  716
GbDXS   EHEILVTVEEGAIGGFGSHVPHFLALNGLLDGNLKWRAMVLPDRYIEHGSPKDQIEEAGL  714
CrDXS   EHEILITVEEGSIGGFGSHVTHFLSLTGILDGPIKVRSLFLPDRYIDHGAPVDQIEEAGL  693
        *****.*****.******** ***.*.*.***  *.*. *..  ******.**. * ********

PkDXS1  TPEHIAATIMSLLGKPHDALLKHR  740
PdDXS   TPEHIAATIMSLLGKPHDALLKHR  740
PaDXS   SPKHIAATIMSLLGKPHDALLKHR  740
GbDXS   SSRHIASTVMSPLGRPHDALQLSN  738
CrDXS   SSRHICATILSLLGKPKEALKLQ   716
        . **..*..***.*..**
```

图 5-1 思茅松和其他物种 DXS 氨基酸序列比对分析（续）

注：PdDXS 为赤松（ACC54554），PaDXS 为欧洲云杉（ABS50519），gbDXS 为银杏（AAR95699），CrDXS 为长春花（CAA09804）。所有保守的氨基酸位点都用星号标注，箭头处为叶绿体转运肽的切割位点，虚线框处为二磷酸硫胺结合位点，实线框处为转酮醇酶结构域。

5.3.1.2 思茅松 DXS 氨基酸序列分析

根据思茅松 DXS1 基因 cDNA 全长序列推测其编码 740 个氨基酸残基，该基因推断的蛋白与赤松（*Pinus densiflora*）DXS 蛋白的相似性为 99%，与欧洲云杉（*Picea abies*）DXS 的相似性为 97%。用思茅松 DXS 氨基酸序列与其他 4 种不同物种的 DXS 氨基酸序列进行序列比对分析，推测出思茅松 DXS 蛋白还包含二磷酸硫胺结合位点 GDG（X）8E（X）4A（X）11NDN（虚线框标注）（图 5-1）。同时，思茅松 DXS 蛋白还含有一个转酮醇酶结构域 DRAGX28PXD（实线框标注）（图 5-1）。利用亚细胞定位软件以及叶绿体转运肽的切割位点分析软件显示思茅松 DXS1 的合成位于叶绿体内，其含有一个由 48 个氨基酸残基构成的叶绿体转运肽，切割位点已用箭头标注（图 5-1）。

5.3.1.3　思茅松 DXS 系统进化树分析

思茅松 DXS 与其他植物的 DXS 氨基酸序列的系统进化分析表明，思茅松 DXS 与松科的 DXS 聚为一类，从系统进化树可以看出思茅松 DXS 与赤松的 DXS 基因及欧洲云杉 DXS 的亲缘关系较近（图 5-2）。

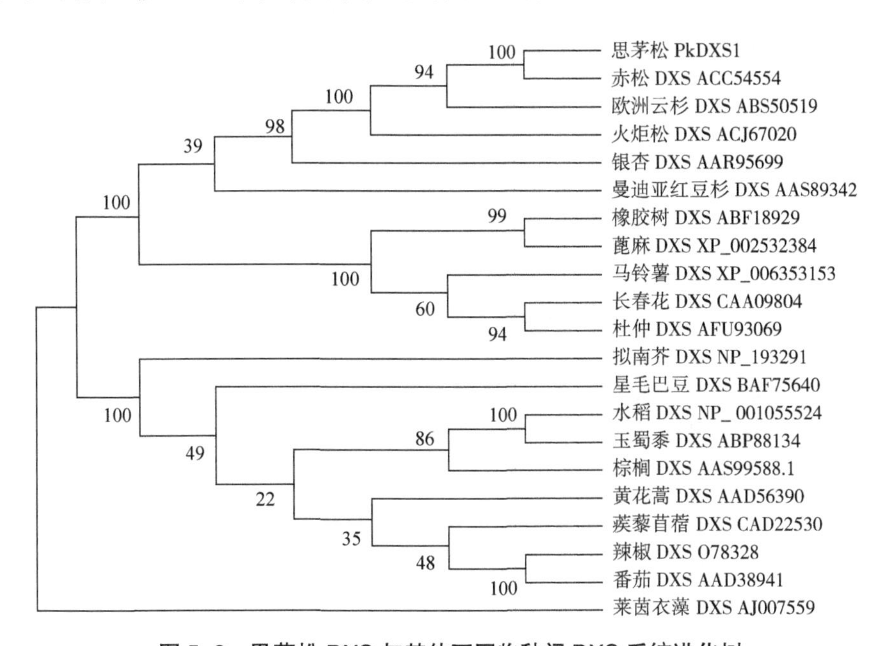

图 5-2　思茅松 DXS 与其他不同物种间 DXS 系统进化树

5.3.1.4　思茅松 DXS 基因的转录模式分析

利用思茅松 DXS1 基因的特异引物 Fdxst 和 Rdxst，通过 RT-PCR 检测思茅松 DXS1 在模拟割脂过程中导致树皮受伤后，随着时间变化思茅松 DXS1 基因表达情况。从图 5-3 中可以看出，思茅松 DXS1 基因在刚刚创伤时（0h）的表达量明显少于创伤后（12h、24h、36h）。这说明创伤会刺激思茅松 DXS1 基因表达。

系统进化分析发现思茅松 DXS 和赤松 DXS 聚类在同一分支（图 5-2）。对克隆获得的思茅松 DXS1 基因推导的蛋白序列分析发现，思茅松 DXS1 与赤松的 DXS 同源性高达 99.3%。只有 5 个氨基酸有差异，即第 33、34、36、451、461 位点。由此可以推测高产脂思茅松产脂量高的原因不是因为 DXS 蛋白序列差异导致，而很可能是类似于赤松通过改变 DXS 基因转录水平来调控松脂合成（Liu et al.，2015）。通过 RT-PCR 检测思茅松模拟割脂过程产生创伤后 DXS 表达情况发现，创伤能够有效地刺激 DXS 表达（图 5-3）。这与生产实践中割脂可以刺激松脂产生相吻合，从而再次证明思茅松 DXS 参与控制思茅松的松脂代谢。思茅松 DXS1 将是未来进行反向数量性状研究的靶基因，通过 genome walking，构建 BAC 文库以及全基因组测序等方法，获得思茅松 DXS1 基因前后序列，通过比较高低产脂不同个体中思茅松 DXS1 所在基因座的区别，最终揭示高低产脂数量性状的控制机理。这些工作将极大促进高产脂思茅松的分子育种。同时，思茅松 DXS1 在基因工程上也是非常重要的基因材料，通过在思茅松或者其他植物中超表达思茅松 DXS1，推动植物代谢向 MEP 途径倾斜，从而获得高产萜类化合物的工程植株。这些工作将极大推动高产脂思茅松工程植株的研发。

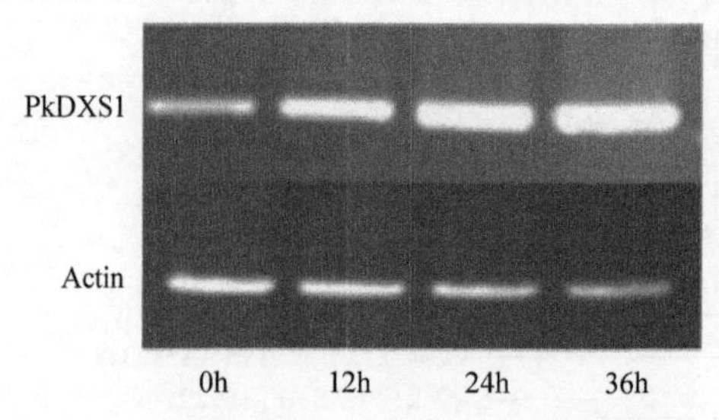

图 5-3　思茅松 DXS1 在树皮创伤后表达情况

注：PkDXS1 为思茅松 1- 脱氧 -D- 木酮糖 -5- 磷酸合酶基因表达，Action 为内参基因肌动蛋白基因表达。

5.3.2　HDR 基因功能分析

1- 羟基 -2- 甲基 -2-E- 丁烯基 -4- 焦磷酸还原酶（HDR）是甲基 -D- 赤藓醇 -4- 磷酸（MEP）途径中的最后一个酶，通过在大肠杆菌中超表达蓝细菌和植物中的 HDR 基因证明了 HDR 是萜类生物合成的限速酶（Wolff et al.，2003）。相对于 MEP 途径中的另外一个限速酶，脱氧木酮糖 -5- 磷酸合酶（DXS），HDR 在通过 MEP 途径提供前体的萜类的生物合成中起到主控作用（Botella et al.，2004）。并且，国外研究人员研究赤松松脂代谢时，发现 HDR 基因在转录水平的差异影响着赤松松脂的产量（Kim et al.，2009）。通过对思茅松转录组数据分析获得思茅松的 HDR 基因序列，利用 RT-PCR 和 RACE 方法获得全长的思茅松 HDR 基因，并通过生物信息学方法对基因序列及推导的氨基酸序列进行分析，为阐明思茅松松脂生物合成机制和分子育种提供参考。

5.3.2.1 思茅松 HDR 基因全长 cDNA 的克隆与序列分析

通过对思茅松树皮转录组数据分析获得 1185bp 大小的 HDR 基因片段，根据该片段设计特异引物。用 RACE 技术克隆目的基因的 3′ cDNA 末端，并进行测序验证，测序结果表明其大小为 685bp（图 5–4）。

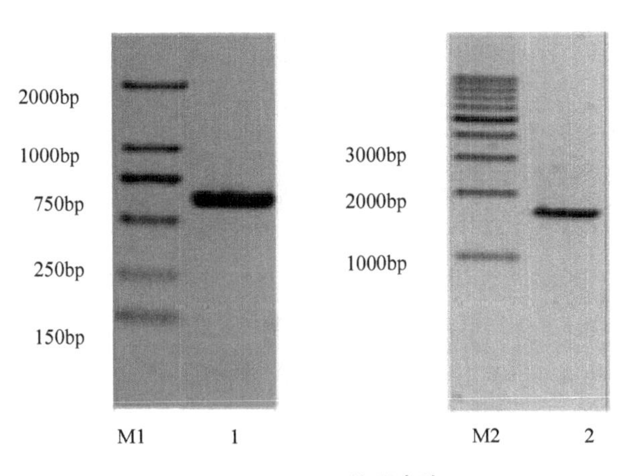

图 5–4 HDR 基因克隆

注：M1 为 Trans2K DNA Marker；M2 为 TaKaRa 1K Marker；1 为 3′ RACE；2 为 HDR 全长 ORF 克隆。

对获得的基因片段序列进行拼接后，获得全长 cDNA 序列为 1874bp。利用软件分析获得 cDNA 开放阅读框，并根据该序列设计特异引物，以 cDNA 为模板，PCR 扩增获得 1464bp 的 cDNA 完整开放阅读框，命名为思茅松 HDR。将此 1464bp 片段与 HDR cDNA 拼接序列进行比对分析，分析结果显示两序列一致，这表明思茅松 HDR 基因 cDNA 拼接序列正确。其 5′ 端含有 45bp 的非编码区，3′ 端含有 365bp 的非编码区，这表明成功克隆获得思茅松 HDR 基因的完整的 cDNA 序列（GenBank Accession No. KM382172）。

5.3.2.2 思茅松 HDR 基因氨基酸序列分析

根据思茅松 HDR 基因 cDNA 全长序列推测其编码 487 个氨基酸残基，该基因推断的蛋白与赤松以及火炬松（*Pinus taeda*）HDR 蛋白的相似性为 99%，这说明 HDR 基因在松科中极其保守。以思茅松 HDR 氨基酸序列与其他 4 种不同物种的 HDR 氨基酸序列进行序列比对分析，推测出思茅松 HDR 蛋白具有植物 HDR 蛋白催化过程中必需的 4 个半胱氨酸位点（A143、A234、A288、A371）（图 5–5）。利用亚细胞定位软件以及叶绿体转运肽的切割位点分析软件分析显示思茅松 HDR 蛋白的合成位于叶绿体内，其含有一个由 61 个氨基酸残基构成的叶绿体转运肽（切割位点已用箭头标注；图 5–5）。

```
PkHDR   MAQACAVLSSVSSCRNDALQSAQVMMLQVRHSPLVHNQNHINLRRQKEKKKITAGIGVVR   60
PdHDR   MAQACAVLSSVSSCRNDALQSAQVMMLQVRHSPLVHNQNHINLRSQKEKKKITAGIGVVR   60
PtHDR   MAQACAVLSSVSSCRNDALQSAQVKMLQVRHSPLVHNQNHINLRRQKEKKKITAGIGVVR   60
TmHDR   MAKACALLSSLPNTQMN--------LATPFRSSAFIP-QNHHTLR-----KKSSVKFGIVR  47
GbHDR   MAQACAVSGILASHSQVKLDSTYVSGLKMPASLVITQKKELKIG----------RVCNTR  50
        **.***.   .                *   .    .         *
        ↓
PkHDR   CHGGAATTAVEASESEEFDSKSFRKNLTRSKNYNRKGFGYKDEMLALMDQEYTSDLVKTL   120
PdHDR   CHGGAATTAVEASESEEFDSKSFRKNLTRSKNYNRKGFGYKDEMLALMDQEYTSDLVKTL   120
PtHDR   CHGGAATTAVEASESEEFDSKSFRKNLTRSKNYNRKGFGYKDEMLALMDQEYTSDLVKTL   120
TmHDR   CDGGSAATTVVEPESENFDTKTFRKNLTRSKNYNRKGFGYKEETLAMMDEEFKSNMVKTL   107
GbHDR   CHG---VSTTADSEPEQLDTKMFRKNLTRSNNYNRKGFGHKKETLELMDQEYTSDVVKTL   107
        **    ..     * *  *.*********  ********   * * *.  **.*.*.  ****
PkHDR   KENNNEFTWGNVTVKLAKSYGFCWGVERAVQIAYEARKQFPSERIWITNEIIHNPTVNER   180
PdHDR   KENNNEFTWGNVTVKLAKSYGFCWGVERAVQIAYEARKQFPSERIWITNEIIHNPTVNER   180
PtHDR   KENNNEFTWGNVTVKLAKSYGFCWGVERAVQIAYEARKQFPVERIWITNEIIHNPTVNER   180
TmHDR   KANNNEYTWGDVTVKLAEAYGFCWGVERAVQIAYEAKRQFPDRKIWLTNEIIHNPTVSQK   167
GbHDR   KENNYEYTWGNVTVKLAEAYGFCWGVERAVQIAYEARKQFPEERIWMTNEIIHNPTVNKR   167
        * ** *.*** ******  .  *****************..***  .**.**********   .
PkHDR   LEEMDVHSIPIGNEGKRFDVVNKGDVVILPAFGASVHEMQLLSEKNVQIVDTTCPWVSKV   240
PdHDR   LEEMDVHSIPIGNEGKRFDVVNKGDVVILPAFGASVHEMQLLSEKNVQIVDTTCPWVSKV   240
PtHDR   LEEMDVHSIPIGNEGKRFDVVNKGDVVILPAFGASVHEMQLLSEKNVQIVDTTCPWVSKV   240
TmHDR   FEEMAIQYIPVESEVKQMDVVGEGDVVVLPAFGASVHEMQALSEKNVQIVDTTCPWVSKV   227
GbHDR   IEEMKVQYIPVDEEGKRFDVVDKGDVVILPAFGAAVHEMQYLSEKNVQIVDTTCPWVSKV   227
        ***  ..  **.   * *.  ***  ****.******.*****  ******************
PkHDR   WNTVEKHKQGEYTSIIHGKYSHEETIATASFAGTYIIVKNITEARYVCDYILNGELDGSS   300
PdHDR   WNTVEKHKQGEYTSIIHGKYSHEETIATASFAGTYIIVKNITEARYVCDYILNGELDGSS   300
PtHDR   WNTVEKHKQGEYTSIIHGKYSHEETIATASFAGTYIIVKNITEARYVCDYILNGELDGSS   300
TmHDR   WNTVEKHKTGSYTSIIHGKYSHEETVATASFAGKYIIVKNIKEATYVCDYILNGELDGSS   287
GbHDR   WNTVVKHKQGDYTSIIHGKYAHEETVATASFAGTYIIVKTIDEAAYVCDYILDGKLNGSS   287
        **** ***   * *********.  ****.  *******  *****.* ** ******* * * ***
PkHDR   gTKEEFLKKFKNAVSKGFDPDVDLVKLGIANQTTMLKGETEEIGKLAEKTMMRRFGVENI   360
PdHDR   gTKEEFLKKFKNAVSKGFDPDVDLVKLGIANQTTMLKGETEEIGKLAEKTMMRRFGVENI   360
PtHDR   gTKEEFLKKFKNAVSKGFDPDVDLVKLGIANQTTMLKGETEEIGKLAEKTMMRRFGVENI   360
TmHDR   gTKEEFLEKFKYAISKGFDPDVDLLKMGIANQTTMLKGETEEIGKLEEKTMMRKYGVENV   347
GbHDR   gTKAEFLQKFKNAVSKGFDPDVALVKVGIANQTTMLKGETEDIGKLVEKTMMHKFGVENI   347
        *** *** *** *.********  *.*.**************  .  **** *****  ...  ****.
PkHDR   NKHFISFNTICDATQERQDAMDDLVKEKLDFILVVGGWNSSNTSHLQEIAELNDIPSYWI   420
PdHDR   NKHFISFNTICDATQERQDAMDDLVKEKLDFILVVGGWNSSNTSHLQEIAELNDIPSYWI   420
PtHDR   NKHFISFNTICDATQERQDAMDDLVKEKLDFILVVGGWNSSNTSHLQEIAELNDIPSYWI   420
TmHDR   NNHFTSFNTICDATQERQDAMDKLVTEKVDLMLVVGGWNSSNTSHLQEIAELNGIPSYWV   407
GbHDR   NDHFISFNTICDATQERQDAMHQLVKDKLDLILVIGGWNSSNTSHLQEIAELNGIPSYWI   407
        *  **  ****************  **   .*.*  .**.****************** *****.
PkHDR   DDEQRIGPGNKITFKLNHGELVEKDHWLPEGPITIGITSGASTPDKVVEDALKRIFEIKR   480
PdHDR   DDEQRIGPGNKITFKLNHGELVEKDHWLPEGPITIGITSGASTPDKVVEDALKKIFEIKR   480
PtHDR   DNEQRIGPGNKITFKLNHGELVEKDHWLPEGPITIGITSGASTPDKVVEDALKKIFEIKR   480
TmHDR   DSEQRIGPGNKIAFKLNHGELVEKDNWLPEGPITIGITSGASTPDKVVEDVLRKVFEIKR   467
GbHDR   DSKERIGPGNMIAYKLNHGELVEKENWLPEGPITIGVTSGASTPDKVVEDVLKRVFQIKQ   467
        *   .****** *..***********. ***********. ************* *  ... *  **.
PkHDR   EEALQAA   487
PdHDR   EEVLQAA   487
PtHDR   EEVLQAA   487
TmHDR   EEALQVA   474
GbHDR   EETLQVA   474
        ** ** *
```

图 5-5 思茅松和其他物种 HDR 氨基酸序列比对分析

注：PdHDR 为赤松（ACC54561）HDR 氨基酸序列；PtHDR 为火炬松（ABO26588）HDR 氨基酸序列；TmHDR 为红豆杉（ABU44490）HDR 氨基酸序列；gbHDR 为银杏（ABB78090）HDR 氨基酸序列；叶绿体转运肽切部位点根据比对结果分析用“↓”标注所有蛋白序列中的保守氨基酸都用“*”标记，有两个变化的氨基酸位点用“.”标记。

5.3.2.3　思茅松 HDR 系统进化树分析

思茅松 HDR 与其他植物的 HDR 氨基酸序列的系统进化分析表明，思茅松 HDR 与松科的 HDR 聚为一类，从系统进化树可以看出思茅松 HDR 与赤松的 HDR 及欧洲云杉的 HDR 亲缘关系较近（图 5–6）。

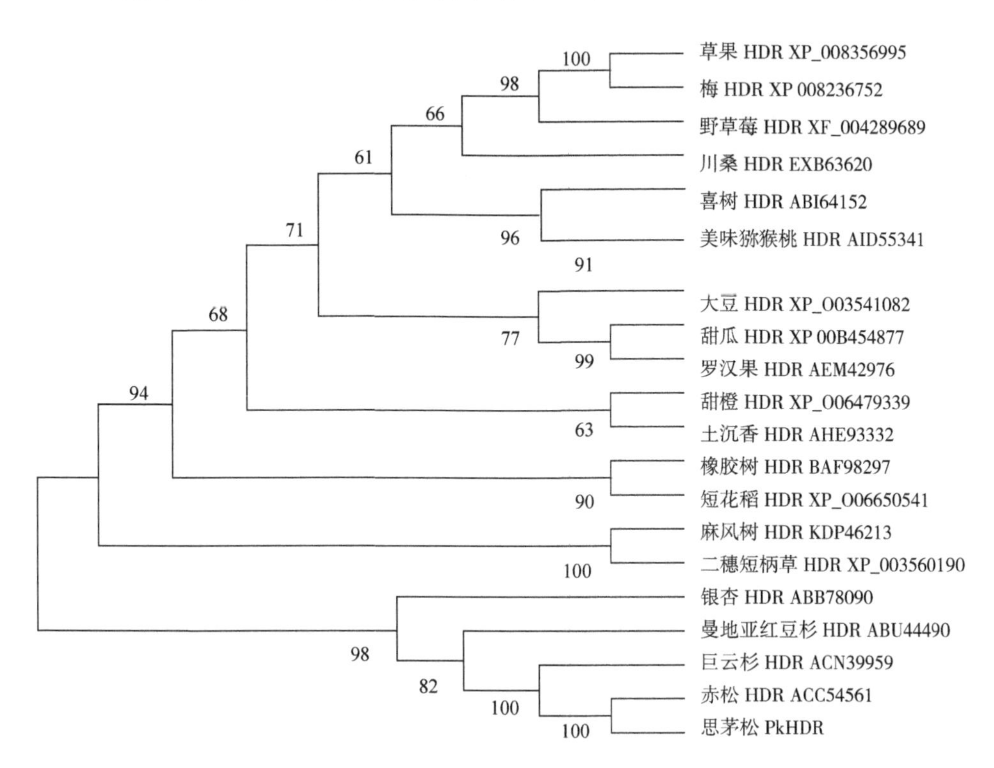

图 5–6　思茅松 HDR 与其他不同物种间 HDR 系统进化树

5.3.2.4　思茅松 HDR 基因的转录模式分析

通过 RT–PCR 检测思茅松 HDR 基因在模拟割脂过程中导致思茅松树皮受伤后，随着时间变化思茅松 HDR 基因表达情况。从图 5–7 中可以看出，思茅松 HDR 基因在创伤后（12h、24h、36h）的表达量明显高于刚刚创伤时（0h）的表达量。这说明对树皮的损伤会刺激思茅松 HDR 基因表达。

通过比对分析发现思茅松 HDR 基因与赤松 HDR 基因的相似度高达 99%，只有 3 个氨基酸的差异（A44、A473、A482），与火炬松 HDR 基因相似度也高达 98.97%，只有 5 个氨基酸的差异（A24、A161、A421、A473、A482）。通过比较思茅松以及已经公布的其他松科植物 MEP 途径中关键酶基因序列，结果也显示出在蛋白序列具有高度保守性。这意味着松科 MEP 途径相关酶在进化上趋于保

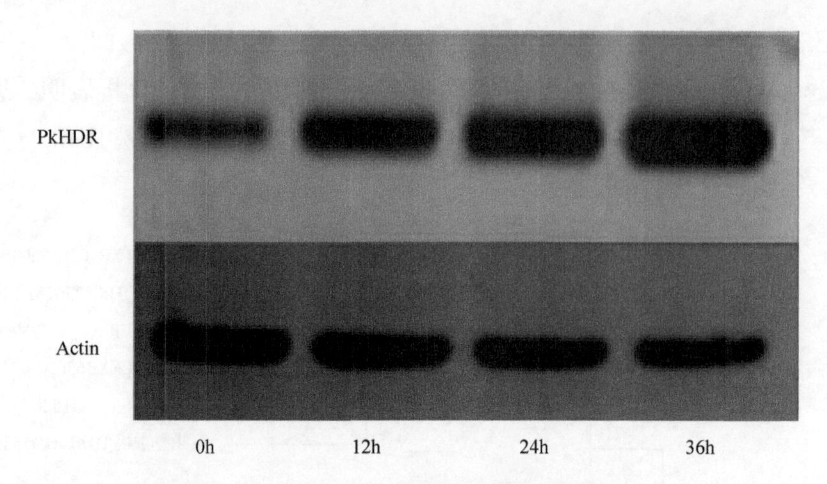

图 5-7 思茅松 HDR 在树皮创伤后表达情况

注：用特异引物扩增基因片段后，并用 1% 琼脂糖胶检测基因转录情况。

守，思茅松个体产脂差异是相关基因在转录水平上的差异导致而不是某个酶活性差异导致。通过 RT-PCR 检测思茅松模拟割脂过程产生创伤后 HDR 基因表达情况发现，创伤能够有效地刺激 HDR 基因表达（图 5-7）。这与生产实践中割脂可以刺激松脂产生相吻合，说明 HDR 基因表达高低与产脂量呈正相关。而对于不同个体在相同处理（创伤）的情况下，表现出不同的产脂量，这很可能与个体中基因拷贝数以及关键酶基因所处染色体位置相关，即所对应的数量性状基因座相关。

5.3.3 GGPS 基因功能分析

牻牛儿基牻牛儿基焦磷酸合成酶（geranylgeranyl diphosphate synthase，GGPS）主要利用来源于 MEP 途径合成的异戊烯焦磷酸及其异构物二甲丙烯焦磷酸、牻牛儿基焦磷酸等底物聚合形成合成二萜、四萜及多萜化合物的前体——牻牛儿基牻牛儿基焦磷酸（GGPP）（Vandermoten et al.，2009）。Ignea 等（2015）研究表明，在酵母中，超表达 GGPS 基因能够有效提高菌株二萜的产量；国内研究人员也发现，GGPS 与马尾松产脂力密切相关（Vranová et al.，2013）。因此，GGPS 是植物二萜类化合物生物合成的关键酶之一，而松脂中不挥发的主要成分——松香类物质主要属于二萜类物质。利用转录组测序技术获得思茅松 GGPS 基因序列，并利用 RT-PCR 克隆获得该基因，同时对思茅松 GGPS 在不同思茅松个体及组织中的表达情况进行分析。这些研究将有助于揭示思茅松高产脂的分子机理。

5.3.3.1　转录组分析

通过 Illuminahiseq 2000 平台测序对高低产脂思茅松割脂后伤口附近树皮转录组测序，总计产出 5828966460nt 数据，组装结果得到 59636 个单基因。对所获得的单基因进行本地 Blast 以及在 NR、NT、Swiss-Prot、KEGG、COG 和 GO 等数据库比对分析，最终获得 13 个可能的 GGPS 基因片段（表 5-1）。根据已知其他植物 GGPS 基因大小在 1kb 以上，从转录组数据中最终得到大于 1kb 的 GGPS 基因片段有 2 个，通过蛋白序列分析以及表达量分析最后确定 Unigene 9201 作为后续克隆分析的对象。

表 5-1　转录组分析得到的 GGPS 信息

基因编号	长度（bp）	片段数	表达量
Unigene 36251	298	54	7.4126
Unigene 36252	202	48	9.7204
Unigene 9201	1248	8353	273.7922
Unigene 9202	293	24	3.3507
Unigene 9203	515	157	12.4705
Unigene 9204	271	56	8.453
Unigene 10261	460	155	13.7837
Unigene 11654	542	180	13.5852
Unigene 16691	515	232	18.4278
Unigene 21081	1384	1172	34.6405
Unigene 22832	400	105	10.738
Unigene 24616	997	1834	75.2484
Unigene 24617	450	243	22.0896

5.3.3.2　基因克隆

基于转录组数据中获得的 GGPS 基因片段序列的特异引物，以 cDNA 为模板，进行高保真 PCR 扩增，将扩增出来的目的片段连接到克隆载体中，并进行测序比对验证。最终获得 1152bp 的思茅松 GGPS 基因编码区全长 cDNA，并命名为思茅松 GGPS。

5.3.3.3　思茅松 GGPS 蛋白序列分析

将获得的思茅松 GGPS 基因序列利用在线 ORF 以及 ProtParam 软件进行蛋白序列分析，结果显示思茅松 GGPS 基因共编码 383 个氨基酸，其相对分子质量为 41660，等电点为 7.58。利用 NCBI（https：//WWW.ncbi.nlm.nih.gov/）上的在线结构域分析软件以及 DNAman 软件对与思茅松 GGPS 亲缘关系近的其他植物 GGPS 蛋白序列比对（图 5-8），确定思茅松 GGPS 拥有 GGPS 所特有的两个功能区域 FARM（DDLPSMDND）和 SARM（DDILD）。思茅松 GGPS 与马尾松 GGPS 的蛋白序列同源性为 78.07%，与挪威云杉（*Picea abies*）GGPS 同源性为 70.62%，与巨冷杉（*Abies grandis*）GGPS 同源性为 68.56%。

```
Pk     MAYSAMAASYH-CLHFMNTASQECNLKRASIKPRRFPGLSSSLWGSN----G-FQAHLKRGLSAYRDLVSSSR
Pm     MAYSGMTASYH-GLHLMNIATEECSLKRVPIPSRRFHGFSTSLWASN----G-FQG--KRELSAYTKLVSSCR
Pa     MGYNGMVVSSNLGLYYLNIASRECNLKRISIPSP-FHGVSTSLGSSTSKHLG-LRGHLKKELLSHRLLLSSTR
Ag     MAYSAMATMG-----YNGMAASCHTLHPTSPLKP-FHGASTSLEAFNGEHMGLLRGYSKRKLSSYKNPASRS-
       * *  *          . *.    *.        * **. **   .     *  .     *. *.      * .

Pk     CSNTNAQLANLSGQVKEKATEFDLKEYMRSKAISVNEALDRAVPLRYPEKIHEAMRYSLLAGGKRVRPILCIA
Pm     CSSTIDQLANLR-EKARAVVQFDFKEYLQSKAISVNEALERAVPLRYPEKIHEAMRYSLLAGGKRVRPVLCIA
Pa     SSKALVQLADLS-EQVKNVVEFDFDKYMHSKAIAVNEALDKVIPPRYPQKIYESMRYSLLAGGKRVRPILCIA
Ag     SNATVAQLLNPP-QKGKKAVEFDFNKYMDSKAMTVNEALNKAIPLRYPQKIYESMRYSLLAGGKRVRPVLCIA
       .  .   **    .     .**    *.  ***..*****   . .* ***.** *.*************.****

Pk     ACELVGGTEEMAMPTACAMEIIHTMSLIHDDLPSMDNDDLRRGKPTNHKVFGEGTAVLAGDALLSFAFEHIAV
Pm     ACELVGGTEELAMPTACAMEMIHTMSLIHDDLPCMDNDDFRRGKPTNHKVFGEGTAVLAGDALLSFAFEHIAV
Pa     ACELMGGTEELAMPTACAIEMIHTMSLIHDDLPYIDNDDLRRGKPTNHKVFGEDTAIIAGDALLSLAFEHVAV
Ag     ACELVGGTEELAIPTACAIEMIHTMSLMHDDLPCIDNDDLRRGKPTNHKIFGEDTAVTAGNALHSYAFEHIAV
       ****.*****.*.*****.*.******. *****  .****  *********.***  **. ** ** * ****.**

Pk     ATSKTVDTDRVLRVVSELGRAVGSEGVAGGQVADITCQGKSSVGLETLEWIHIHKTAVLLECSVASGAIIGGA
Pm     STSKSVGSDRILRVVSELGRTIGSQGLVGGQVADISCEGNSSVDLATLEWIHIHKTAVLLECSVVCGAIISGA
Pa     STSRTLGTDIILRLLSEIGRATGSEGVMGGQVVDIESEGDPSIDLETLEWVHIHKTAVLLECSVVCGAIMGGA
Ag     STSKTVGADRILRMVSELGRATGSEGVMGGQMVDIASEGDPSIDLQTLEWIHIHKTAMLLECSVVCGAIIGGA
       .**...  .*  .**..**.**.  **.*.  ***.  **  ..*   *. * ****.******.****** .***.  **

Pk     SENEIERVRRYARCVGLLFQVVDDILDVTKSSEELGKTAAKDLMSDKATYPKLMGLEKANEFTIELLKRAKGE
Pm     SENEIERIKRYARSVGLLFQVVDDILDVTKSSKELGKTAGKDLITDKATYPKLMGLEKAKQFAVELLGRAKED
Pa     SEDDIERARRYARCVGLLFQVVDDILDVSQSSEELGKTAGKDLISDKATYPKLMGLEKAKEFADELLNRGKQE
Ag     SEIVIERARRYARCVGLLFQVVDDILDVTKSSDELGKTAGKDLISDKATYPKLMGLEKAKEFSDELLNRAKGE
       ** ***.****.*************** ..** ******  ***..*************** .*. *** * *  .

Pk     LSFFSPTKAAPLLCLADYIAQRQN
Pm     LSCFDPKKAAPLLGIAEYIAFRQN
Pa     LSCFDPTKAAPLFALADYIASRQN
Ag     LSCFDPVKAAPLLGLADYVAFRQN
       ** * *  *****    .*.*.* ***
```

图 5-8 GGPS 蛋白序列比对

注：Pk 为思茅松 GGPS；Pm 为马尾松 GGPS（登录号：AGU43761.1）；Pa 为挪威云杉 GGPS（登录号：ACA21458.2）；Ag 为巨冷杉 GGPS（登录号：AAN01134.1）；实线框为 FARM 功能区，虚线框为 SARM 功能区。

5.3.3.4 系统进化树分析

将推导出来的思茅松 GGPS 蛋白序列在 NCBI 上进行比对，获得其他植物

GGPS 蛋白序列，用 MEGA7 中自带的 ClusterW 进行蛋白序列多重比对后，用邻位相连法（各分支置信度由自检举分析 1000 次）绘制出思茅松 GGPS 与其他植物的 GGPS 蛋白的进化树（图 5–9）。从图 5–9 中可以看出裸子植物与被子植物的 GGPS 明显分为两支，思茅松的 GGPS 与冷杉、云杉以及松科植物聚为亚支，与马尾松的 GGPS 亲缘关系最近。

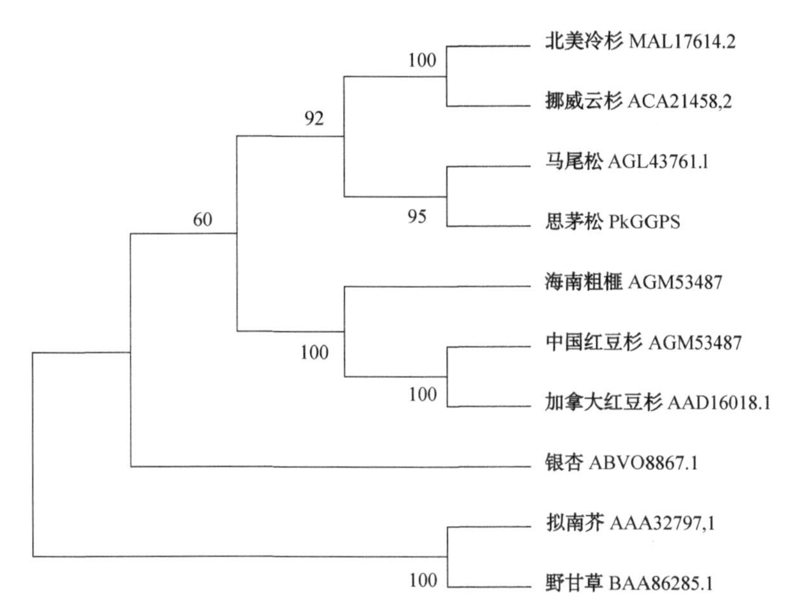

图 5–9　思茅松 GGPS 与其他植物 GGPS 系统进化树

5.3.3.5　荧光定量 PCR 检测思茅松 GGPS 基因不同组织表达

结果显示，思茅松 GGPS 基因在高产脂思茅松个体（产脂力 > 30kg/ 年）不同组织中，小枝中的表达量最高，松针中的表达量次之，在受到割脂物理伤害树皮中的表达量表现为先增加后降低。思茅松 GGPS 基因在低产脂思茅松个体（产脂力 < 0.5kg/ 年）不同组织中，松针中的表达量比小枝中的表达量高，而在受到割脂物理伤害树皮中的表达量随着时间变化而逐渐升高，在受到割脂物理伤害 12h 后达到最高值（图 5–10）。根据思茅松 GGPS 基因在高低产脂思茅松不同个体中，受到割脂物理伤害后树皮中的表达量变化，表明明显受到割脂物理伤害的诱导表达，这也说明思茅松 GGPS 基因与松脂代谢明显相关。思茅松 GGPS 基因在高低产脂思茅松不同个体的小枝中的表达量差异显著，而在树皮中的表达量差异不明显，这表示思茅松不同个体产脂量的差异原因可能是小枝中松脂合成能力的差异，而不是诱导后树皮中松脂合成能力的差异。

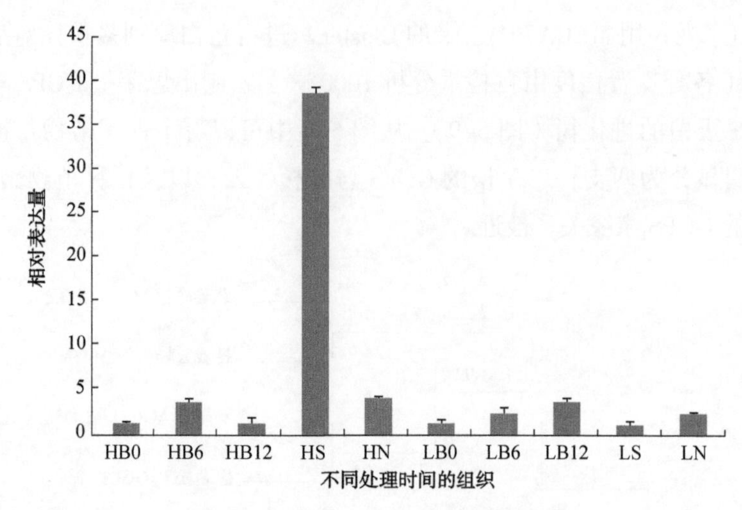

图 5-10 思茅松 GGPS 基因表达谱

注：HB0 为高产脂思茅松树皮；HB6 为高产脂思茅松割脂 6h 后的树皮；HB12 为高产脂思茅松割脂 12h 后的树皮；HS 为高产脂思茅松小枝；HN 为高产脂思茅松松针；LB0 为低产脂思茅松树皮；LB6 为低产脂思茅松割脂 6h 后的树皮；LB12 为低产脂思茅松割脂 12h 后的树皮；LS 为低产脂思茅松小枝；LN 为低产脂思茅松松针。

荧光定量 PCR 显示，思茅松 GGPS 基因在低产脂思茅松受到刺激后高表达的时间明显比高产脂思茅松个体中的时间要长，在思茅松幼枝中思茅松 GGPS 基因表达量差异最大，思茅松 GGPS 基因在高产脂思茅松幼枝中的表达量比在低产脂个体中表达量高近 40 倍。在不同组织的比较中，思茅松 GGPS 基因也是在高产脂幼枝中表达量最高。这说明思茅松割脂获得的松脂主要可能来源于原生树脂道中，而原生树脂道的松脂主要是在幼枝中合成，然后进行从上而下的运输，从而有效地防御虫害以及物理伤害。通过基因表达分析结果可以明确思茅松 GGPS 基因的表达量与思茅松产脂明显正相关。若最终能够找到 DNA 水平上的差异与思茅松 GGPS 基因的表达量的差异呈正相关，那么就有可能开发出与高产脂思茅松产脂紧密连锁的分子标记。

5.3.4 HMGS 基因功能分析

萜类物质在植物中主要由 MVA 途径和 MEP 途径合成（Vranová et al.，2013）。3- 羟基 -3- 甲基戊二酰辅酶 A 合酶（3-hydroxy-3-methylglutaryl-CoA synthase，HMGS）属于 MVA 途径中的第一个催化酶，可以催化 1 个乙酰 CoA 与乙酰乙酰 CoA 缩合成 3- 羟基 -3- 甲基戊二酰辅酶 A，然后在 HMGR（3- 羟基 -3- 甲基戊二酰辅酶 A 还原酶）的催化下形成异戊烯基焦磷酸（isopentenyl diphosphate）（Yu et al.，2009），从而为单萜、二萜等萜类化合物的合成提供前体异戊烯基焦磷酸。目前，HMGS 基因已在 20 余种植物中被克隆，如拟南芥（*Arabidopsis thaliana*）（Montamat et al.，1995）、樟子松（*Pinus sylvestris* var. *mongolica*）（Wegener et al.，1997）、茶树（*Camellia sinensis*）（陈林波 等，2013）等。但尚未见思茅松 HMGS 的相关报道。从思茅松的转录组数据挖掘并克隆得到思茅松的 HMGS 基因的全长序列，通过生物信息学分析预测该基因，采用转录模式分析该基因在不同处理和器官中相对表达量。以期为进一步探讨 HMGS 基因在高产脂思茅松二萜类物质生物合成中的作用和揭示思茅松高产脂的分子机理提供理论依据。

5.3.4.1　RNA 提取与基因克隆

按照植物总 RNA 提取试剂盒的说明提取各样品 RNA，以高产脂思茅松韧皮部的 cDNA 为模板，采用 EasyPfuDNA 聚合酶进行 PCR 扩增获得目的基因全长。连接后阳性克隆的测序结果显示，思茅松 HMGS 基因开放阅读框全长 1425bp，命名为思茅松 HMGS（图 5-11）。

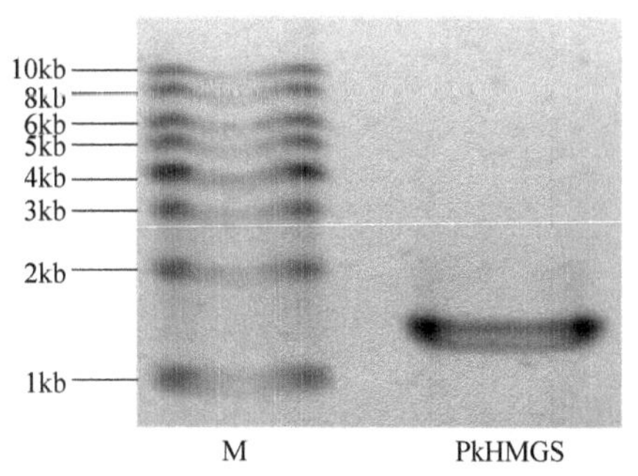

图 5-11　思茅松 HMGS 总 RNA 电泳图

注：M 为对照，PkHMGS 为思茅松 3- 羟基 -3- 甲基戊二酰辅酶 A 合酶基因。

5.3.4.2　思茅松 HMGS 蛋白序列分析

利用 ORF Finder 以及 ProtParam 软件分析思茅松 HMGS 基因的蛋白序列，结果表明思茅松 HMGS 基因共编码 474 个氨基酸，其相对分子质量为 53028.17，理论等电点为 5.61。在 Blast 上用得到的 474 个氨基酸序列与已知的其他植物的 HMGS 蛋白序列进行相似性对比，结果显示思茅松 HMGS 拥有其所特有保守序列 GNTEIEGVDSTNACYGGTA（Battilana et al.，2009）；思茅松 HMGS 与樟子松 HMGS 的蛋白序列同源性为 99.79%，与曼地亚红豆杉 HMGS 同源性为 85.29%，与银杏 HMGS 同源性为 82.70%（图 5-12）。

PkHMGS	91	KSKSIKTWLMHIFEKC GNTEIEGVDSTNACYGGTA AIFNCINWI	134
PsHMGS	91	KSKSIKTWLMHIFEKC GNTEIEGVDSTNACYGGTA AIFNCINWI	134
TmHMCS	91	KSKSIKTWLMHIFEKC GNTEIEGVDSTNACYGGTA AIFNCINWI	134
GbHMGS	91	KSKSIKTWLMHIFEKC GNTEIEGVDSTNACYGGTA AIFNCINWI	134
AcHMGS	91	KSKSIKTWLMHIFEKC GNTEIEGVDSTNACYGGTA AIFNCINWI	134

图 5-12　HMGS 蛋白序列比对

注：Pk 为思茅松；Ps 为樟子松（CAA65250.1）；Tm 为曼地亚红豆杉（AAT73206.1）；Gb 为银杏（AUW64606.1）；Ac 为中华猕猴桃（PSS04126.1）；黑框为保守区域。

5.3.4.3 系统进化树分析

在NCBI上获得其他植物的HMGS蛋白序列，用MEGA 6.0构建分子进化树。结果表明，进化树大致分为3个支系，思茅松HMGS与裸子植物樟子松、曼地亚红豆杉、银杏聚为一个支系，而在裸子植物中，思茅松HMGS与同为松属的樟子松的HMGS亲缘关系最近（图5-13），该基因的进化规律与植物的进化历程一致。

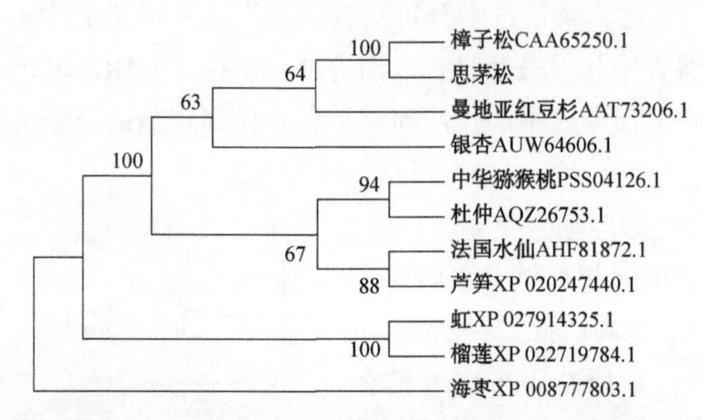

图5-13 思茅松HMGS与其他植物HMGS系统进化树

5.3.4.4 思茅松HMGS基因在不同组织中的表达分析

由图5-14可知，思茅松HMGS基因在高、低产脂思茅松中的表达量总体表现为松针最高，然后从高到低依次为LB6、HB12、HZ、LB12、HB6、LZ、HB0；在高产脂思茅松的树皮中，思茅松HMGS基因的人工割伤诱导表现为随着割脂时间的延长（0~12h）表达量逐渐增高，在人工创伤12h后的树皮中表达量最高，在低产脂思茅松树皮中，思茅松HMGS基因的人工割伤诱导表现为随着割脂时间的延长（0~12h）表达量先升后降，表明其受到割脂物理伤害的诱导表达。

不同植株中HMGS基因的组织表达特性不同（Cheng et al.，2016）。荧光定量PCR显示，思茅松HMGS基因在思茅松的树皮、小枝、松针中均有表达，尤以高产脂思茅松松针中表达量最高。按照“源库理论”（source-sink theory）（Mason et al.，1928），“源”是有机物合成和输出的组织或器官，“库”则是同化物转化或贮藏的组织或器官（Dwelle，1990）。研究将松针作为“源”，树皮作为“库”，思茅松HMGS基因在松针中表达量较高的株系，在其贮藏组织的树皮中表达量也较高，最终松脂含量是否也较高，还需要作进一步研究。受到割脂物理伤害的刺激后，思茅松HMGS基因在树皮中的表达明显，说明割脂诱导可使思茅松的产脂活力增强，思茅松HMGS基因与松脂代谢相关。在割脂刺激后，低产脂思茅松 HMGS 基因高量表达的时间比高产脂思茅松短，可能是因为低产脂思茅松树脂道凝结快，而高产脂思茅松树脂道凝结慢，因而低产脂的思茅松比高产脂的防御机制更强，伤口愈合更快，具体还需要作进一步研究。

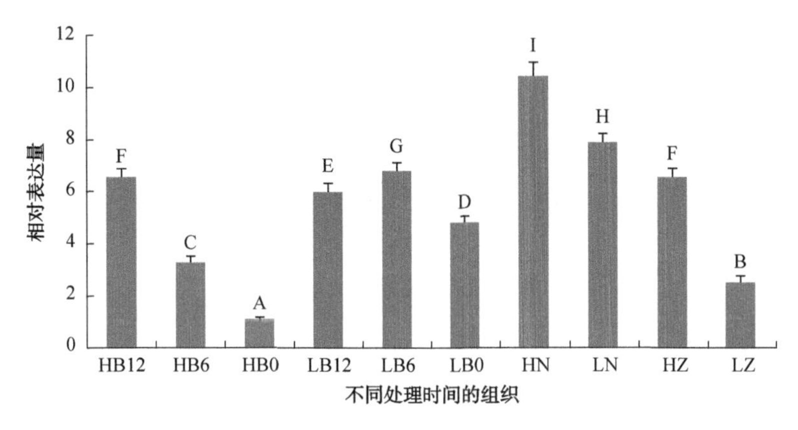

图 5–14 思茅松 HMGS 基因表达谱

注：HB12 为人工创伤后 12h 的高产脂思茅松树皮；HB6 为人工创伤后 6h 的高产脂思茅松树皮；HB0 为高产脂思茅松树皮；LB12 为人工创伤后 12h 的低产脂思茅松树皮；LB6 为人工创伤后 6h 的低产脂思茅松树皮；LB0 为低产脂思茅松树皮；HN 为高产脂思茅松松针；LN 为低产脂思茅松松针；HZ 为高产脂思茅松小枝；LZ 为低产脂思茅松小枝：不同大写字母表示在 0.01 水平上的差异显著。

5.3.5 转录组和基因表达分析揭示思茅松脂高产机理

DXS、DXR、HDR 和 TPS 在松脂生物合成中的作用已有报道（Byunmckay et al.，2006；Liu et al.，2015；Yeonbok et al.，2009；Phillips et al.，2003），尚未有关于思茅松 MEP 途径和 MEP 中酶的基因表达对高和低松脂产量的影响的报道。本研究分析了思茅松高产和低产松脂个体的转录组，鉴定了参与 MEP 途径的基因并分析了它们的功能。

5.3.5.1 序列分析和组装

以高和低产脂思茅松树皮为材料，利用 Illuminahiseq2500 构建了两个高通量测序文库。这两个文库（high 和 low）从来自单个阅读长度约为 126bp 的成对末端阅读分别产生了 8094 万和 8163 万个原始数据。在去除衔接子序列、歧义阅读和低质量阅读（Q20 < 20）后，从两个文库中分别获得 6169184280 个核苷酸（7.25Gb）和 5822084160 个核苷酸（7.43Gb）的高质量干净阅读。在所有高质量的读数被组合后，从高和低含油树脂产量伤害树皮中获得 68881 个单基因，它们的 N50 是 1402（图 5–15）。

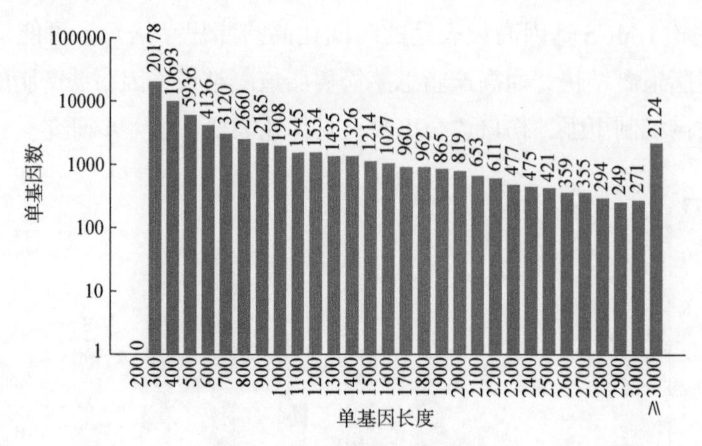

图 5-15 单基因的长度分布

5.3.5.2 功能注释

用非冗余数据库（http：//www.ncbi.nlm.nih.gov/）、集成植物数据库（http：//plants.ensembl.org/index.html）、KEGG 数据库（http：//www.genome.jp/kegg/）和 eggNO 数据库（http：//eggnogdb.embl.de/）对单基因进行注释。首先将单基因序列与蛋白质数据库中的 NR、Swiss-Prot、KEGG 和 COG（*e* 值 < 0.00001）进行比对，并与核苷酸数据库 NT（*e* 值 < 0.00001）进行比对，检索与给定单基因序列相似性最高的蛋白质及其蛋白功能注释。在所有数据库中注释 48035 个单基因，而在 COG（同源蛋白质聚类）数据库中仅注释 13528 个单基因。这些单基因分布在 25 个功能类别中（图 5-16）。

5.3.5.3 差异表达基因的分析

采用严格的算法对思茅松高、低树脂产量之间的差异表达基因进行了鉴定。这些基因被分为三类，红色基因表达上调，表明低产脂思茅松的基因表达量大于高产脂思茅松；绿色基因表达下调，即高产脂思茅松的基因表达量大于低产脂思茅松；蓝色的基因是没有差异表达的基因（图 5-17、彩图 20）。

采用途径显著富集对差异表达基因参与的主要生化途径和信号转导途径进行分析。差异表达基因的萜类主干生物合成途径显示，所有参与 MEP 途径的基因都是差异表达基因（图 5-18）。根据差异表达基因的显著富集途径，在 MEP 途径中，高产脂思茅松树皮个体的基因表达量高于低产脂思茅松树皮个体的基因表达量，而甲戊酸途径中的大多数基因都不是差异表达的基因。只有乙酰辅酶、AC- 乙酰转移酶和羟甲基戊二酰辅酶 A 还原酶基因在思茅松的高产脂树皮和低产脂树皮中存在明显的差异表达。

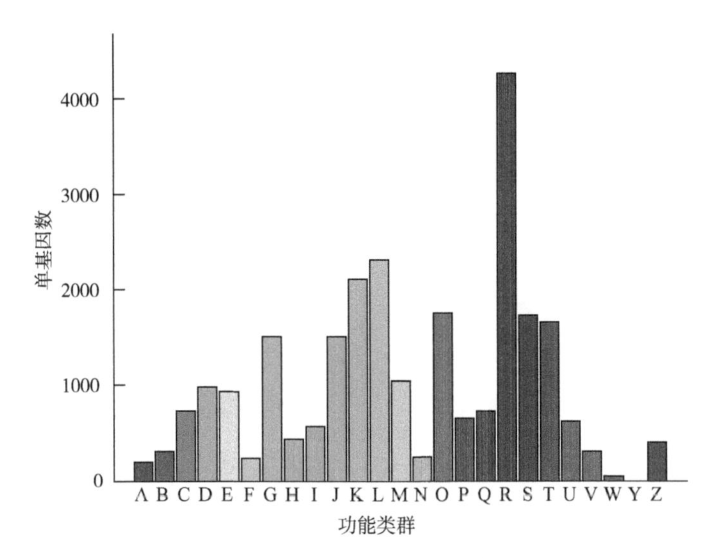

图 5-16 COG 功能分类

注：A 为 RNA 加工和修饰；B 为染色质结构和动力学；C 为能源生产和转换；D 为细胞周期控制，细胞分裂，染色体分割；E 为氨基酸转运和代谢；F 为核苷酸转运和代谢；G 为碳水化合物的运输和代谢；H 为辅酶转运和代谢；I 为脂质转运和代谢；J 为翻译、核糖体结构和生物发生；K 为转录；L 为复制、重组和修复；M 为细胞壁 / 膜 / 包膜生物发生；N 为细胞运动；O 为转位后修饰，蛋白质周转，分子伴侣；P 为无机离子转运和代谢；Q 为次生代谢产物的生物合成、运输和分解代谢；R 为仅做一般功能预测；S 为功能未知；T 为信号转导机制；U 为细胞内运输、分泌和囊泡运输；V 为防御基质；W 为细胞外结构；Y 为核结构；Z 为细胞骨架。

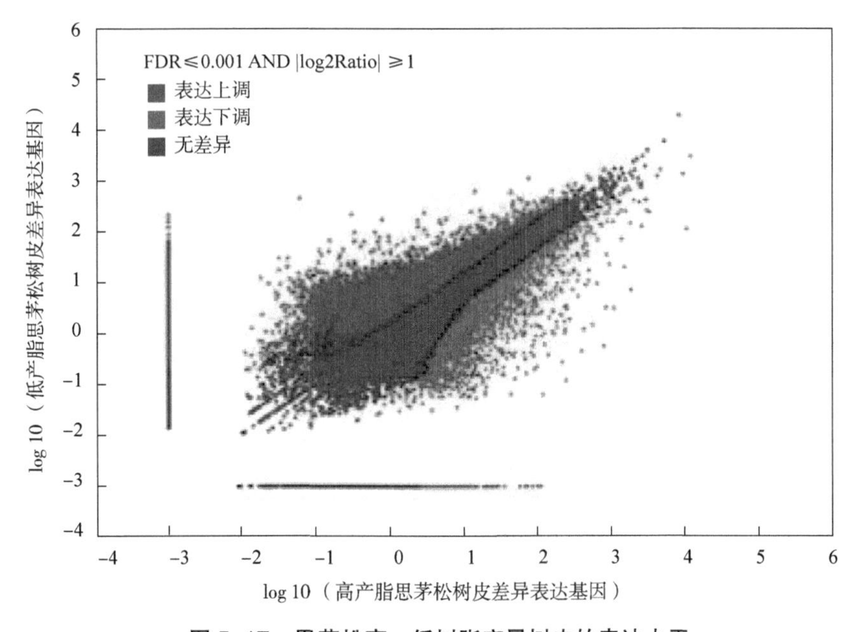

图 5-17 思茅松高、低树脂产量树皮的表达水平

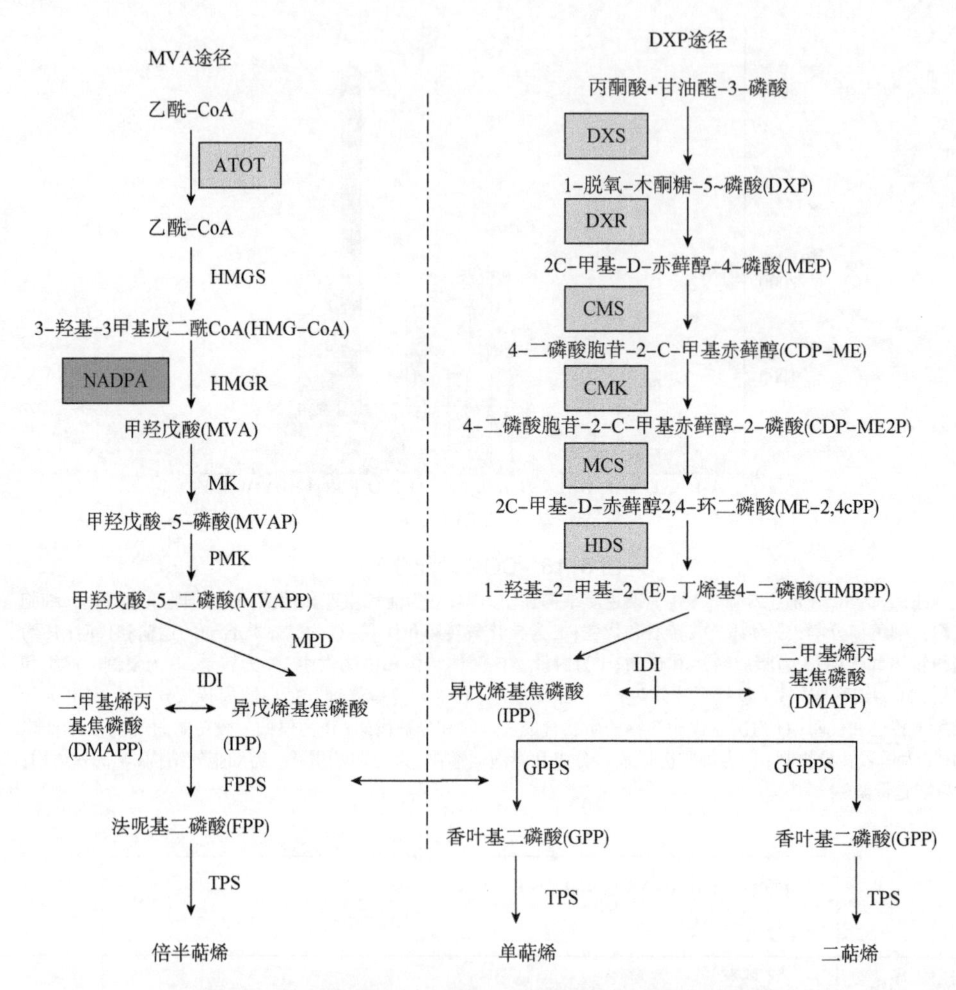

图 5-18 在萜类主干生物合成中显著富集的差异表达基因

注：浅灰色基因表达结果表明，高产脂思茅松的基因表达量大于低产脂思茅松。深灰色基因表达结果表明，高产脂思茅松的基因表达量小于低产脂思茅松。（ATOT 为乙酰乙酰 CoA 硫解酶；HMGS 为羟甲基戊二酰 CoA 合酶；HMGR 为羟甲基戊二酰 CoA 还原酶；MK 为 MVA 激酶；PMK 为二氧磷基 MVA 激酶；MPD 为 MVA 焦磷酸脱羧酶；DXS 为脱氧木酮糖 -5- 磷酸合酶；DXR 为脱氧木酮糖磷酸盐还原异构酶；CMS 为 4- 二磷酸胞苷 -2-C- 甲基 -D- 赤藓醇合酶；CMK 为 4- 二磷酸胞苷 -2-C- 甲基赤藓糖激酶；MCS 为 2- 甲基赤藓糖 -2，4- 环二磷酸合酶；HDS 为 1- 羟基 -2- 甲基 -2-（E）- 丁烯基 4- 二磷酸合酶；IPK 为异戊烯基单磷酸激酶；IDI 为异戊烯基二磷酸异构酶；FPPS 为法呢基二磷酸合酶；GPPS 为香叶基二磷酸合酶；GGPPS 为香叶基香叶基二磷酸合酶；TPS 为萜烯合酶。）

5.3.5.4 MEP 通路中基因的 qRT-PCR 分析

为了确认差异表达基因的转录组分析，采用 qRT-PCR 检测了参与 MEP 通路的 9 个基因的基因表达谱（图 5-19）。qRT-PCR 结果显示，9 个基因（DXS、DXR、MCT、CMK、MDS、HDS、HDR、APS、GGPPs）在红豆松高产油树脂损

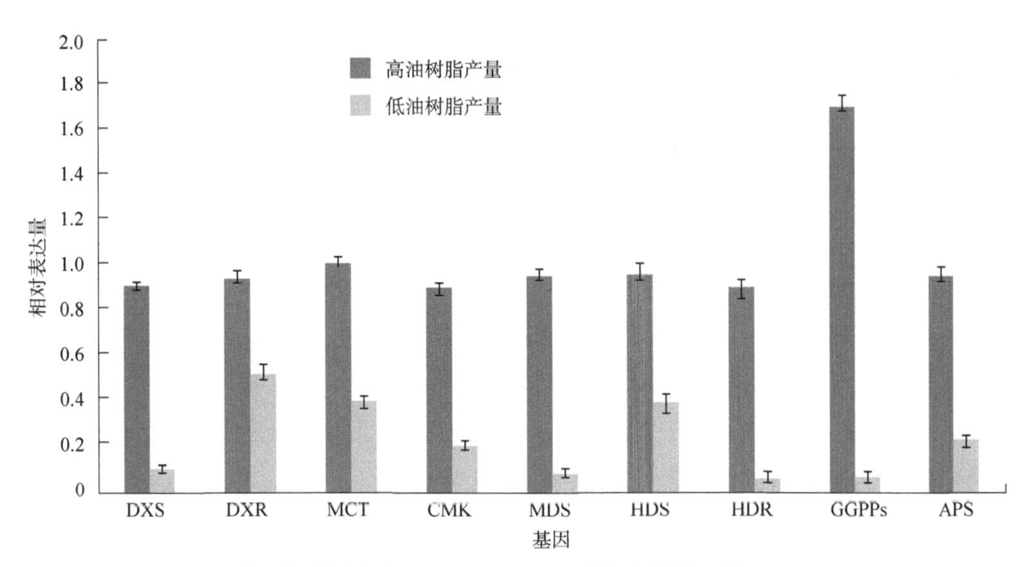

图 5-19 高、低油树脂产量中 MEP 通路相关候选单基因的 qRT-PCR 分析

注：DXS 为 1- 脱氧木黄糖 -5- 磷酸合成酶，DXR 为 1- 脱氧木黄糖 5- 磷酸还原异构酶，MCT 为 2-C- 甲基 - 赤藓糖醇 4- 磷酸胞苷转移酶，CMK 为 4- 二磷酸 -2-C- 甲基赤藓糖醇激酶，MDS 为 2-C- 甲基 - 赤藓糖醇 2,4- 环二磷酸合成酶，HDS 为 4- 羟基 -3-2-1-1 基二磷酸合成酶，HDR 为 4- 羟基 -3- 甲基但 2- 烯基二磷酸还原酶，GGPPs 为香叶酰焦磷酸合成酶，APS 为（+）- 甲苯合成酶。

伤树皮中表达强烈，表达量高于低油树脂产量个体，是低油树脂产量个体的 24 倍。说明这 9 个基因在高产个体油树脂生物合成中起着重要作用。DXS 和 HDR 在高油树脂产量和低油树脂产量个体中的基因表达也有明显差异，这意味着 DXS 和 HDR 在高油树脂的生物合成机制中也起着重要的作用。

RNA 测序（RNA-Seq）是获得基因组表达片段信息的简单有效的工具，它提供了基因表达、基因调控和蛋白质氨基酸含量的信息（Ozsolak et al.，2001；Wang et al.，2009）。通过差异表达基因分析表明，在思茅松高产脂个体中，MEP 途径中有 9 个基因表达上调。基因表达谱也证实了差异表达基因分析的结果。这意味着物理伤害的刺激对高和低产脂基因型是不同的。转录组差异表达基因分析和实时荧光定量 PCR，确定了 9 个与思茅松产脂量相关的候选基因，还首次报道了 MEP 途径中所有基因在思茅松高产油树脂基因型中上调。尤其是 DXS、HDR 和 GGPPs 基因表达在高和低产脂基因型中差异显著。在今后的工作中，我们将重点研究这些候选基因在不同基因型中的序列变异，并根据这些候选基因的序列变异开发新的高产脂分子标记。

5.3.6 3个DXS的基因克隆及功能分析

DXS是MEP途径的第一个关键酶，它催化丙酮酸的转酮酶脱羧反应甘油醛3-磷酸（GA-3P）并产生1-脱氧-D-木酮糖5-磷酸（Henriquez et al., 2016）。几份报告显示，DXS基因表达影响植物中萜烯的产物（Enfissi et al., 2005；Kimet al., 2009；Peng et al., 2013；Xu et al., 2014）。虽然已经克隆和鉴定了几个DXS基因，但是思茅松中DXS基因的功能还不清楚。此外，研究人员发现一个物种中有多个DXS。思茅松中DXS的功能尚不清楚。为了揭示思茅松高产松脂的机理，克隆了思茅松3个DXS基因，并通过定量聚合酶链反应（qPCR）和异源表达分析了它们的功能。

5.3.6.1 转录组从头组装

利用IlluminahiSeq 2000生成高油树脂产量思茅松树皮转录组的RNAseq数据。最后，从64766294个干净序列中鉴定出5828966460个碱基，并从组装的转录本中鉴定出59636个单基因。平均单基因大小为713bp，平均N50大小为1089bp。

5.3.6.2 完整cDNAs的基因克隆

对于单基因注释，使用BLASTX算法对NCBI非冗余蛋白、Swiss-Prot蛋白、基因本体（GO）和KEGG同源（KO）数据库进行序列相似性搜索。然后，通过搜索来自NCBI已知DXS的注释文件和本地BLAST搜索转录组装配文件，获得了9个推定的DXS单基因（表5-2）。

表5-2 从转录组组装文件中推测的9个DXS单基因

基因编码	长度（bp）	未加工片段	*FPKM*
Unigene 3555	954	34	1.4579
Unigene 3217	2045	706	14.1223
Unigene 1482	2607	1248	24.2294
Unigene 19459	2537	4472	147.8854
Unigene 21512	217	373	70.3141
Unigene 23720	761	353	18.9751
Unigene 24867	2888	58304	825.8369
Unigene 25133	468	125	10.9259

续表

基因编码	长度（bp）	未加工片段	*FPKM*
Unigene 280	772	227	12.0282

注：*FPKM* 为每 1000 个碱基的转录、每 1 百万映射读取的碎片长段。

经过开放阅读片段分析和生物信息学分析，思茅松转录组中有 3 个完整的 cDNAs。根据转录组的 DXS 序列，设计带有起始和终止密码子的特异性引物。将 3 个具有完整开放阅读框的 DXS 基因克隆到 pEASYT3 载体中，命名为思茅松 DXS1、思茅松 DXS2 和思茅松 DXS3。测序结果显示，思茅松 DXS1、思茅松 DXS2 和思茅松 DXS3 分别有 2223bp、2217bp 和 2142bp。

5.3.6.3　思茅松 DXS 的生物信息学分析

思茅松 DXS1、思茅松 DXS2 和思茅松 DXS3 的基本蛋白质信息由 ExPASy 蛋白质组学服务器在线软件 ProtParam 预测。思茅松 DXS1 蛋白有 740 个氨基酸，计算的相对分子质量为 79300，*pI* 值为 8.54；思茅松 DXS1 的分子式为 $C_{3541}H_{5668}N_{980}O_{1035}S_{27}$。思茅松 DXS2 蛋白有 738 个氨基酸，计算的相对分子质量为 79100，*pI* 值为 8.22，思茅松 DXS2 的分子式为 $C_{3514}H_{5609}N_{987}O_{1032}S_{30}$。思茅松 DXS3 蛋白有 713 个氨基酸，计算的相对分子质量为 76700，*pI* 值为 6.40；思茅松 DXS3 的分子式为 $C_{3395}H_{5388}N_{948}O_{1019}S_{31}$（表 5-3）。ChloroP1.1 预测服务器用于预测它们的叶绿体转运肽。结果表明，思茅松 DXS1、思茅松 DXS2 和思茅松 DXS3 分别在 48-、58- 和 50- 氨基酸序列的 N 末端具有叶绿体转运肽。DNAman 的比对分析表明，思茅松 DXS1、思茅松 DXS2 和思茅松 DXS3 具有硫胺素焦磷酸（TPP）结合结构域，它们都具有作为 TPP 结合结构域起点的高度保守序列 GDG 和作为 TPP 结合结构域终点的高度保守序列 LNDN。结合甘油醛 3- 磷酸（GAP）分子的活性位点中的残基（Sangari et al.，2010）也存在于思茅松 DXS 蛋白 1~3 中，例如组氨酸（思茅松 DXS1，134；思茅松 DXS2，135；思茅松 DXS3，109）和酪氨酸（思茅松 DXS1，112；思茅松 DXS2，108；思茅松 DXS3，109）（图 5-20）。来自思茅松和其他 DXS 的 3 个 DXS 的氨基酸序列用于产生多重比对和系统发生树（图 5-21）。系统进化树显示，它们可分为三个主要分支。思茅松的三个 DXS 分属两个主要分支。思茅松 DXS1 被归为 DXS1 分支，与赤松 DXS1 同源性最高。思茅松 DXS2、思茅松 DXS3 和另一种裸子植物 DXS2 型被归为 DXS2 分支。

表 5-3 思茅松三种 DXS 信息

基因	ORF 长度	AA 数量	相对分子质量	*pI* 值	分子式
思茅松 DXS1	2223bp	740	79300	8.54	$C_{3541}H_{5668}N_{980}O_{1035}S_{27}$
思茅松 DXS2	2217bp	738	79100	8.22	$C_{3514}H_{5609}N_{987}O_{1032}S_{30}$
思茅松 DXS3	2142bp	713	76700	6.40	$C_{3395}H_{5388}N_{948}O_{1019}S_{31}$

PaDXS 为云杉属 DXS（ABS50519）；PdDXS 为密度松属 DXS（ACC54554）。用 DNAman 进行比对。所有序列中保守的氨基酸残基用星号标记；两个氨基酸残基之间的变异性用点标记。叶绿体转运肽用浅灰色标记。转酮醇酶共识的硫胺素焦磷酸酶（TPP）结合域用灰色标记。与甘油醛 3- 磷酸（GAP）分子结合的活性位点上的残基以粗体表示（图 5-20）。

思茅松的 DXS 与其他植物 DXS 的亲缘关系。推断的 DXS 蛋白与 GenBank 中获得的真菌 DXS 序列进行比对（图 5-21）。

```
PaDXS   1    MAITSRAGAAPVLQVDCHLTHFH-SITELGSRNSAMFQSAIPCTFOQISAATKRKRCILF
PaDXS   1    MAIASRAGVAPILQVDCPFTHFN-SMTELGSRNSMLFLSAIPCSFRQIRATTKRKRCVLF
PaDX1   1    MAIASRAGVAPILQVDCPFTHFN-SMTELGSRNSTWFQSAIPCSFRQIRATTKRKRCVLF
PaDX2   1    MASLGVVSVGSSPSMVINWSNISQPRTTLWSGRFKILPKONISTLOMTPLKSKHG---IVS
PaDX3   1    MAMASSAVIQSN----------------------ANOLSSMGFAFSSG---SLRHQIKPTKLES
             **                                  .  * *                .  .   .*
PaDXS   61   AKLNNSDG-EKMKNVRAAVEIAP-KKDFSAEKPPTPLLDTINYPVHLKNLSVQDLEQLAT
PaDXS   61   AKLSNSDG-EKGKNVKAAVEVAS-KSGFPAEKPPTPLLDTVNYPVHLKNLSIQDLEQLAT
PaDXS1  61   AKLSNSDG-EKGKNVKAAVEVAS-KSGFPAEKPPTPLLDTVNYPVHLKNLSIQDLEQLAT
PaDXS2  59   AIAGNADGDENMKGICNAEKNGPLKITYSGEKPPTPLLDTINYPIHMKINLKIKELRQLAK
PaDXS3  50   MKLGRRVG-----KAYASALSDQG---EYYSEKPPTPLLDTINYPIHMKNLSIRELKQLSN
                     *     *     *        .     **********.***.*. ***  ... *  **.
PaDXS   118  EIRAELVFGVSKTGGHLGGSLGVVDLTVALHHVFDSPEDRIIWDVGHQSYPHKILTGRRS
PaDXS   118  EIRAELVFGVAKTGGHLGGSLGVVDLTVALHHVFDSPEDKIIWDVGHQSYPHKILTGRRS
PaDXS1  118  EIRAELVFGVAKTGGHLGGSLGVVDLTVALHHVFDSPEDKIIWDVGHQSYPHKILTGRRS
PaDXS2  119  ELREEIIFSVAETGGHLSASLGVVDLTVALHYVFNTPHDKIVWDVGHQSYPHKILTGRRS
PaDXS3  93   ELRSDIIFEVSRTGGHLGSSLGVVELTVALHYVFDAPEDKILWDVGHQAYPHKILTGRRD
             *.*  ...* *.  *****   *****.******  **  .*.*.*.******. **********
PaDXS   178  KMHTIRQTSGLAGFPKRDESKYDAFGAGHSSTSISAGLGMAVGRDLLRKSNHVVAVIGDG
PaDXS   178  KMHTIRQTSGLAGFPKRDESKYDAFGAGHSSTSISAGLGMAVGRDLLKKKNHVVAVIGDG
PaDXS1  178  KMHTIRQTSGLAGFPKRDESKYDAFGAGHSSTSISAGLGMAVGRDLLKKKNHVVAVIGDG
PaDXS2  179  KMSTLRQTSGIAGFPRRVESEHDAFGAGHSSTSISAAVGMAVGRDLLGKHNHVIGVIGDG
PaDXS3       KMPTLRQTNGLSGFTKRSESEYDCFGAGHSSTSISAGLGMAVGRDLKGKNNHVISVIGDG
             ** *.*** *..** .* **   *.************  .********   * ***.  *****
PaDXS   238  AMTAGQAYEAMNNSGYLESNLIIILNDNKQVSLPTATLDGAAPPVGALTRALTKLQSSKK
PaDXS   238  AMTAGQAYEAMNNSGYLESNLIIILNDNKQVSLPTATLDGAAPPVGALTRALTKLQSSKK
PaDXS1  238  AMTAGQAYEAMNNSGYLESNLIIILNDNKQVSLPTATLDGAAPPVGALTRALTKLQSSKK
```

图 5-20 DXS 的氨基酸序列比对

```
PaDXS2   239    AMTAGQAYEAMNNAGFLDSNMIIILNDNKQVSLPTATVDGPAPPVGALSSALCRLQSSKK
PaDXS3   153    AMTAGQAFEAMNNAGYLDSNMIVILNDNKQVSLPTANLDGPIPPVGALSSALSKLQSSKP
                *******.*****.*.*.**.*.*************..**  ******. **..*****

PaDXS    478    LATEGLKPFCAIYSTFLQRGYDQVVHDVDLQKLPVRFAMDRAGLVGADGPTHCGSFDVAY
PaDXS    478    LATEGLKPFCAIYSTFLQRGYDQVVHDVDLQKLPVRFAMDRAGLVGADGPTHCGSFDVAY
PaDXS1   478    LATEGLKPFCAIYSTFLQRGYDQVVHDVDLQKLPVRFAMDRAGLVGADGPTHCGSFDVAY
PaDXS2   479    LATEGLKPFCAIYSSFLQRGYDQVVHDVDLQKLPVRFALDRAGLVGADGPTHCGAFDVTY
PaDXS3   453    LACEGLKPFCAIYSSFLQRAYDQVIHDVDLQNLPVRFAMDRAGLVGADGPTHCGAFDVTY
                **.***********.****  ****.******  ******.***************.***.*
```

图 5-20　DXS 的氨基酸序列比对（续）

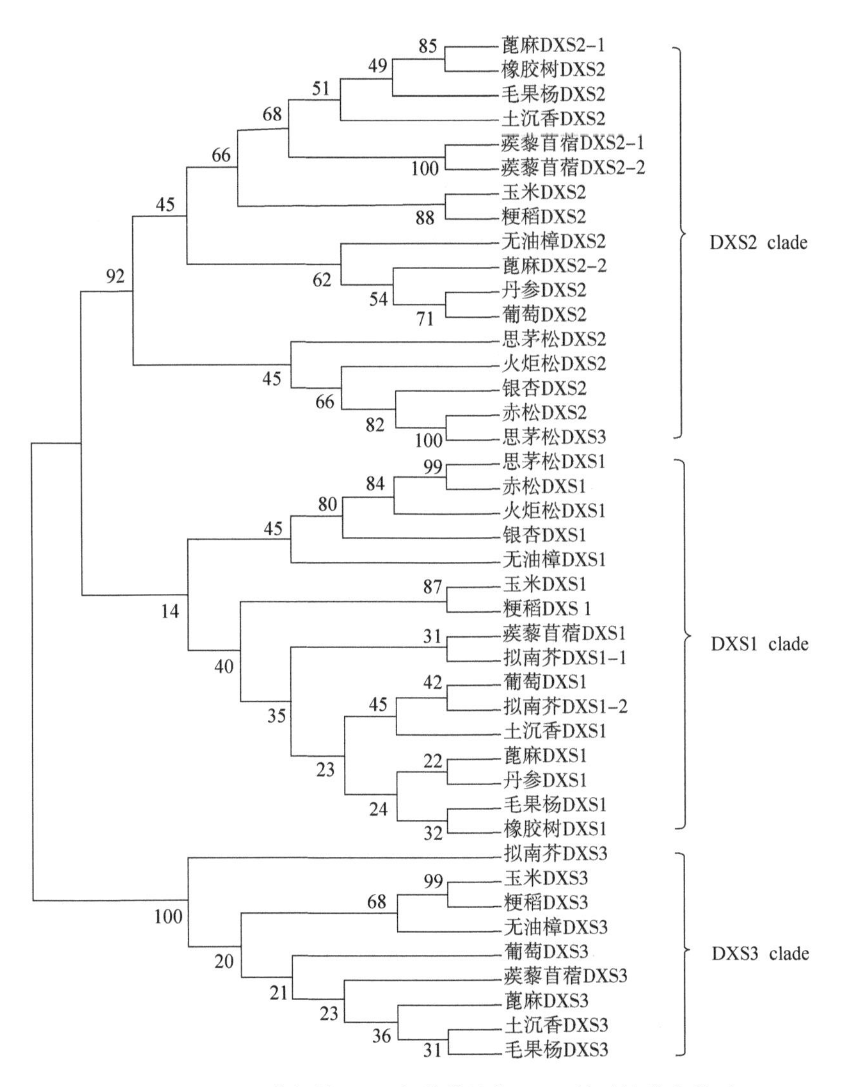

图 5-21　思茅松的 DXS 与其他植物 DXS 的系统发育关系

5.3.6.4 通过互补确定 DXS 的功能

为了证实思茅松 DXS 蛋白的功能，将它们的 cDNA 连接到 pEASY-Blunt E2 表达载体中。将思茅松 DXS 表达载体转移到大肠杆菌菌株 EcAB4-2 中，该菌株在 DXS 基因上有缺陷并且生长需要 MVA（Floss et al.，2008；Perez-Gil et al.，2012）。互补实验显示，具有思茅松 DXS（1~3）表达载体的大肠杆菌菌株 EcAB4-2 可以在没有 MVA 的选择平板上生长，而含有空载体的 EcAB4-2 不能在相同的选择平板上生长（图 5-22）。这一结果表明这 3 个基因（思茅松 DXS1、思茅松 DXS2 和思茅松 DXS3）编码功能性 DXS 蛋白。

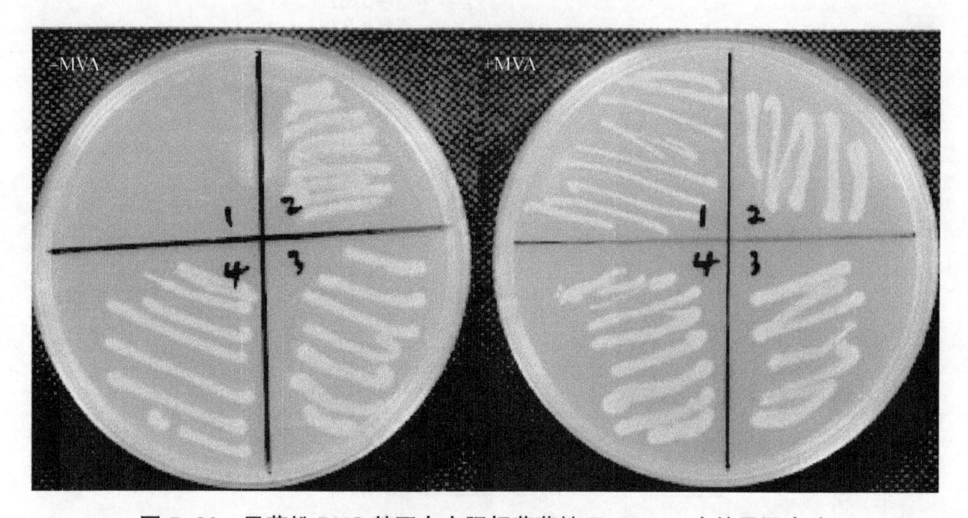

图 5-22 思茅松 DXS 基因在大肠杆菌菌株 EcAB4-2 中的异源表达

注：大肠杆菌菌株 EcAB4-2 与空载体（阴性对照）（编号 1）；大肠杆菌菌株 EcAB4-2 分别与思茅松 DXS1、思茅松 DXS2 和 PcDXS3 表达载体（编号 2~4）。在缺乏甲戊酸盐（-MVA）的培养基上生长表明有一个活跃的 DXS 基因。

5.3.6.5 思茅松中 DXS 的不同组织表达谱

为了检测思茅松 DXS 基因在不同组织和不同个体（高低油树脂产量）中的表达，收集 0h、6h、12h 后的树皮，收集高低油树脂产量个体的松针和小枝，立即在液氮中冷冻。从所有样本中分离出 RNA 并转化为 cDNA。采用 SYBRgreen 对 3 个思茅松 DXS 基因进行 qPCR 检测。结果显示，思茅松 DXS1 在所有组织中的基因表达均低于思茅松 DXS2 和思茅松 DXS3，且物理损伤对思茅松 DXS1 基因表达的影响较小。思茅松 DXS2 和思茅松 DXS3 在高产脂思茅松个体的松针中表达量最高。同时也观察到了物理损伤诱导的 DXS 基因的表达。qPCR 检测结果显示，思茅松 DXS2 和思茅松 DXS3 基因在物理损伤 6h 后表达量最大化。而在受伤的树皮和松树针中，思茅松 DXS3 的基因表达量在高产脂思茅松个体中高于在低产脂思茅松个体（图 5-23）。这说明 DXS 基因的表达对思茅松不同个体的树脂产量有调控作用。

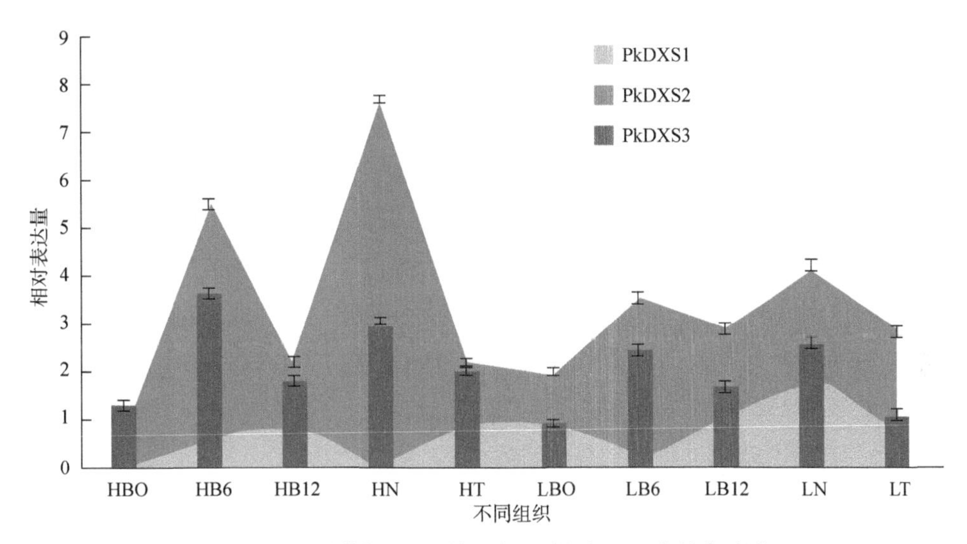

图 5-23　思茅松 DXS 基因在不同组织 HB 中的表达谱

注：HB0、HB6、HB12 为高产脂个体 0h、6h、12h 后的树皮；HN 为高产脂的松针；HT 为高产脂个体的嫩枝；LB0、LB6、LB12 为 0h、6h、12h 后低产脂个体的树皮；LN 为低产脂个体的松针；LT 为低产脂个体的小枝。以 qPCR 检测的基因表达和延伸因子 1- 阿尔法作为内对照。误差条表示 3 个生物重复的标准差。垂直坐标为基因相对表达式。

为了了解 DXS 在高产脂个体中的作用，从思茅松中克隆了 3 个 1- 脱氧 -d- 木黄糖 5- 磷酸合成酶（思茅松 DXS1、思茅松 DXS2 和思茅松 DXS3），并通过功能互补实验证实了其功能，说明至少有 3 个 DXS 基因。实时荧光定量 PCR 检测结果表明，3 个 DXS 基因对松油树脂生物合成具有不同的功能，高产脂个体的树皮和松针中思茅松 DXS2 基因表达量明显高于低产脂个体。这一结果表明，高产脂思茅松个体中思茅松 DXS2 的诱导基因表达高于低产脂思茅松个体。思茅松 DXS2 可用作分子标记来区分高产和低产脂的思茅松个体。特别的，松针中思茅松 DXS2 基因表达的强度与松脂产量一致。在今后的工作中，将对更多的思茅松个体进行研究，为思茅松高产脂分子育种开发分子标记。

5.3.7　α-蒎烯合成酶基因功能分析

松节油是思茅松松脂的主要加工产品之一，其主要单萜成分为 α - 蒎烯和 β - 蒎烯（伍苏然 等，2009）。α - 蒎烯属于单萜化合物，在植物体内主要的合成途径是以香叶酯二磷酸（geranyl diphosphate，GPP）为前体物质，在 α－蒎烯合成酶（α–Pinene Synthase，APS）催化下合成 α－蒎烯，因此，α－蒎烯合成酶是植物中 α－蒎烯生物合成的关键限速酶之一（Lange et al.，2014；杨涛 等，2005）。研究人员发现在北美水杉中当 α－蒎烯合成酶基因转录水平升高时，α－蒎烯在木质部树脂道中的含量显著增加（Mckay et al.，2003）。虽然，α－蒎烯合成酶基因已经在挪威云杉（Martin et al.，2004）、马尾松（王颖 等，2014）、湿地松（雷蕾，2014）、火炬松（Phillips et al.，2003）等多种植物中得到克隆，但对思茅松 α－蒎烯合成酶的研究尚未见报道，特别是 α－蒎烯合成酶在高低产脂思茅松个体中基因表达情况很不清楚。因此，为揭示 α－蒎烯合成酶在思茅松蒎烯合成中的作用以及为高产脂思茅松分子机理奠定基础，利用同源克隆和基因组步移技术成功获得思茅松 α－蒎烯合成酶的 DNA 序列和 cDNA 序列，并对其在高低产脂思茅松个体中的表达差异进行分析。

5.3.7.1 思茅松蒎烯合成酶基因克隆

首先用兼并引物（TPS1F 和 TPS1R），以思茅松 DNA 作为模板 PCR 扩增获得 527bp 的基因片段（图 5–24），通过测序鉴定为萜烯合酶后，以获得的基因片段序列为基础，依次进行三次反向扩增和两次正向扩增，每次扩增后进行测序比对分析，最终分别获得基因片段 R1（1875bp）、R2（1487bp）、R3（957bp）、F1（1432bp）、F2（986bp）共 5 个基因片段（图 5–24）。利用 ATGC 等序列拼接软件对所获得序列进行拼接，最后组装获得 4324bp DNA 基因序列。利用 FGENESH 等软件对 DNA 序列进行分析获得全长序列为 3523bp 的思茅松 α－蒎烯合成酶基因，命名为思茅松 APS，并提交到 GenBank（登录号为：KX394684）。根据获得的思茅松 APS 基因全长设计含有起始密码子和终止密码子的特异引物，以 cDNA 为模板扩增获得思茅松 APS 基因开放阅读框 cDNA，并将扩增产物连接到克隆载体中，进行永久保存。

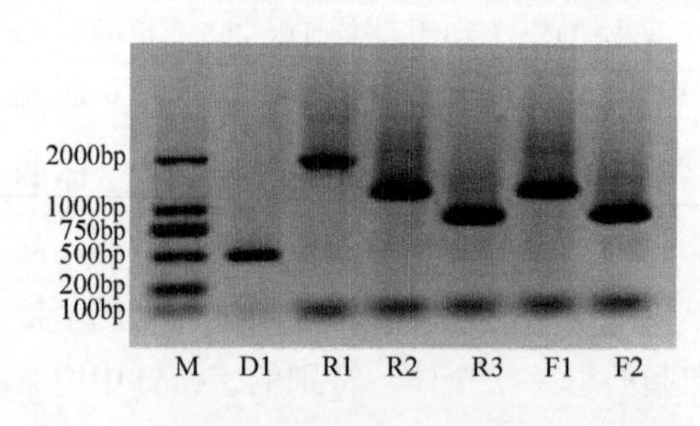

图 5–24 基因组步移法克隆思茅松 APS 基因

注：M 为 DNA marker；H1 为兼并引物扩增片段；R1、R2、R3 为反向引物基因组步移法扩增 PCR 产物；F1、F2 为正向引物基因步组移法扩增 PCR 产物。

对思茅松 APS 基因 cDNA 开放阅读框（ORF）测序显示其 cDNA 全长 1956bp，编码 651 个氨基酸残基的蛋白质。将获得的 DNA 和 cDNA 序列利用在线工具 Spidey 分析，结果显示该基因包含 11 个外显子，10 个内含子（图 5–25）。

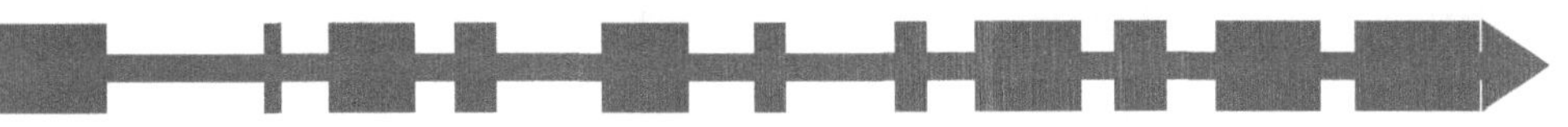

图 5-25　思茅松 APS 基因外显子信息

应用在线软件 Plant CARE 分析基因内含子转录位点结果显示，该基因具有真核生物启动子响应元件 TATA-motif 和 CAAT-box、光诱导表达启动子响应元件 G-box 和 I-box、热诱导表达启动子顺式作用元件 CCAAT-box、脱水诱导表达启动子响应元件 ABRE，表明该基因的转录受光调节，且表达水平与非生物胁迫有关。

5.3.7.2　思茅松 APS 氨基酸序列比对分析

将克隆出来的思茅松 APS 氨基酸序列与已报道的 α - 蒎烯合成酶氨基酸序列进行多重序列比对（图 5-26）。结果显示该蛋白含有 α - 蒎烯合成酶家族的保守结构域，表明该蛋白属于 α - 蒎烯合成酶家族蛋白。思茅松 APS 与北美短叶松（*Pinus banksiana*）氨基酸序列（AFU73856.1）相似性达 92.17%，与扭叶松（*Pinus contorta*）氨基酸序列（AFU73855.1）相似性达 92.01%，与马尾松（*Pinus massoniana*）氨基酸序列（AGW25369.1）相似性达 93.86%，与北美云杉（*Picea sitchensis*）氨基酸序列（ADZ45509.1）相似性达 78.96%。

```
PkAPS    DDAVIRRRGDFHSNLWDDDFIQSLSAPCGEPSYRERAERLIGEEPSYRERAERLIGEVKK
PbAPS    DDAVIRRRGDFHSNLWDDDFIQSLSAPYGEPSYRERAERLIG---------------EVKN
PcAPS    DDAVIRRRGDFHSNLWDDDFIQSLSSHYGEPSYRERAERLIG---------------EVKN
PmAPS    DDAVVRRRGDFHSNLWDDDFIQSLSAPYGEPSYRERAERLIG---------------EVKK
PsAPS    DDGVQRRMGDFHSNLWNDDFIQSLSTSYGEPSYRERAERLIG---------------EVKK
         ** * ** ******** ********. **************               ***

PkAPS    DVFGQDTENSQSYMKTEKLLELAKLEFNISHALQKRELEYLVRWWKGSGSPHMTFCRHRH
PbAPS    DVFGQDTGNSQSYMKTEKLLELAKLEFNIFHALQKRELEYLVRWWKGSGSPQMTFCRHRH
PcAPS    DVFGQDTENSKSYMKTEKLLELAKLEFNIFHALQKRELEYLVRWWKGSGSPQMTFCRHRH
PmAPS    DVFGQDTENSKSYMKTEKLLELAKLEFNIFHALQKRELEYLVRWWKGSGSPQMTFCRHRH
PsAPS    DVFGQDTQNSKSCINTEKLLELAKLEFNIFHSLQKRELEYLVRWWKDSGSPQMTFCRHRH
         ******* **.* . ************** *.************* * ****.********

PkAPS    VGYYTLASCIAFEPQHSGFRLGFAKACHIITVLDDMYDTFGTLDELELFTAAIKRWGPSI
PbAPS    VEYYTLASCIAFEPQHSGFRLGFAKACHIITVLDDMYDTFGTLDELELFTSAIKRW----
PcAPS    VEYYTLASCIAFEPQHSGFRLGFAKACHIITVLDDMYDTFGTLDELELFTSAIKRW----
PmAPS    VEYYTLASCIAFEPQHSGFRLGFAKACHIITVLDDMYDTFGTLDELELFTAAIKRW----
PsAPS    VEYYTLASCIAFEPQHSGFRLGFAKACHIITILDDMYDTFGTVDELELFTAAMKRW----
         * *****************************.**********.*******.*.***

PkAPS    PRIWDPSATECLPEYMKGVYMIVYNTVNEMSQEADKAQGRDTLNYCRQAWEEYIDSYMQE
PbAPS    ——DPSATECLPEYMKGVYMIVYNTVNEMSQEADKAQGRDTLNYCRQAWEEYIDAYMQE
PcAPS    ——DPSATECLPEYMKGVYMIVYNTVNEMSQEADKAQGRDTLNYCRQAWEEYIDAYMQE
```

图 5-26　思茅松 APS 与其他物种蒎烯合成酶氨基酸序列比对分析

```
PmAPS      ——DPSATECLPEYMKGVYMIVYNTVNEMSQEADKAQGRDTLNYCRQAWEEYIDAYMQE
PsAPS      ——DPSAADCLPEYMKGVYLILYDTVNEMSREAEKAQGRDTLDYARRAWDDYLDSYMQE
             ****..**********.*.* ******.**.******** *.*.**..*.*.****

PkAPS      AKWIASGEVPTFEEYYENGKVSSGHRVSALQPILTTDIPFPEHVLKEVDIPSKLNDLASA
PbAPS      AKWIASGEVPTFEEYYENGKVSSGHRVSALQPILTTDIPFPEHVLKEVDIPSKLNDLASA
PcAPS      AKWIASGEVPTFEEYYENGKVSSGHRVSALQPILTTDIPFPEHVLKEVDIPSKLNDLASA
PmAPS      AKWIASGEVPTFEEYYENGKVSSAHRVSALQPILTTDIPFPEHVLKEVDIPSKLNDLASA
PsAPS      AKWIATGYLPTFAEYYENGKVSSGHRTSALQPILTMDIPFPPHILKEVDFPSKLNDLACA
           *****.* .*** ********** ** ******** ***** *.***** ********.*

PkAPS      ILRLRGDTRCYQADRARGEEASCISCYMKDNPGTTEEDALNHINAMIRDVIKGLNWELLK
PbAPS      ILRLRGDTRCYQADRARGEEASCISCYMKDNPGTTEEDALNHINAMISDVIKGLNWELLK
PcAPS      ILRLRGDTRCYQADRARGEEASCISCYMKDNPGTTEEDALNHINAMISDVIKGLNWELLK
PmAPS      ILRLRGDTRCYQADRARGEEASCISCYMKDNPGTTEEDALNHINAMIRDVIKGLNWELLK
PsAPS      ILRLRGDTRCYKADRARGEEASSISCYMKDNPGATEEDALDHINAMISDVIRGLNWELLN
           ***********.**********.**********.****** ****** ***. *******
```

图 5-26 思茅松 APS 与其他物种萜烯合成酶氨基酸序列比对分析（续）

注：PkAPS 为思茅松萜烯合成酶；PbAPS 为北美短叶松 APS（AFU73856.1）；PcAPS 为扭叶松 APS（AFU73855.1）；PmAPS 为马尾松 APS（AGW25369.1）；PsAPS 为北美云杉 APS（ADZ45509.1）。氨基酸功能保守区用方框标注，金属离子结合区域用灰底色标注

5.3.7.3 思茅松 APS 基因系统进化树分析

利用 MEGA7.0 软件构建基于思茅松 APS 氨基酸序列的系统进化树（图 5-27），结果表明，思茅松 APS 与马尾松聚为一类，亲缘关系最近，与松属植物亲缘关系次之，与裸子植物聚为同一分支，与种子植物聚为不同分支，亲缘关系最远。由基因系统进化树可知，裸子植物的 α－萜烯合成酶已经形成了与被子植物前缘关系较远的、相对独立的家族，这与目前的研究结果相吻合。

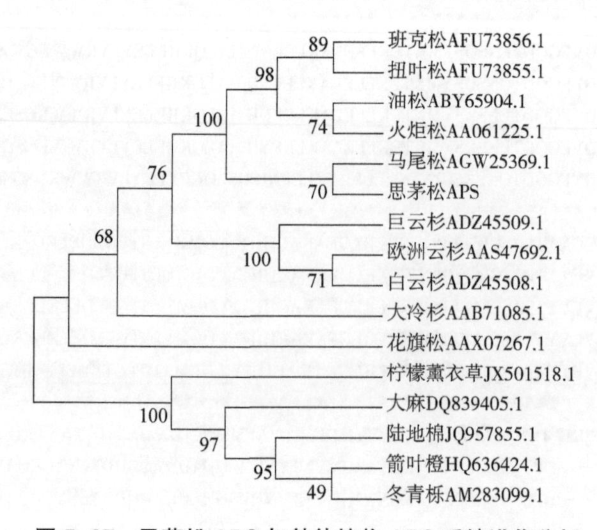

图 5-27 思茅松 APS 与其他植物 APS 系统进化分析

5.3.7.4 思茅松 APS 表达谱分析

为了检测思茅松 APS 在思茅松不同组织以及不同个体中表达情况，采集高产脂思茅松个体（产脂力大于 20kg）和低产脂思茅松个体（产脂力小于 1kg）的松针和小枝（Ignea et al.，2015），同时，分别采集高低产脂思茅松个体在割脂后 0h、6h、12h 后的树皮。各个样品提取 RNA 后反转录为 cDNA，用 SYBRgreen 实时荧光 PCR 法检测思茅松 APS 在不同个体及组织中的表达情况。结果显示，思茅松 APS 在高产脂思茅松个体中的不同组织中的表达量明显高于低产脂思茅松个体中的表达量（图 5–28）；在不同组织的表达中，割脂的物理伤害能够诱导树皮中思茅松 APS 基因的表达，并且在割脂 6h 后诱导表达量达到顶峰，而思茅松 APS 在高产脂思茅松个体的小枝和松针中都有强烈的表达。

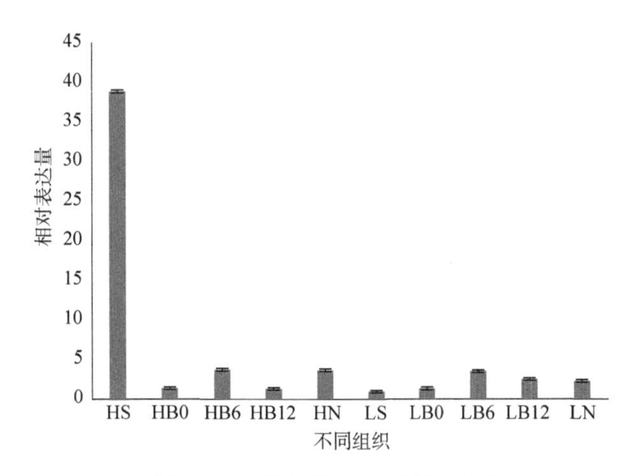

图 5–28 思茅松 APS 基因表达谱

注：HS 为高产脂思茅松小枝；HB0 为高产脂思茅松树皮；HB6 为高产脂思茅松割脂 6h 后树皮；HB12 为高产脂思茅松割脂 12h 后树皮；HN 为高产脂思茅松松针；LS 为低产脂思茅松小枝；LB0 为低产脂思茅松树皮；LB6 为低产脂思茅松割脂 6h 后树皮；LB12 为低产脂思茅松割脂 12h 后树皮；LN 为低产脂思茅松松针。

本研究通过蛋白比对显示思茅松 APS 与其他松科的 α－蒎烯合成酶相似性均高于 90%，说明 α－蒎烯合成酶的蛋白序列保守性比较强。荧光定量 PCR 检测思茅松 APS 基因在不同思茅松个体和不同组织的表达结果显示，思茅松 APS 基因在高产脂思茅松个体中的表达量均高于低产脂思茅松个体，这与国内研究者对马尾松中 α－蒎烯合成酶在不同个体中的表达结果类似（Wegener et al.，1997）。在对割脂后树皮中思茅松 APS 基因的表达情况分析发现思茅松 APS 在树皮中的表达明显受到割脂物理伤害的诱导，割脂 6h 后思茅松 APS 的基因表达量明显高于刚割脂的时候，随后思茅松 APS 表达量逐渐降低。这符合松脂作为松科植物的一种防御机制，在受到非生物伤害时会合成松脂抵御伤害（Song，2004）。α－萜烯合成酶作为松脂合作的关键酶之一，思茅松中的思茅松 APS 也会受到物理伤害的影响，这也证明本研究获得的思茅松 APS 与松脂合成紧密相关。思茅松 APS 在高产脂思茅松个体（产脂力大于 20kg）的小枝中的表达量远远高于其他组织，这表示高产脂个体高产的机理可能由于基因的本底表达量高导致，或者说高产脂的松脂主要在小枝中合成，然后储存在原生树脂道内。检测 α－萜烯合成酶基因在高产脂思茅松个体松针中的表达量，结果显示思茅松 APS 在高产脂思茅松松针中的表达量明显高于低产脂思茅松松针的表达量。这表示未来研究者可以在幼苗期检测不同个体思茅松松针中思茅松 APS 的表达量，从而达到筛选高产脂思茅松个体，最终使幼苗期筛选高产脂思茅松个体成为一种可能。

5.4 叶绿体基因组研究

叶绿体是植物进行光合作用的场所，其基因组属细胞质遗传，因此叶绿体基因工程可以有效避免生物安全问题（Daniell et al.，2002）；叶绿体基因拷贝数较多，作为基因受体可迅速获得高表达量的转基因后代（Wright，1990）、大豆（Zhang et al.，2001）、陆地棉（Kumar et al.，2004）等植物已成功转化了叶绿体。密码子使用偏性能够影响基因的翻译效率和准确性，进而影响具体基因的表达（秦政 等，2018）。目前，松属植物马尾松叶绿体基因组密码子偏好性的研究报道少，本研究通过分析思茅松叶绿体基因组的序列特征、密码子碱基组成规律，探讨思茅松叶绿体密码子偏好性特点（叶友菊 等，2018）。

5.4.1 实验方法

通过高通量测序获得思茅松叶绿体基因组序列，并提交至 NCBI（登录号：JN888888），对思茅松叶绿体的编码序列进行筛选，剔除序列长度小于 300bp、序列不完整、序列中间存在终止密码子的编码序列（coding sequence，CDS），留存含有起始密码子 ATG 和末端终止密码子 UAA、UAG、UGA 的 CDS，最终从思茅松叶绿体基因组中筛选得到 45 条 CDS。

对筛选得到的 45 条 CDS 进行分析，通过在线软件 CUSP（http：//emboss.toulouse.inra.fr/cgi-bin/emboss/cusp）计算不同基因密码子各位置的 GC 含量（GC_1，GC_2，GC_3），用 Codon W 1.4.2 软件分析密码子 CAI、CBI、FOP、GC3S 等参数。

以 GC_{12}（GC_1，GC_2 的平均值）为纵坐标、以 GC_3 为横坐标进行中性绘图分析；以 GC_3 为横坐标、有效密码子数（effective number of codon，ENC）为纵坐标进行 ENC-plot 分析；以 A3/（A3+T3）为纵坐标、G3/（G3+C3）为横坐标进行 PR2-plot 分析。通过上述分析可明确思茅松叶绿体基因组密码子的偏性规律（刘汉梅等，2010）。

5.4.2 结果分析

5.4.2.1 密码子使用偏性

利用 CUSP 和 Codon W 1.4.2 分析思茅松叶绿体基因组中的 45 个 CDS 密码子不同位置的 GC 含量，结果显示，思茅松叶绿体基因组不同位置密码子的 GC 含量不同且分布不均匀，表现为 GC_1（49.08%）> GC_2（40.63%）> GC_3（29.63%），与马尾松的 GC 含量一致；这说明思茅松叶绿体基因组密码子偏好以 A/T 结尾（表 5-4）。

表 5-4 思茅松叶绿体基因组 45 个 CDS 密码子的 GC 含量及 *ENC* 值

基因	GC_1（%）	GC_2（%）	GC_3（%）	GC_{all}（%）	*ENC*	基因	GC_1（%）	GC_2（%）	GC_3（%）	GC_{all}（%）	*ENC*
psbA	50.56	43.50	40.11	44.73	41.27	petD	48.07	39.23	25.41	37.57	41.42
matK	43.22	37.21	29.84	36.76	52.87	rpoA	47.92	35.12	30.65	37.90	51.97
chlB	50.88	38.16	27.40	38.81	47.52	rps11	51.91	53.44	21.37	42.24	47.91
atpA	55.71	40.94	26.18	40.94	48.10	rps8	39.10	41.35	27.07	35.84	44.81
atpF	45.95	32.97	36.22	38.38	54.55	rpl14	52.85	36.59	26.02	38.48	51.21
atpI	52.99	37.85	24.70	38.51	44.98	rpl16	50.37	54.81	26.67	43.95	40.82
rps2	44.68	40.85	27.66	37.73	47.08	rps3	50.46	33.49	32.11	38.69	59.22
rpoC2	45.87	36.79	29.35	37.34	50.91	rpl22	48.25	44.06	28.67	40.33	45.26
rpoC1	50.79	39.31	28.12	39.41	48.88	rpl2	51.26	49.46	32.49	44.40	54.26
rpoB	50.74	38.20	25.65	38.20	46.83	rps4	45.05	35.15	32.18	37.46	46.87
clpP	56.85	38.58	34.01	43.15	57.10	ycf3	52.94	40.00	30.00	40.98	54.04
rps12	54.07	44.44	20.00	39.51	40.53	psaA	51.99	42.44	33.42	42.62	51.13
rpl20	45.83	45.83	31.67	41.11	60.30	psaB	49.52	42.86	30.75	41.04	47.56
rps18	38.61	40.59	22.77	33.99	37.66	rps14	45.00	47.00	37.00	43.00	49.16

续表

基因	GC_1（%）	GC_2（%）	GC_3（%）	GC_{all}（%）	ENC	基因	GC_1（%）	GC_2（%）	GC_3（%）	GC_{all}（%）	ENC
petA	52.50	35.31	32.19	40.00	50.45	psbC	53.80	46.84	33.54	44.73	47.22
cemA	43.13	34.73	28.63	35.50	47.92	psbD	52.82	44.35	32.77	43.31	44.24
ycf4	45.41	38.92	33.51	39.28	54.47	chlL	51.03	38.70	25.00	38.24	48.51
accD	46.27	34.16	30.75	37.06	48.86	chlN	49.15	39.32	30.77	39.74	51.83
rbcL	58.19	44.12	30.25	44.19	48.56	ycf1	43.08	35.80	31.25	36.71	51.96
atpB	54.51	40.50	29.75	41.59	45.38	ccsA	42.37	42.37	31.78	38.84	48.94
atpE	54.35	41.30	30.43	42.03	50.29	rps7	48.72	44.23	23.72	38.89	52.84
psbB	55.99	44.40	28.29	42.89	48.25	ycf2	35.67	32.60	30.07	32.78	49.13
petB	50.00	40.28	33.33	41.20	45.27	平均值	49.08	40.63	29.63	39.78	48.85

思茅松叶绿体基因组各 CDS 的 ENC 值在 37.66~60.3 之间，且 ENC 值 > 45 的 CDS 有 37 个（占比 82.22%），ENC 值在 20~61 之间，表示从完全偏倚到不偏倚，说明思茅松叶绿体基因组中 CDS 密码子的使用偏性较弱。参试基因 ENC 值 > 45 的比例大于 80% 的松属植物有马尾松、火炬松和雪松。思茅松叶绿体基因组密码子的相关参数分析显示，GC_1、GC_2、GC_3 与 GC_{all} 均为极显著相关，GC_1 与 GC_2 呈显著相关，GC_3 与 ENC 呈显著相关，GC_2、GC_{all} 与密码子数量呈显著相关，表明思茅松叶绿体基因密码子第三位碱基对密码子偏性影响较为显著（表 5–5）。

表 5–5　思茅松叶绿体各基因 GC 含量与 ENC 值间的关联分析

项目	GC_1	GC_2	GC_3	GC_{all}	ENC
GC_2	0.309*				
GC_3	–0.039	–0.141			
GC_{all}	0.740**	0.691**	0.365**		
ENC	0.045	–0.266	–0.369*	0.045	
N	–0.263	–0.327*	0.071	–0.308	0.069

注：** 表示在 P < 0.01 水平上极显著；* 表示在 P < 0.05 水平上显著；N 表示密码子数目。

由思茅松叶绿体基因组各氨基酸同义密码子使用频率分析可以看出，$RSCU$ > 1 的密码子有 31 个，其中以 A/U 结尾的有 29 个，以 C/G 结尾的各 1 个；说明思茅松叶绿体密码子偏好以 AT 结尾，以 GC 结尾的为非偏爱密码子（表 5–6）。

表 5-6 思茅松叶绿体基因组氨基酸相对同义密码子使用频率分析

氨基酸	密码子	数目	*RSCU*	氨基酸	密码子	数目	*RSCU*	氨基酸	密码子	数目	*RSCU*
Phe	UUU	593	1.26	Pro	CCU	328	1.57	Ile	AUU	716	1.39
	UUC	348	0.74		CCC	195	0.93		AUC	313	0.61
Leu	UUA	561	1.83		CCA	248	1.18		AUA	518	1.00
	UUG	396	1.29		CCG	67	0.32	Ser	UCU	355	1.62
	CUU	353	1.15	Thr	ACU	378	1.65		UCC	237	1.08
	CUC	134	0.44		ACC	177	0.77		UCA	268	1.23
	CUA	250	0.82		ACA	253	1.10		UCG	117	0.54
	CUG	144	0.47		ACG	108	0.47		AGU	263	1.20
Val	CUU	338	1.34	Ala	GCU	516	1.89		AGC	71	0.32
	GUC	113	0.45		GCC	157	0.58	Arg	CGU	300	1.44
	GUA	378	1.50		GCA	316	1.16		CGC	78	0.38
	GUG	177	0.70		GCG	102	0.37		CGA	242	1.16
Tyr	UAU	521	1.59	Gln	CAA	512	1.47		CGG	98	0.47
	UAC	136	0.41		CAG	186	0.53		AGA	406	1.95
His	CAU	357	1.56	Asn	AAU	673	1.56		AGG	123	0.59
	CAC	101	0.44		AAC	191	0.44	Glu	GAA	777	1.50
Lys	AAA	693	1.45	Gly	GGU	510	1.57		GAG	260	0.50
	AAG	260	0.55		GGC	101	0.31	Cys	UGU	160	1.48
Asp	GAU	686	1.61		GGA	514	1.58		UGC	56	0.52
	GAG	260	0.50		GGG	174	0.54				

注：下划线表明偏好密码子。

5.4.2.2 中性绘图分析

以各基因 GC_{12} 和 GC_3 的相关性来分析密码子第三位碱基组成受突变或选择的影响，若相关性强主要受突变影响，反之受选择影响（杨国锋 等，2015）。思茅松叶绿体各基因密码子 GC_{12} 和 GC_3 的中性绘图分析显示，GC_{12} 的取值范围为 0.341~0.527，GC_3 取值范围为 0.200~0.401，图 5-29 中各基因均位于对角线上方较远位置，GC_{12} 和 GC_3

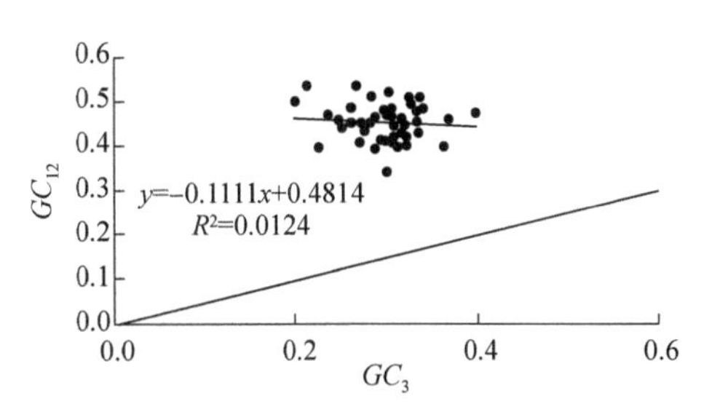

图 5-29 中性绘图分析

的相关系数为 -0.1114，相关性不显著（图 5-29）。图 5-29 中曲线的回归系数为 -0.1111，密码子 3 个位置的碱基在进化过程中相互影响较小，说明思茅松叶绿体基因密码子偏好性的形成受选择影响较大，受突变影响较小。

5.4.2.3 ENC-plot 分析

ENC-plot 分析可以根据各基因与标准曲线的距离来判断影响密码子偏好性的主要因素，距离较近则主要影响因素为突变，较远则为选择（杨惠娟 等，2021）。ENC-plot 分析显示，部分基因和标准曲线的距离较近，大部分基因与标准曲线的距离较远，说明思茅松叶绿体基因的密码子偏好性的主要影响因素为选择，受突变的影响较小（图 5-30）。

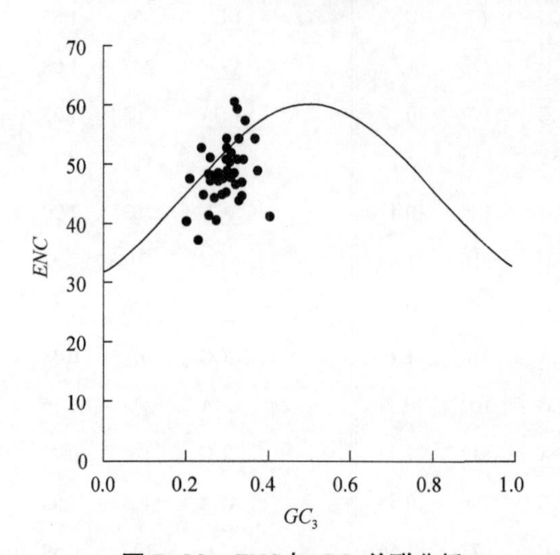

图 5-30　*ENC* 与 GC_3 关联分析

注：标准曲线方程为 $ENC=2+GC_3+[29/GC_3^2+(1-GC_3)^2]$。

5.4.2.4 PR2-plot 分析

基因密码子偏好性完全受突变影响，碱基 A、T、C、G 均匀分布在 PR2 平面图图 5-31 的 4 个区域，其中心点为 A=T 且 G=C（王文斌 等，2018）。PR2 偏倚性分析显示，思茅松叶绿体的大部分基因位于 PR2 平面图的下半部或右半部，说明在碱基使用频率方面，T > A，G > C，表明思茅松叶绿体基因组密码子的使用模式同时受到突变和选择的影响，且选择的作用较大（图 5-31）。

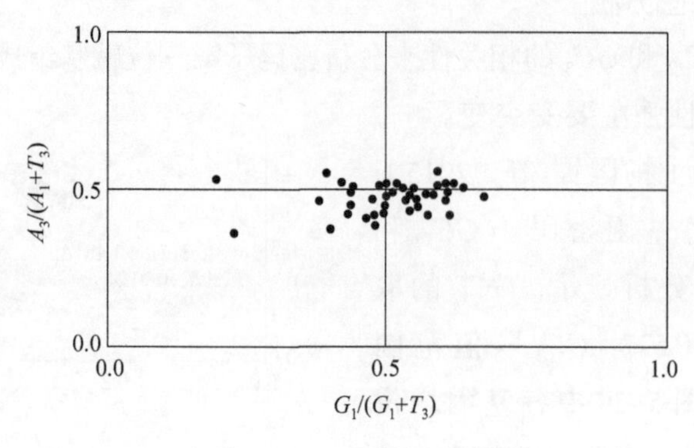

图 5-31　PR2-plot 分析

5.4.2.5　*RSCU* 分析

将 45 条思茅松叶绿体 CDS 在 Codon W 1.4.2 软件上运行，结果显示 $RSCU > 1$ 的密码有 31 个，其中 16 个以 U 结尾、13 个以 A 结尾，以 GC 结尾的各 1 个，表明思茅松叶绿体基因的密码子偏好以 AU 结尾；包括 UUU、UUA、UUG、CUU、GUU 等。

5.4.3　结　论

密码子偏好性受多因素的影响，而选择和突变是其中主要的两个因素。密码子碱基组成是对密码子使用偏性影响最普遍的一个因素，它是由核苷酸突变和回复突变造成，且密码子第三位碱基的突变不会造成氨基酸的改变，但仍然是决定氨基酸种类的重要特征，故将 GC_3 作为分析密码子偏好性的一个重要指标（Morton，2003），因此通过计算密码子第三位上的 GC 含量对分析密码子偏好性具重要意义。

本研究中思茅松叶绿体基因的密码子第三位碱基的 GC 含量为 29.63%，45 个 CDS 有 37 个的 *ENC* 值大于 45，其偏好以 AT 为结尾，但存在偏性较弱的现象，与马尾松（叶友菊 等，2018）、银白杨（Zhou et al.，2008）等类似。对思茅松叶绿体基因组密码子进行 ENC-plot 分析时发现，大量基因的实际与理论 *ENC* 值存在偏离，且 GC_3 与 GC_{12} 为不显著相关。综上所述，思茅松叶绿体的密码子第三位碱基组成与第一位、第二位存在差异，其密码子偏好性形成主要受选择的影响，而突变的影响较小；有研究认为裸子植物的叶绿体基因密码子偏性在形成过程中，选择起显著作用（Romero et al.，2000），同时密码子的使用偏性与物种和亲缘关系有关，亲缘关系越近，密码子偏好性越相似。本研究中思茅松中性绘图分析的回归系数为 −0.1111，与马尾松的 −0.1146 接近，而与其他被子植物的回归系数均为正值存在显著差异。本研究对思茅松叶绿体密码子特征及偏好性进行了分析，发现了思茅松与同为裸子植物的马尾松密码子偏好性相似，对研究物种进化和分子系统进化具有一定的指导意义。

第 6 章　思茅松种苗快繁技术研究

6.1　扦插繁殖技术

扦插育苗是实现思茅松遗传改良“有性创造、无性利用”的重要途径之一，在良种供应不足的情况下，扦插快繁也是生产优质种苗的重要手段。影响思茅松扦插繁殖成活的内因主要有年龄效应、位置效应、群体和个体再生能力的差异等。影响扦插繁殖的外因主要有激素种类和浓度、基质、光照、温湿度等。针对影响思茅松扦插成活的主要因子，我们开展了多年的系统研究，获得了良好的效果，目前思茅松的扦插成活率可以达到 90% 以上，完全可以满足大规模生产的需要。思茅松扦插育苗技术主要包括以下几个方面。

6.1.1　扦插圃地的选址与规划

选择附近无污染、地势平缓（坡度不超过 20°）、光照充足、土层深厚肥沃、水源方便、排水良好、交通方便的思茅松适生区建圃。此外，思茅松扦插苗培育初期（发根期），苗木对光照要求不高，但生根后的炼苗期需要一定的光照，因此苗圃地宜选择半阳坡。为了便于保持插棚内的温度和湿度，宜选背风的地方，并采取防风措施。

圃地根据设施功能划分为生产区和辅助设施两大类。生产区分为扦插圃和炼苗区；辅助设施包括基质储存配制区、农资储存区、办公生活区及防护系统、道路系统、供排水系统。各区排列应满足育苗作业流程需要和方便作业。

圃地面积应根据苗木年产量而定。年产 50 万株 1 年生扦插苗的苗圃，需建扦插圃 0.5~0.8hm^2，炼苗区 0.3~0.5hm^2。其他设施面积视需要而定。

6.1.2　扦插圃地建立

整地，坡地采用水平带状整地，带宽 1.5~1.8m，长度视地形和育苗量确定。平地采用全面整地，四周开设排水沟。需细致整地，去除圃地内的树根、杂物并平整地面。

插床，插床底层铺厚约 3cm 厚小石子组成滤水层。扦插容器内装入扦插基质后顺序摆放成宽 1~1.2m、长 5~10m 的插床。插床四周用泥土压实边缘的扦插容器，防止倒塌。插床间留 40cm 步道，垫红砖以便通行。

插床灭菌，插床建立后，在扦插前 2~3 天，用 0.2% 高锰酸钾和 0.2% 多菌灵交替喷洒插床，至扦插基质湿润。

插棚搭建，可根据情况选用 3 种规格的扦插棚。

（1）扦插温室

温室高 3.5m，宽 5~8m，长 10~20m。温室上方设活动式遮阴网，内设自动喷雾，插床加热系统。通过调节遮阴网、自动喷雾和插床加热来控制温室内温度和湿度。

（2）简易扦插大棚

大棚以木桩支撑，外铺塑料薄膜，上盖遮阴网。棚高 2m、宽 3~5m，长度视插床长度定。通过调节遮阴网和人工喷水控制棚内温度和湿度。

（3）小拱棚

小拱棚在扦插苗床上搭建，棚高约 1.5m，宽度比插床宽 20~30cm，长度视插床长度定。先用竹篾条做骨架，再铺上塑料薄膜并蒙严实，拱棚四周用泥土封实。塑料棚上方 10cm 左右搭建遮阴网。通过调节遮阴网和人工喷水控制棚内温度和湿度。

（4）炼苗区建立

在平整好的炼苗区圃地，铺厚约 3cm 厚小石子组成滤水层。用红砖铺设 40cm 宽的步道，围成宽 1~1.2m、长 5~10m 的炼苗床，以便放置扦插棚内移出的扦插苗。炼苗床上搭建一层可开合的遮阴网用以控制光照强度。

（5）辅助设施

根据育苗需要，建立包括基质储存配制区，农资储存区，工作人员办公、生活的场所，道路系统及供排水系统。

6.1.3 扦插育苗

6.1.3.1 扦插容器

思茅松扦插育苗可使用 10cm × 15cm 的塑料育苗袋或网袋（无纺袋）等容器。

6.1.3.2 扦插基质

扦插基质要求透气、保湿且便于配制。可选用思茅松林下表土、松树皮（过 4 目筛腐熟 3 年以上的思茅松树皮）的混合材料，体积比为 1∶2 或 1∶1；珍珠岩、思茅松林下表土的混合材料，体积比为 2∶1；河沙、思茅松林下表土、锯末的混合材料，体积比为 1∶1∶1 来配制扦插基质，最终扦插基质的总孔空隙度控制在 50%~70% 之间。思茅松苗木的正常生长需要与黄硬皮马勃（*Scleroderma flavidum*）为主的真菌建立共生关系，通过菌丝体加强根系水分与养分吸收能力。在不使用思茅松林表土的情况下，需要施用菌剂，我们已初步开发出思茅松育苗用菌根菌剂产品，效果良好。

6.1.3.3 插条的选择与制备

从思茅松采穗圃中，于采穗母株上选取顶芽饱满，整枝针叶呈墨绿色，无病虫害，生长健壮的 1 年生半木质化萌生枝条作为插条。此时的穗条木质化程度不高，利于穗条愈伤组织的快速形成，进而形成幼根，提高扦插成活率。在插条半木质化部位，剪取长 7~9cm、直径 0.15~0.3cm 的插穗。穗条切口应平剪，不能破皮、劈裂，抹掉穗条基部 2~3cm 松针。插穗及时浸入清水中，并避免阳光直射。插穗应尽早处理，尽快扦插，以便能提早穗条生根，提高扦插成活率。

6.1.3.4 生长素处理

采用 90~110mg/L 的吲哚 -3- 乙酸溶液浸泡插穗基部 1h，促进插条生根。

6.1.3.5 扦插时间

全年均可扦插。结合思茅松每年 7、8 月造林的特点，可在当年 1~2 月开始扦插育苗。10∶00 前、16∶00 后进行。阴天可全天扦插。

6.1.3.6 扦插方法

用竹签在容器基质中插一小孔，将扦插穗条插入孔内，用手掩土压实，扦插深度 3~4cm。每个育苗袋内插一株。扦插后应保持上部针叶能自然舒展。扦插完后应浇透水，并将上方荫棚盖好。

6.1.4 插后管理

6.1.4.1 水分管理

扦插后 30 天内，每天喷雾 3~5 次，棚内空气湿度控制在 85%~90%，扦插基质需湿润但不能积水。扦插 30 天后，每天喷雾 2~3 次，棚内空气湿度控制在 80% 左右，扦插基质需湿润但不能积水。60 天后，可用喷壶浇水，每天浇水 1~2 次，棚内相对湿度逐步减少至 75%。90 天后，进入炼苗期，此时是否浇水应在每天下午观察扦插基质表面是否干燥，若大面积干燥，则及时浇灌；若无，则第二天早上观察扦插基质情况。上述水分管理期间，若遇阴雨天气，则适当减少水分补充次数。地势较低的圃地，还要注意及时排除过多的雨水或浇灌后多余的积水。

6.1.4.2 温度控制

扦插后棚内空气温度应控制在 20~28℃。若光照较强，棚内温度较高，一方面喷水降温，同时可适度打开插棚两端进行透气，或进一步加盖遮阴网。温度过低，除去遮阴网，增强光照强度，提高棚内温度。

6.1.4.3 光照控制

插后初期，将两层遮阴网都盖在扦棚上方，但在棚内温度较低时也要根据情况除去部分遮阴网，增强光照。插后 60 天后，逐渐除去一层遮阴网，增强光照。扦插后 90 天，逐渐除去第二层遮阴网，揭开拱棚上塑料薄膜，或将扦插苗移入炼苗区。在光照强度较大，气温较高时，应及时加盖遮阴网。

6.1.4.4 苗期管理

施肥。扦插 30 天以后，每隔 10 天喷一次 0.3% 复合肥溶液或 0.2%~0.3% 的磷酸二氢钾溶液。以后随着扦插苗的生长逐渐加大浓度（不得超过 0.6%）。每次施肥后半小时要喷淋清水一次。

病虫害防治。苗期主要病害有猝倒病、叶斑病、松针锈病、苗木茎腐病，虫害有蝼蛄、蛴螬、大地老虎、松大象。防治方法按《育苗技术规程》(GB/T 6001—1985）执行，采用国家规定范围内的农药进行防治。

除草与除萌。及时除去圃地内杂草，包括扦插容器、插床边和步道上的杂草。及时除去插穗上多余的萌芽。

6.1.5 苗木出圃

扦插培育 120~180 天，高 12cm 以上，地径 2mm 以上，根系生长良好，针叶为墨绿色，顶芽生长饱满，苗木茎部充分木质化，无病虫害和机械损伤。从一个方向顺序选取符合出圃苗标准的苗木，把未达标苗重新排列整齐，继续管理。起苗后立即在荫蔽无风处选苗、分级、统计产量。苗木长距离运输时，要采用草帘、篷布覆盖。包装好的苗木在明显处要挂标签，注明系号、数量。苗木包装后要及时运输并尽快种植，途中防止风吹、日晒。

6.2 嫁接技术

6.2.1 穗条采集

6.2.1.1 穗条选择

接穗好坏是影响思茅松嫁接成活率和嫁接后接穗生长质量的关键因子。一般选取当年生，有顶芽的半木质化或全木质化的思茅松枝条做接穗，接穗要求健壮、无病虫害。

6.2.1.2 采集要求

在树冠中上部采集符合要求的穗条，按无性系捆扎包装，运输时要保湿、通风、防压、防高温。采集的穗条在 3 天内嫁接为好，若条件限制，最多需在 1 周内嫁接，接穗需分捆晾开保存，用湿纸覆盖保湿（忌直接洒水在其上）。

6.2.2 砧木选择

思茅松为本砧嫁接，当培育的砧木苗龄达 10~15 个月，高≥ 80cm，地径≥ 1.2cm 时可进行嫁接。2 年以内的思茅松实生植株做砧木成活率相对较高。

6.2.3 嫁接方法

髓心形成层对接法。每株砧木嫁接优树穗条 1~2 条，嫁接后接穗套塑料袋保湿防水，具体过程如下。

6.2.3.1 接穗处理

选择有完整顶芽、生长健壮的穗条，摘除穗条顶端 3~5cm 以下的针叶，将穗条下部用刀削成短斜面，保留穗条长 8~10cm。翻转穗条削另一面，削时用左手拇指和中指捏住接穗的顶芽，穗身垫放在食指上，右手拇指食指握住刀片，从顶芽附近逐渐削至髓心，顺着髓心纵向削去半边接穗。削面要平直、光滑，不回刀；然后剪短穗条顶端针叶，留下的针叶长 5~10cm。

6.2.3.2　削砧木

摘除嫁接部位的全部针叶，两手持刀平贴树干，从上向下削至形成层，切削长度与接穗切面一致。然后由下往上，向内斜切一刀，切开一个斜切口，切口深浅要适中；然后摘除顶梢。

6.2.3.3　绑带及套袋

接穗和砧木削好后，将接穗面紧贴砧木切口，使形成层相互紧密接合。然后用拇指压紧穗条，用宽 4cm、长 40~50cm 的塑料薄膜绑带进行绑扎。在穗条顶芽套上保湿袋，扎紧，以保持穗条水分，提高嫁接成活率。

6.2.4　嫁接时间

根据思茅松的生长规律和物候状况，思茅松每年抽 2 次梢，第一次大量抽梢在 2 月、3 月发叶，4 月嫩枝开始木质化。第二次大量抽梢在 8 月、9 月发叶，10 月嫩梢开始木质化。因此，最佳嫁接时间应选择在 5 月、6 月、11 月和 12 月 4 个月。

6.2.5　嫁接后管理

6.2.5.1　排　水

嫁接后，定期的巡视观察，一旦塑料袋内有积水，必须立即排干。

6.2.5.2　摘　袋

嫁接后 50~60 天后，当接穗成活后，使用刀片划断塑料袋的绑带解除袋子。

6.2.5.3　松　绑

摘袋后，定期观测生长情况，当接穗针叶开始展开，则要松开嫁接绑扎带。

6.2.5.4　抹　芽

用枝剪抹除砧木的新生萌芽，减少养分和水分的消耗，以便保证植株正常生长的需要。嫁接后第 1、2 年每年要抹除萌芽 3~4 次，第 3 年后每年要抹除萌芽 1 次。

6.2.5.5　断　砧

当接穗能独立生长时，从接口以上约 2cm 处切除砧木的上部。

6.2.5.6　补　接

对嫁接未成活的植株，在下一个接穗半木质化时期及时进行补接。

6.3 丛生芽诱导及植株再生

为加快推进思茅松优良品种和无性系的推广应用，近年来开展了其无性繁殖技术研究，扦插繁殖技术发展较快，生根率达90%以上，而组织培养繁殖技术由于存在一定困难，有关研究相对缺乏，但其可保持并发挥思茅松优良母树性状，极大增加优良苗木的来源，是优良无性系造林的最佳技术支撑，故而加强组织培养技术体系建立十分必要。我们从丛生芽诱导及植株再生体系、体细胞胚胎发生体系两方面对思茅松组织培养快速繁殖体系开展了研究（吴涛 等，2007，2008；李丹 等，2010；耿菲菲 等，2015）。

6.3.1 材料与方法

6.3.1.1 种子处理及材料准备

将思茅松成熟种子用自来水浸泡48h，舍弃漂浮种子，搓洗余下种子后用流动自来水冲洗10~30min。在超净工作台上用0.1%升汞消毒15~20min，之后用无菌水涮洗4~5次，每次3min。用镊子和解剖刀剥出合子胚，接种于1/2 MS培养基上培养为无菌苗，备用。

6.3.1.2 丛生芽的诱导

选择培养20天左右、生长健壮的思茅松无菌苗，切取其带子叶顶芽，作为外植体进行丛生芽的诱导。诱导培养基以1/2 MS作为基本培养基，首先进行细胞分裂素6-苄氨基腺嘌呤（6-BA）单因素试验，6-BA的浓度梯度为：0mg/L、0.5mg/L、1.0mg/L、2.0mg/L、3.0mg/L、4.0mg/L、5.0mg/L、6.0mg/L；在此基础上，选择最佳的6-BA浓度，配合不同浓度梯度的生长素萘乙酸（NAA）0mg/L、0.01mg/L、0.05mg/L、0.1mg/L、0.2mg/L、0.4mg/L再进行NAA的单因素试验。以两次试验的结果筛选较佳的思茅松丛生芽诱导培养基。两个试验分别于接种后1个月记录外植体生长状况并计算丛生芽的诱导率。

诱导率=（有芽的外植体数/接种的外植体总数）×100%

6.3.1.3 丛生芽的伸长

以筛选出的较佳思茅松丛生芽诱导培养基进行思茅松丛生芽的诱导，培养1个月左右，将分化丛生芽的外植体转移至添加生长素NAA 0mg/L、0.01mg/L、0.02mg/L、0.05mg/L、0.1mg/L、0.2mg/L的1/2 MS培养基上进行丛生芽的伸长试验。

4~5 周后观察丛生芽的伸长情况。

6.3.1.4　丛生芽不定根的诱导

将长至 1.2~1.5cm 的丛生芽小芽从基部单个切下，接种到生根培养基上进行不定根诱导。生根培养基中添加不同浓度梯度 0mg/L、0.5mg/L、1.0mg/L、2.0mg/L、3.0mg/L、4.0mg/L、5.0mg/L 的生长素吲哚丁酸（IBA）。5 周后统计生根率。

生根率 =（生根的丛生芽小芽数 / 接种的丛生芽小芽总数）× 100%

以上各试验中每处理均接种外植体 10 株，重复 3 次。培养基除添加的激素浓度不同外，均以 1/2 MS 培养基作为基本培养基配方，添加蔗糖 30g/L、琼脂 7g/L，pH 值 5.8，121℃灭菌 20min。培养温度为 22 ± 3℃，光照强度 4000lx，光照时间 14h。

6.3.2　结果与分析

6.3.2.1　思茅松丛生芽的诱导结果

（1）6-BA 对思茅松丛生芽诱导的影响

思茅松带子叶顶芽接种到诱导培养基后 4 周左右，在未添加 6-BA 的培养基上，外植体保持绿色，几乎无生长迹象，无丛生芽的分化；在添加 6-BA 的培养基上，可以观察到外植体基部和顶芽均有一定程度的膨大，少数外植体针叶的基部有小芽形成，生长情况较好。思茅松丛生芽的诱导结果见表 6-1。从表 6-1 可以看出，随着 6-BA 浓度的升高，丛生芽诱导率、平均丛芽数总体呈升高趋势，但平均芽长在 6-BA 2.0mg/L 时最高，为 3.5mm，之后呈下降趋势。综合丛生芽诱导率、平均丛芽数和平均芽长的数据，初步确定思茅松丛生芽诱导时适宜的 6-BA 浓度为 2.0~3.0mg/L。

表 6-1　6-BA 对思茅松丛生芽诱导的影响

6-BA 浓度（mg/L）	接种外植体数（株）	有芽外植体数（株）	从生芽诱导率（%）	平均丛芽数（条）	平均芽长（mm）
0.0	30	0.0	0.0	0.0	0.0
0.5	30	12	40.0	1.2	1.8
1.0	30	18	60.0	1.2	2.2
2.0	30	26	86.7	2.6	3.5
3.0	30	27	90.0	2.6	3.0
4.0	30	26	86.7	3.2	2.2
5.0	30	30	100.0	3.1	2.0
6.0	30	30	100.0	3.1	2.0

（2）NAA 对思茅松丛生芽诱导的影响

由于 6–BA 浓度为 2.0mg/L 时，外植体诱导率较高，丛芽生长状态较好，故选择 2.0mg/L 6–BA 再配合不同浓度的 NAA，进一步优化思茅松丛生芽的诱导情况。结果表明，附加 0.01~0.1mg/L NAA 后，思茅松丛生芽诱导率约为 90%，丛生芽平均芽长增加，其中以 NAA 浓度为 0.05mg/L 效果较佳；附加 0.2mg/L、0.4mg/L NAA 时，丛生芽的芽体数量有所增加，但形成的芽体小、生长缓慢（表 6–2）。

表 6–2　NAA 对思茅松丛生芽诱导的影响

NAA 浓度（mg/L）	接种外植体数（株）	有芽外植体数（株）	从生芽诱导率（%）	平均丛芽数（条）	平均芽长（mm）
0	30	26	86.7	2.2	3.5
0.01	30	27	90.0	4.2	3.9
0.05	30	28	93.3	6.1	4.7
0.1	30	28	93.3	5.0	4.2
0.2	30	30	100	4.1	3.0
0.4	30	30	100	4.4	2.9

在思茅松丛生芽诱导过程中，诱导培养基中单独添加 6–BA 即可诱导丛生芽形成，但小芽的长度较短、生长较慢，配合一定 NAA 后形成的小芽其生长状态较佳，说明 NAA 对思茅松丛生芽的诱导、分化与生长均有促进作用。综合 6–BA、NAA 的试验结果，初步确定最佳的思茅松丛生芽诱导培养基为 1/2 MS+2.0~3.0mg/L 6–BA+0.05~0.1mg/L NAA。

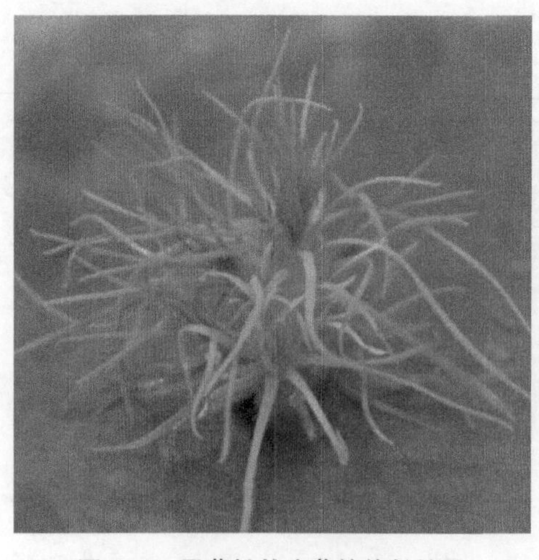

图 6–1　思茅松丛生芽的伸长结果

6.3.2.2　思茅松丛生芽的伸长结果

思茅松丛生芽在 NAA 浓度为 0.01~0.05mg/L 范围内，外植体基部呈现一定程度的膨大，丛生芽有一定程度的伸长，针叶鲜绿色（图 6–1、彩图 21），伸长效果以 0.05mg/L NAA 为最佳，平均长度达到 1.8cm；当 NAA 浓度达到 0.1~0.2mg/L 时，外植体基部膨大并愈伤化，愈伤组织褐变、硬化，针叶从叶尖开始变枯。由此，确定较佳的思茅松丛生芽伸长培养基为 1/2 MS+0.05mg/L NAA。

6.3.2.3　思茅松丛生芽小芽不定根的诱导

思茅松丛生芽小芽不定根的诱导结果见表 6–3。单个思茅松丛生芽小芽接种到添加不同浓度 IBA 的生根培养基上，3 周后无激素培养基（IBA 浓度为 0mg/L）中的芽体基部没有愈伤组织产生，茎有一定伸长生长，无不定根的分化；在含不同浓度 IBA 的培养基上多数外植体切口处产生白色愈伤组织，但没有不定根的分化。5 周后，无激素培养基中的芽体仍然无不定根的分化；添加 IBA 后的培养基中均有一定数量的芽体长出白色的不定根。随着 IBA 浓度的升高，生根率先升高然后降低，平均根数与平均根长均先升高然后降低。将已生根小芽转接入无激素的 1/2 MS 培养基中，4 周后，2.0mg/L IBA 处理后的已生根小芽的不定根伸长，根细而白；6 周后，主根上有侧根长出，颜色淡绿色（图 6–2、彩图 22），平均根数 3.2 条，平均根长 2.8cm。当 IBA 浓度低于 2.0mg/L 时，芽体的生根率、平均根数与平均根长都较低；当 IBA 浓度达到并超过 3.0mg/L 时，虽然芽体的平均根数有所增加，但生根率与平均根长均下降，由此确定思茅松丛生芽小芽不定根诱导的最佳培养基为 1/2 MS+2.0mg/L IBA。

图 6–2　思茅松丛生芽的生根结果

表 6–3　不同 IBA 浓度下思茅松丛生芽小芽不定根诱导的结果

IBA 浓度（mg/L）	接种小芽数（株）	生根小芽数（株）	生根率（%）	平均根数（条）	平均根长（cm）
0.0	30	0	0.00	0.0	0.0
0.5	30	9	30.00	1.1	0.6
1.0	30	11	36.67	2.6	1.1
2.0	30	14	46.67	3.2	2.8
3.0	30	6	20.00	4.0	1.0
4.0	30	4	13.32	3.4	0.5
5.0	30	4	13.32	3.3	0.4

6.3.3 结论与讨论

本项研究以思茅松成熟合子胚培育的无菌苗的带子叶顶芽为外植体，初步建立思茅松丛生芽诱导及其生根组培体系：丛生芽诱导培养基为 1/2 MS+2.0~3.0mg/L 6-BA+0.05~0.1mg/L NAA；丛生芽伸长培养基为 1/2 MS+0.05mg/L NAA；丛生芽小芽不定根诱导培养基为 1/2 MS+2.0mg/L IBA。

在松属树种丛生芽诱导及植株再生途径中，丛生芽诱导一般较为容易，但生根诱导则较为困难。本试验中，思茅松丛生芽诱导率最高可达 100%，但生根率则只有 46.67%，类似的结果在其他松属树种的组织培养中亦有报道（何月秋 等，2005；朱丽华 等，2006；黄宝祥 等，2007）。丛生芽的诱导虽然较为容易，但其质量和状态将直接影响下一步培养的效果，故在进一步的体系优化研究中可对外植体的基因型、发育阶段和生理状态、培养基与激素的组合等因素进行较为系统的研究，以提高生根率和后期生长质量。

目前，云南正在加大思茅松林的营造力度，已建成的思茅松种子园虽然进入结实期，但种子产量低，且不稳定，无法供应足够、优良的思茅松苗，不能满足生产上用种的需求。同时，松类树种经营普遍存在育种周期长、遗传增益衰退、林分质量下降等严重问题。为此，许多学者提出走无性系改良途径，不仅可以缩短育种周期，而且可提高单位时间的遗传增益和林分质量（杨章旗，2015；康向阳，2020；季孔庶 等，2022）。著名林木遗传育种学家马常耕（1994）指出："我国松类今后的良种化必须沿着有性和无性利用结合的两条腿走路的方针，改变 20 年来单一走种子园道路的政策。"无性系改良主要的两种手段：一个是扦插、嫁接等常规无性繁殖技术；另一个是组织培养快繁技术。组培快繁技术体系中，通过诱导丛生芽、再诱导小芽生根的丛生芽途径较常见的诱导愈伤组织、再诱导芽和根形成的器官发生途径而言，操作过程较简单，周期相对较短，是一种可行性较强的无性系组培快繁途径。本研究初步建立了思茅松丛生芽诱导及植株再生体系，对该体系作进一步的优化后，将为思茅松优良无性系造林提供另一条高效途径。

6.4 思茅松体细胞胚胎发生体系的建立

植物体细胞胚胎发生（简称体胚发生）育苗具有数量多、速度快、结构完整、成苗率高等优点，对于生长周期较长的松属树种来说，该途径可快速形成数量多、性状稳定的再生植株，不但是遗传转化最佳的受体系统，更是最有希望大规模繁殖优良无性系的方法（Gupta et al.，1986；黄健秋 等，1995）。松属植物体细胞胚胎发生体系主要分为 4 个阶段：①胚性愈伤组织诱导阶段，即将外植体置于一定培养基上诱导胚性愈伤组织；②胚性愈伤组织增殖阶段，将诱导得到的胚性愈伤继续进行增殖培养，以扩大繁殖系数，使胚性愈伤组织保持较多数量；③体细胞胚成熟阶段，即将胚性细胞转入成熟培养基中，使其向成熟方向生长发育；④体细胞胚萌发阶段（Fowke et al.，1988；Klimaszewska et al.，2016）。此时体细胞胚已具备萌发成苗的内部条件，在一定培养基上可萌发成苗。胚性愈伤组织的诱导，是建立体细胞胚胎系统的关键和基础。而胚性愈伤组织的诱导成功与否，又受到外植体基因型、发育阶段等内因及其培养基、培养环境条件等的影响，因此，也是体细胞胚胎体系建立的关键和难点。我们以思茅松体细胞胚性愈伤组织的诱导为重点，在此基础上对胚性愈伤组织增殖培养和成熟培养开展了研究。

6.4.1　以未成熟胚为外植体的胚性愈伤组织诱导

从 5 月 30 日至 8 月 1 日，对 10 个单株的 10 次采样时期的球果进行直径 / 纵径测量，并对其外观、纵剖面、种子外观、雌配子体外观及纵切面、种胚形态进行拍照，结果见图 6–3~ 图 6–5、彩图 23。从图 6–3 可以看出，思茅松球果在 6 月 13 日至 6 月 20 日期间，其纵径的增长较为明显；在 6 月 20 日至 6 月 27 日期间，其直径的增长较为明显。球果的生长前期以纵向生长为主，后期以横向生长为主。分批取其未成熟种子的雌配子体做外植体，接种到诱导培养基上，进行胚性愈伤诱导。研究了思茅松合子胚不同生长发育阶段的形态特征（图 6–6）和其对应的生长发育时间，结果表明处于一定发育阶段的未成熟合子胚能够“喷出”晶莹透亮的丝团状组织（图 6–7），后续可以选择适宜的增殖培养基进行扩大繁殖培养。

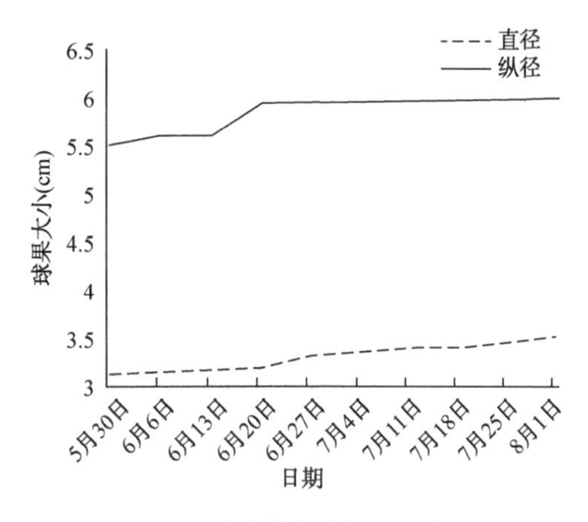

图 6–3　思茅松球果在不同采集时间的直径和纵径大小

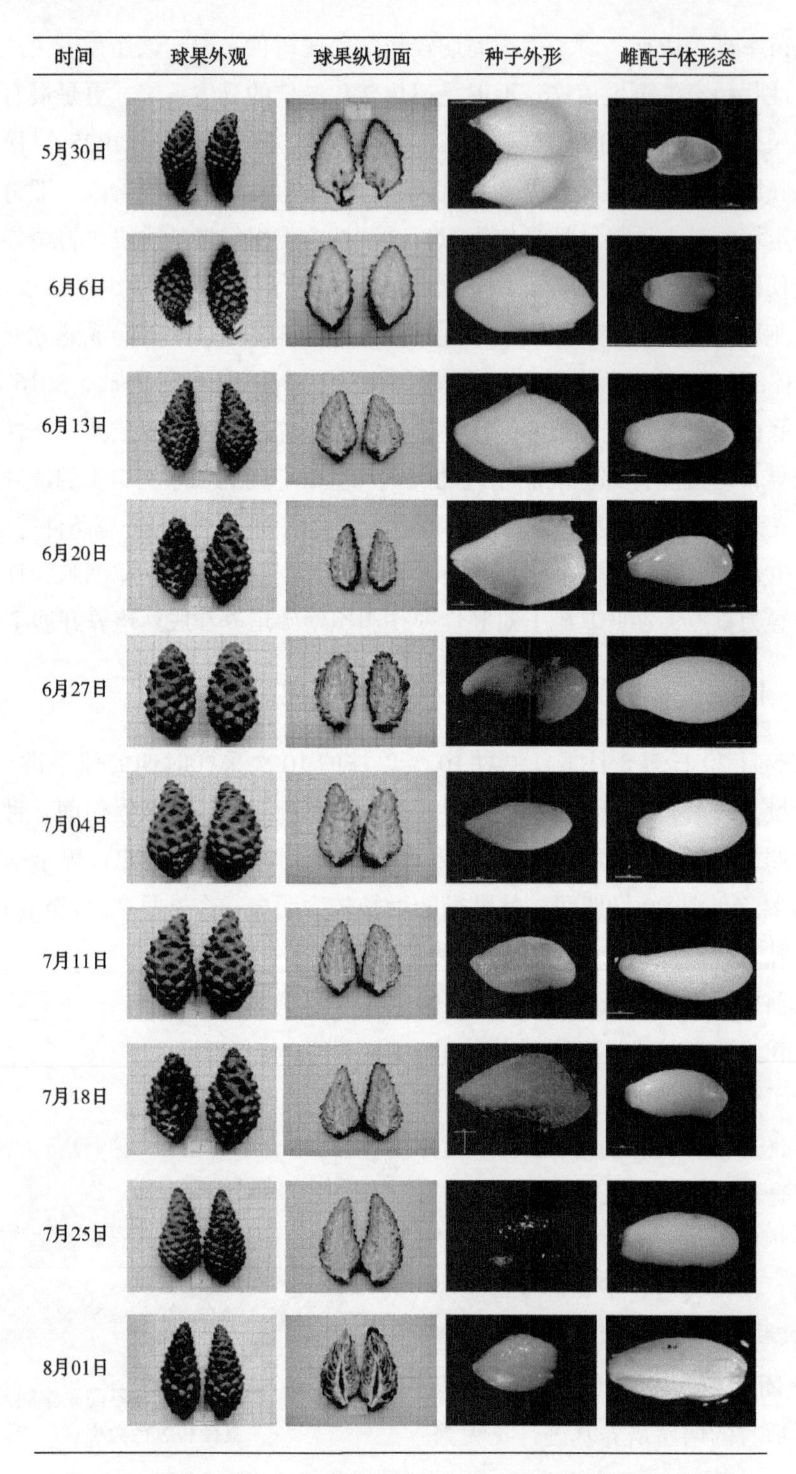

图 6-4 思茅松球果、种子及雌配子体在不同采集时间的外观形态

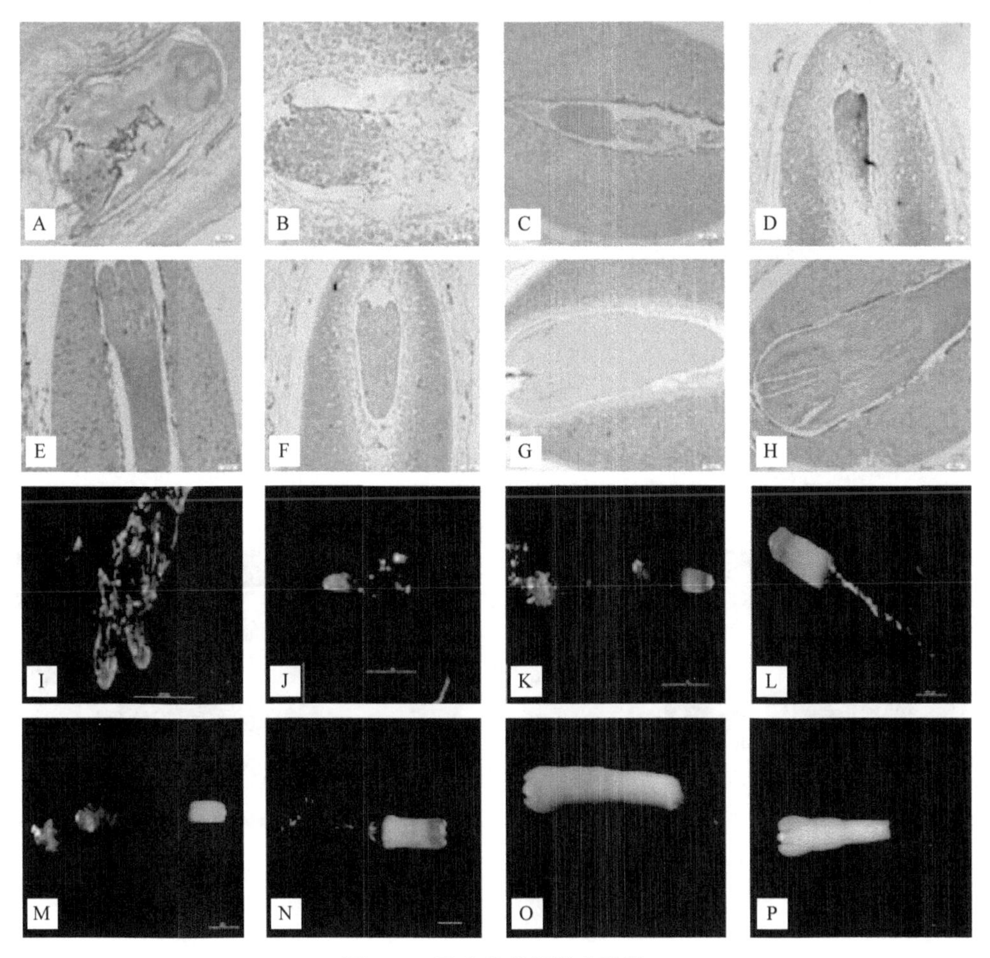

图 6-5　思茅松种胚发育阶段

注：A 和 I 处于多胚头时期；B 和 J 处于单胚头时期；C 和 K 处于胚头乳白时期；D 和 L 处于胚头顶端分生组织原基凸起时期；E 和 M 处于子叶突起时期；F 和 N 处于子叶超过分生组织原基时期；G 和 O 处于胚柄乳白时期；H 和 P 处于胚成熟时期。

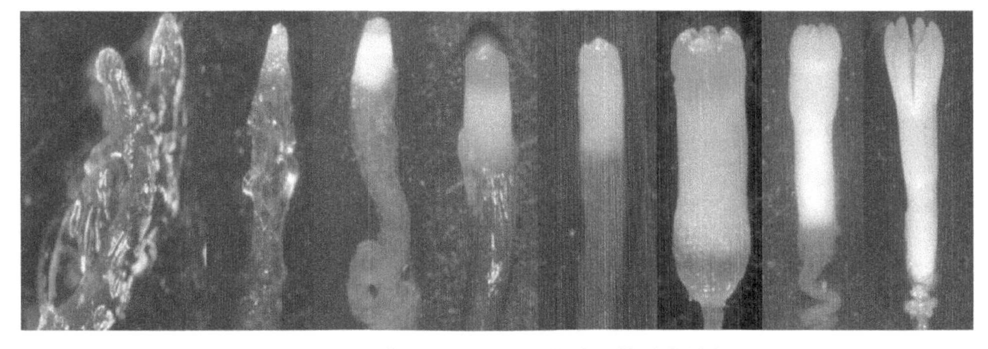

图 6-6　思茅松不同发育时期种胚的形态特征

图 6-7　一定发育阶段的思茅松雌配子体 / 种胚诱导胚性愈伤发生

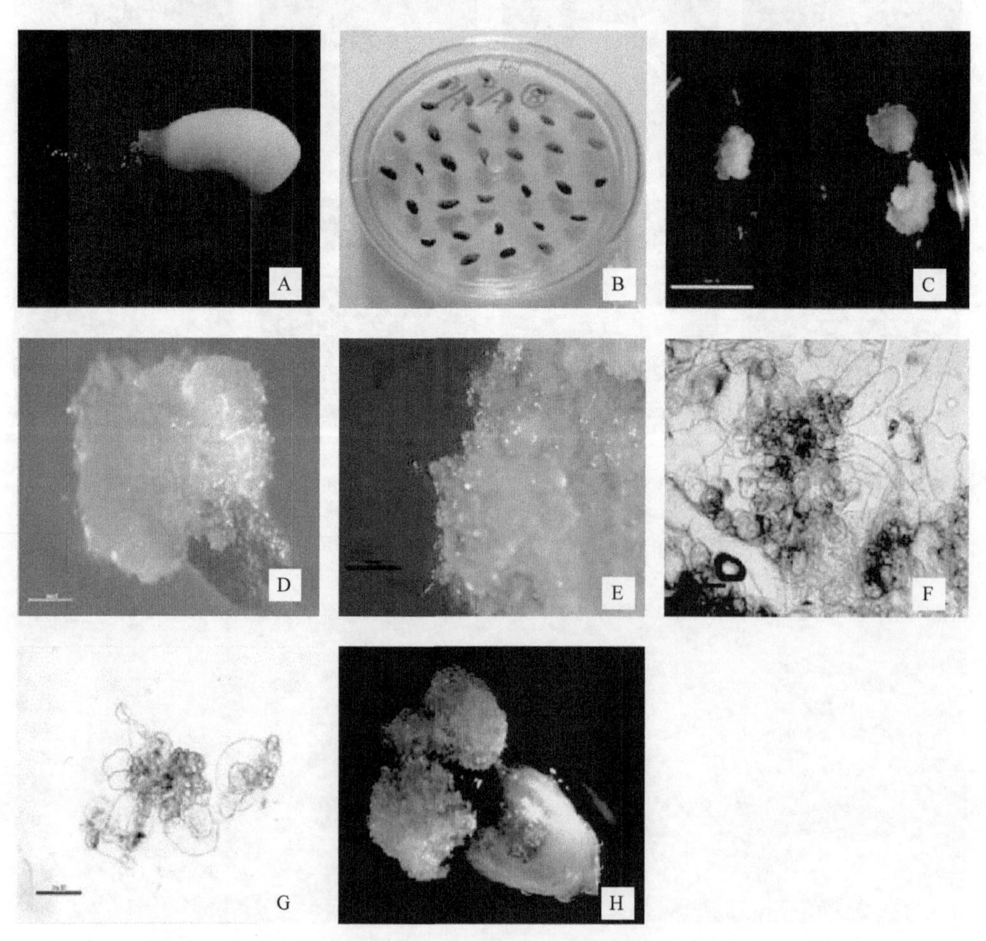

图 6-8　思茅松未成熟雌配子体 / 种胚外植体诱导愈伤组织的形态观察

未成熟雌配子体 / 种胚接种 3 天后，轻微膨大；直到培养 15 天后，才会有愈伤组织产生（图 6–8A），30 天后雌配子体开始褐化（图 6–8B），但并不影响胚性愈伤组织的诱导（图 6–8C）。胚性愈伤组织半透明，结构紧密有黏性，边缘有丝状突起（图 6–8D、E）。压片观察（图 6–8F、G）到胚性愈伤组织由增殖速度较快的细胞团组成，而细胞团又是由胚头细胞和胚柄细胞组成的。未成熟雌配子体容易诱导出的非胚性愈伤组织外观（图 6–8H）为乳白色不透明，质地硬无黏性。

胚性愈伤组织诱导率从 5 月 30 日起逐渐上升，7 月 4 日时最高（31.5%），且胚性愈伤组织形态结构好，其后诱导率逐渐下降（表 6–4）。结果表明，到 7 月 4 日的种胚 / 雌配子体最适宜用作未成熟种子胚性愈伤组织诱导的外植体。

表 6–4　不同采集时间 / 发育阶段的种胚 / 雌配子体对胚性愈伤组织诱导率的影响

采集时间（2013 年）	诱导率（%）	愈伤组织发生情况
5 月 30 日	1.4	愈伤组织形成较晚，接种 40 天后形成
6 月 6 日	4.6	愈伤组织 20 天后产生，但体积很小
6 月 13 日	4.9	愈伤组织体积较小，40 天后开始褐化
6 月 20 日	15.0	愈伤组织形成较多，但仍很容易褐化
6 月 27 日	18.3	胚根处有条状透明物质喷出，此物质很容易形成胚性愈伤组织
7 月 4 日	31.5	有大块愈伤组织产生
7 月 11 日	29.8	开始有小植株从雌配子体中长出
7 月 18 日	21.9	愈伤组织体积大
7 月 25 日	14.9	愈伤组织大部分较小
8 月 1 日	13.7	愈伤组织大部分红色较小

正交试验结果见表 6–5，影响胚性愈伤组织诱导率的因素依次为 A（2,4– 二氯苯氧乙酸，2,4–D）> B（6–BA）>（三十烷醇，TRIA），即 3 种激素对思茅松未成熟胚诱导胚性愈伤组织影响最大的是 2,4–D，其次是 6–BA，TRIA 的影响最小。正交试验最优浓度组合为 $A_3B_1C_3$，即 2,4–D 浓度为 10mg/L、6–BA 浓度为 1mg/L、TRIA 浓度为 0.015mg/L，经试验可得在此最佳激素配比条件下，未成熟合子胚性愈伤组织诱导率为 46.67%。

表 6–5　$L_9(3^3)$ 正交试验结果直观分析

实验号	A（mg/L）	B（mg/L）	C（μg/L）	胚性愈伤诱导率（%）
1	1	1	5	20.00
2	1	2	10	10.37

续表

实验号	A（mg/L）	B（mg/L）	C（μg/L）	胚性愈伤诱导率（%）
3	1	4	15	15.56
4	6	1	10	45.19
5	6	2	15	14.81
6	6	4	5	2.96
7	10	1	15	46.67
8	10	2	5	45.92
9	10	4	10	37.04
K_1	15.31	37.29	22.96	
K_2	20.99	23.70	30.84	
K_3	43.21	18.52	25.68	
R	27.90	18.77	7.88	
最优方案	$A_3B_1C_3$			

作为针叶树中最大的松属植物而言，其体胚发生仍有不少困难，除少数几个树种（湿地松、火炬松、辐射松、花旗松）的体胚发生技术在生产上得到应用外，大部分针叶树种的离体培养研究仍停留在试验阶段，特别是思茅松等松属树种。根据研究报道，目前大多数松柏类植物仅能从幼胚或胚性组织中诱导出体胚发生，其外植体适宜诱导胚性细胞的窗口期短且诱导率低于 10%（Becwar et al., 1991，2011），对松属植物体胚发生研究及应用造成极大的障碍。早期进行的思茅松体胚发生研究表明，以成熟胚为外植体，未能诱导得到胚性细胞；以未成熟胚为外植体，适宜诱导的窗口期仅约 2 周时间，胚性细胞诱导率低，仅有 1.8%；可重复性差（吴涛 等，2007）。湿地松胚性愈伤组织诱导率不仅因采集外植体的时间而异，也因材料的来源地不同而不同，其最高诱导率为 25%（唐魏，1997）。为此，掌握思茅松的最佳取材时间是胚性愈伤组织诱导成功的关键。

6.4.2 以成熟种胚为外植体的胚性愈伤组织诱导和增殖

以成熟种子的合子胚做外植体，材料容易获得且不受取材时间限制，容易保存并可全年用于研究，但存在诱导困难或诱导率低的问题。由于树种特性，松属植物的体胚发生研究较其他树种更为困难，胚性愈伤组织诱导时外植体的选择和诱导率的提高尚有很大研究空间。为建立思茅松成熟胚的体细胞胚胎发生体系，提高其胚性愈伤组织诱导及增殖率，我们通过正交试验探索成熟胚为外植体诱导愈伤组织的最适激素浓度配比，采用不同培养方式对胚性愈伤组织进行增殖，以期选择出最优增殖培养基，为其无性育苗提供技术支持。

6.4.2.1 研究方法

外植体消毒与接种。将思茅松成熟种子用自来水浸泡 24~48h，用浮选法筛去空瘪种子，余下饱满种子备用。在超净工作台上将种子的种壳去掉，用 0.1% 升汞溶液消毒 8min，用灭菌的纯净水冲洗 5 次。取出种胚接种于诱导培养基表面。每个 9cm 培养皿接种 15 个外植体，重复 10 次。接种后 7 天记录外植体污染情况和诱导培养情况。

诱导培养基与培养条件。采用 1/2 MS 培养基为基本培养基，添加麦芽糖 15g/L、水解酪蛋白（CH）1g/L、肌醇 0.5g/L、硝酸银 0.34mg/L、吗啉乙磺酸（MES）250mg/L、活性炭（AC）50mg/L、pH 值 5.7~5.8、植物凝胶 4g/L，高温灭菌后过滤加入谷氨酰胺 750mg/L。附加下述不同浓度的激素后配置成诱导培养基。培养条件为黑暗培养，温度为 22~25℃。

正交试验设计。2,4-D 的浓度分别设置为 1mg/L、5mg/L、10mg/L，6-BA 的浓度为 2mg/L、4mg/L、8mg/L，TRIA 的浓度为 0.005mg/L、0.01mg/L、0.015mg/L，设计正交表 $L_9(3^3)$ 进行正交试验。每个试验接种 45 个外植体，重复 3 次。

愈伤组织形态学与细胞学观察。接种后每 3~5 天观察记录愈伤组织的诱导情况，愈伤组织的产生的时间、部位、形态、质地、大小、颜色，并记录污染情况。20~30 天将诱导出来的愈伤组织挑取到载玻片上分别用蒸馏水和卡宝品红染液进行压片。用体视镜（Leica M165FC）和显微镜（Leica DMLS）进行外植体和组织细胞观察。记录并统计胚性愈伤组织诱导情况。

愈伤组织的增殖培养。将诱导出的愈伤组织接种于增殖培养基，2,4-D 改用 NAA 代替。NAA（1mg/L、0.8mg/L、0.4mg/L、0.2mg/L）和 6-BA（为诱导培养基的 1/2、2/5、1/5、1/10）浓度逐渐降低，TRIA 不添加，肌醇增加到 1g/L，其他成分不变。每两周继代一次，每次转接时均选取新分化的愈伤组织。并在其周围放置少量原培养基。

愈伤组织增殖初步效果不理想，所以另设计 2 组对比试验以期寻找更适合增殖培养的基本培养基和激素组合。从继代 3 次的 8 号增殖培养基中，将激素浓度降为诱导培养基的 1/5，选出一个增殖缓慢的胚性细胞系，并取出大小相等体积约为 $1cm^3$ 的 8 块愈伤组织，分别接种于 A、B、C、D 4 种培养基上，每种培养基接种 2 块。这 4 种培养基应用了 2 种基本培养基，并添加了不同浓度的 2,4-D、NAA 和 6-BA。

6.4.2.2 研究结果

正交试验结果表明，影响胚性愈伤组织诱导率的因素依次为：A（2,4–D）> C（TRIA）> B（6–BA），即 3 种激素对思茅松成熟胚诱导胚性愈伤组织影响最大的是 2,4–D，其次是 TRIA，6–BA 的影响最小。其中，2,4–D 影响极显著，6–BA 和 TRIA 影响不显著。正交试验最优浓度组合为 $A_2B_3C_1$，即 2,4–D 浓度 5mg/L、6–BA 浓度 8mg/L、TRIA 浓度 0.005mg/L。为了验证所得结论的正确性，选择正交试验中胚性愈伤诱导率最高的 6 号与最佳组合条件比较，进行胚性愈伤诱导率的对照实验，结果表明其胚性愈伤诱导率分别为 87.77% 和 88.35%，最佳组合条件下的胚性愈伤诱导率稍高于 6 号条件下的胚性愈伤诱导率（表 6–6）。

表 6–6 $L_9(3^3)$ 正交试验结果直观分析

编号	A（mg/L）	B（mg/L）	C（μg/L）	胚性愈伤诱导率（%）
1	1	2	5	26.75d
2	1	4	10	27.07d
3	1	8	15	12.50g
4	5	2	10	86.67a
5	5	4	15	79.26b
6	5	8	5	87.77a
7	10	2	15	24.79e
8	10	4	5	43.22c
9	10	8	10	18.25f
K_1	22.11	46.07	52.58	
K_2	84.57	49.85	44.00	
K_3	28.75	39.51	38.85	
R	62.46	10.34	13.73	
最优方案	$A_2B_3C_1$			

注：不同小写字母表示差异显著（$P < 0.05$）。

将产生的愈伤组织进行增殖培养，每 14 天选取新分化的愈伤组织转接至浓度逐步降低的增殖培养基，胚性愈伤组织生长缓慢，部分出现褐化。20~30 天后，部分褐化的愈伤上会重新长出白色丝状的胚性愈伤组织。重新形成的胚性愈伤组织分裂能力强，生命力旺盛，可快速增殖。不同类型愈伤组织增殖情况见表 6–7。胚性愈伤组织如不及时进行增殖培养，即在含高浓度激素的诱导培养基中培养 15 天后，愈伤组织将开始褐化。但即使及时继代，胚性愈伤组织也很容易褐化死亡。

表 6–7　不同愈伤类型的增殖培养情况

类型	愈伤组织外观	增殖情况
1	红色或白色半透明丝状	大部分褐化，小部分增殖，增殖速度缓慢，部分褐化的愈伤上还会长出半透明的丝状愈伤组织
2	浅绿色或白色质地松软	小部分形成了胚状体，大部分褐化
3	黄白色或黄褐色质地较坚硬	增殖较慢
4	白色透明松软，产生于子叶	增殖较慢并逐渐褐化
5	透明浅黄褐色质地松软	不增殖并逐渐褐化
6	褐化的愈伤上产生半透明的丝状愈伤组织	增殖较快

由于胚性愈伤组织在初始设计的 NAA 和 BA 浓度递减试验中增殖情况不理想，为了寻找更优的增殖培养基，进一步设计了 A、B、C、D 4 种增殖培养基，在培养胚性愈伤组织 20 天时对其增殖情况和原增殖培养基的增殖情况作了一个对比，具体差别见表 6–8。由此可知，增殖培养基 D 较好。可能是增殖培养时，改用不同的基本培养基并用 NAA 代替 2,4–D，更有利于胚性愈伤组织的增殖；也可能是 D 增殖培养基比较适合这一发育状态的胚性细胞系，其原因还需进一步研究。

表 6–8　4 种新培养基和原增殖培养基的培养结果对比

编号	基本培养基	激素浓度（mg/L）			增殖情况
		2,4–D	NAA	6–BA	
A	DCR	5	—	1	愈伤增殖较快
B	P6	5	—	1	愈伤不增殖，并从表面逐渐变干
C	P6	1.1	—	0.6	愈伤增殖较慢，并且有水渍现象
D	P6	—	2	0.6	愈伤增殖较快，且新增殖部分透明丝状有黏性
8 号 1/10	1/2 MSG	—	0.2	0.4	大部分褐化，小部分增殖，增殖速度缓慢

成熟合子胚在培养基中培养 3 天后，明显变粗膨大，子叶展开，无愈伤组织产生（图 6–9A）；培养 4~7 天左右，从下胚轴开始产生乳白色半透明黏状组织（图 6–9B）。10 天后在胚轴或子叶处产生多种愈伤组织：①白色或红色半透明丝状，晶亮有黏性，结构松软，表面具有透明凸起（图 6–9C）；②湿润浅绿色或白色透明愈伤组织，质地松软，产生于子叶或胚根（图 6–9D）；③黄白色或黄

褐色，质地较坚硬，细胞排列紧密较小（图 6-9E）；④浅黄褐色，半透明，质地松软，增殖速度慢（图 6-9F）；⑤形态同第一种愈伤组织，从褐化的愈伤组织中产生（图 6-9G）。

其中①、⑤两种愈伤组织，表面都有白色透明丝状组织，此时使用显微镜观察，可看到表面产生透明的圆丘状凸起（图 6-9H）。压片后可见其主要由两类细胞组成，一类为细胞质浓、细胞体积较小的胚头细胞（embryo-proper cells），另一类为胚柄细胞（embryo-suspensor cells），即由一些高度液泡化，并或多或少延长的细胞所组成。在大多数胚形成的早期，胚分化成明显的胚头和胚柄，其中胚柄是由胚头基部的分生组织细胞分裂、分化而成的，它对胚头可提供结构上的支持和营养物质吸收的作用，也是合成生长调节物质和储存一些产物的场所（Schwartz et al.，1997）。

基于对胚性愈伤组织细胞增殖分裂过程的观察，我们推测胚性愈伤组织的增殖过程是从某些单个细胞的快速分裂开始，逐渐形成以该细胞为分裂中心的相对独立的快速增殖的细胞团。显微镜下观察到的细胞多呈大小相似的团状，有序地聚集在一起。中心部位的细胞个体小，核质比大，含线粒体较多，无液泡，处于快速分裂中，有时形成类似四分体的形状，组织染色后可见。而外部细胞个体较大，胞质中可见一些尚不成形的大液泡（图 6-9I~L）。胚性愈伤组织的活性可能与中心细胞的旺盛分裂能力有关。快速增殖、生长良好的愈伤组织中，可见较多紧密成团的中心细胞（图 6-9M）。部分褐化组织上仍可长出新的愈伤组织很可能是由于该愈伤组织中保留了较多的分裂能力强的中心细胞。

在试验中还观察到一些胚的胚根部或子叶和胚轴连接处在培养过程中膨大并形成白色或浅绿色愈伤组织，经观察此种愈伤组织可直接产生胚状体（图 6-9N），即外植体不经过愈伤阶段而直接在表面形成胚状体。

试验中多次观察到，在诱导愈伤组织的过程中，外植体会产生抑制细菌生长的物质，即培养基细菌污染严重时，外植体周围并无细菌污染（图 6-9O），但对真菌无效。未来可对此现象开展研究以期开发出新型细菌杀菌剂。

6.4.2.3 结论与讨论

1/2 MSG+5mg/L 2,4-D+4mg/L 6-BA+0.005mg/L TRIA 为思茅松成熟胚胚性愈伤组织最佳诱导培养基；2,4-D 对思茅松成熟胚诱导胚性愈伤组织的影响最大，其次是 TRIA，6-BA 的影响最小；最佳的增殖培养基为 P6+2mg/L NAA+0.6mg/L

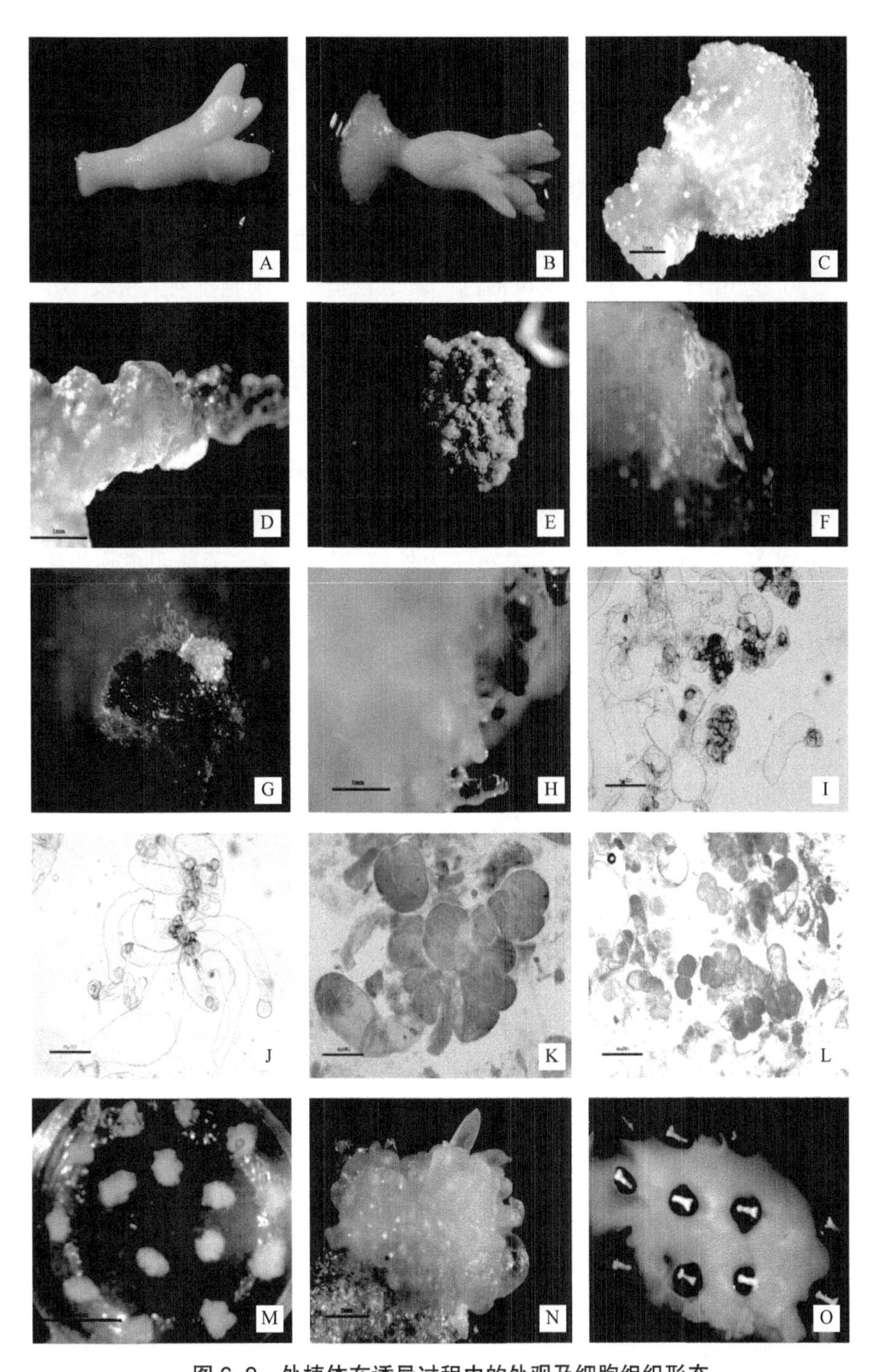

图 6-9　外植体在诱导过程中的外观及细胞组织形态

注：A~D、F、H，比例尺 =1mm；E、G、N，比例尺 =2mm；I~L，比例尺 =100 μm；M，比例尺 =20mm；O，比例尺 =2cm。

6–BA。思茅松成熟合子胚在诱导培养基中培养3天后，胚体明显变粗，子叶展开，此时尚无愈伤组织产生；培养4~7天左右，从下胚轴开始产生乳白色半透明黏状组织，部分胚轴膨大并扭转。10天后在胚轴或子叶处产生愈伤组织。诱导产生的愈伤组织大致分为5种类型：①白色或红色，半透明丝状，晶亮有黏性，结构松软，表面具有透明凸起；②湿润浅绿色或白色透明愈伤组织，质地松软，产生于子叶或胚根；③黄白色或黄褐色，质地较坚硬，细胞排列紧密较小；④浅黄褐色，半透明，质地松软，增殖速度慢；⑤形态同第一种愈伤组织，从褐化的愈伤组织中新产生。其中①、⑤两种愈伤组织，表面都有白色，透明丝状组织，此时使用显微镜观察，可看到表面产生透明的圆丘状凸起。压片后可见其主要由两类细胞组成，一类为细胞质浓、细胞体积较小的胚头细胞，另一类为胚柄细胞，即由一些高度液泡化，并或多或少延长的细胞所组成。

吴子欢等（2007）用思茅松成熟胚为外植体，诱导出了透明愈伤组织，但并未描述是否为胚性愈伤组织。现有研究表明，虽然思茅松体胚发生途径是其无性系造林最具优势和潜力的繁殖方式，还可为后续基因工程育种提供最佳遗传转化受体系统，但是，尚存在外植体取材范围受限、取材时期短、胚性愈伤诱导率低、体细胞胚发育不整齐等亟须解决的问题。大量实验表明，胚性愈伤组织的诱导及体胚发生过程都与外植体的生理状态、培养基的营养成分、生长调节因子以及多个胚在培养中竞争性等因素关系密切（Lelu et al.，1999）。只有合子胚发育到一定时期，才对外界培养环境有反应，其发育程度对胚性愈伤组织的诱导起决定性作用（张存旭 等，2005）。通常认为分化程度较低的组织，如未成熟胚，更有利于体细胞胚胎的诱导发生（唐巍 等，1998）。但未成熟胚采集困难，受生长季节限制与地域限制较大，仅限于胚胎发育的某一时期才有较高诱导率，适宜外植体采集时间短且不好掌握。因此，该试验使用成熟胚作为外植体探索诱导胚性愈伤组织，是简化操作、降低成本的有效方法，且此方法可在大规模生产中较为方便地利用。

有研究认为，不同品种间以及同一品种不同基因型之间，对胚性愈伤组织的诱导及后期胚胎发育方面都有很大差异（Tautorus et al.，1991）。我们在试验中发现有的胚性愈伤组织在增殖培养基上30天不继代，也不会褐化且生长良好。这些愈伤组织可被筛选出来大量扩增，建立增殖体系。故在进一步的体系优化研究中可从外植体的基因型筛选上进行较为系统的研究，以提高其后期的生长质量。

在试验过程当中观察到直接体胚发生的现象，近年来不断有松属体胚发生体系建成的报道，但指的都是间接体胚发生，直接体胚发生与此相比，具有培养程序简单、易操作和成功率高等特点，因此建立思茅松的直接体胚发生体系，是一个可深入探究的问题。

胚性愈伤组织诱导率较高，但愈伤组织产生较小且增殖缓慢，造成了后续工作的停滞，所以寻找有效的保持和增殖胚性愈伤组织的培养基，将是后续工作急需解决的问题。

6.4.3　体细胞胚的成熟培养

早期体细胞胚的发育是通过组织分化形成子叶胚。成熟培养基通常包含 ABA 并且需要降低培养基的渗透势。ABA 的作用主要是防止裂生多胚现象和促进体胚的成熟；降低渗透势的方法通常是添加 PEG。此外，添加活性炭可以吸附代谢废物和高浓度激素，为体细胞胚发育提供更加合适的环境。因此，目前我们在成熟培养基的筛选上主要对 ABA、PEG 和活性炭进行了三因素三水平的正交试验，但胚性愈伤组织在成熟培养基上呈现变干、褐化或褐化后重新长白色愈伤组织等形态，没有成功形成成熟体细胞胚。可能是由于前期胚性愈伤组织继代时间长、活性降低，起始胚性愈伤组织状态不佳，成熟培养基的激素浓度不适合，培养基的渗透势不够等，具体原因有待进一步研究。

第 7 章　思茅松矮化修剪技术

7.1 概　述

矮化修剪可以增大种子园母树树冠，增加开花结实量，且方便管理，便于机械操作，提高劳动效率。矮化管理的通常做法是在树木幼龄期通过矮化修剪培养特定的理想树形，然后再逐年根据需要调整结果枝与生长枝的关系，保证达到丰产栽培目的，矮化修剪是维持树体结构合理的重要措施，对增加结实量有显著的作用（何方 等，2004）。此外，对于已经老化衰退的种子园母树进行矮化改造和复壮，同样显得重要和迫切。研究表明多种矮化修剪措施对母树的生长都有调控作用，对油松种子园母树进行截顶和适当修枝处理，可显著促进母树胸径生长，对母树树高生长有减缓作用（杨培华 等，2010）；对嫁接 6 年后的马尾松第 2 代无性系种子园修枝截干可以明显改善母树的开花与结实（谭小梅 等，2011）；对嫁接 4 年的马尾松第 2 代种子园母树进行矮化摘心技术研究的结果则表明，轮盘枝中主梢在摘心后即停止生长，摘心措施能明显矮化树体且提高结果轮盘枝数（洪永辉 等，2013）；谢旺生（2012）通过对嫁接 16 年，进入衰退期且种子产量低下的杉木种子园进行更新复壮研究，发现母树在主干截除后萌芽旺盛且球果增多。由于不同树种自身生物学特性的存在差异，去顶和修枝处理的效果也不相同，对华北落叶松的整形修枝研究发现，枝条回缩能使华北落叶松花量显著增加（刘春利 等，2008）；去顶疏枝措施能够有效地促进西加云杉雌雄球花开花与分布（Ho et al.，1995），对油松雌球花生长发育表现出较强的促进作用，对雄球花则产生了抑制作用（李悦 等，1998）。

思茅松是云南重要的材、脂兼用树种，目前仍存在原材料供给受限的问题，原料供给不足问题日渐严重，出路在于从良种和培育等方面提高主要用材树种的集约化经营水平，大幅度地提高产量，林木的持续遗传改良是提高人工林产量的最有效途径（陈伟 等，2023）。目前思茅松已全面进入第 2 代遗传改良阶段，早期建设的思茅松第 1 代、第 1.5 代种子园大部分已进入老化期，生殖生长逐渐衰退，且树体高大，种子采收和树体管理都较困难，导致采种授粉困难，难以满足良种生产需要。通过矮化措施对老化的种子园进行更新复壮，乃至从建园开始就采取矮化树体培养与管理，已成为国内外现代种子园的常规做法，思茅松的树体矮化成为其遗传改良和种子园管理的一项关键技术。因思茅松具有明显的顶端生长优势，通过矮化措施降低树冠高度对方便管理和种子丰产非常必要。目前，针叶树种的矮化树体管理已有很多报道，但思茅松的矮化研究不多。本研究以思茅松矮化管理为目标，研究了其修剪反应，试验了两种矮化树形，还开展种子园大树矮化复壮试验，在此基础上，提出了系统的思茅松矮化树体管理技术。

7.2　矮化修剪试验

7.2.1　材料与方法

7.2.1.1　试验材料

试验地点在景洪市普文林场，该林场位于景洪市北部，海拔 800~1354m，属热带季风气候，为思茅松适生分布区。试验用苗为健壮、长势基本一致的 2 年生嫁接思茅松苗，幼树高 1.7~2.0m、胸径 1.5~2.0cm。

7.2.1.2　试验方法

试验设计分为两组。

树体培育试验。处理 1：碗状开心形树体培育，幼树 1.0~1.2m 定干截顶后，根据树形主干上留 3~4 枝一级侧枝；处理 2：主干形树体培育，先对主干 1.0~1.2m 截顶，第一轮留 4 枝一级侧枝，具有明显顶端优势的思茅松侧枝会在主干截断后逐渐向上生长形成主干，一年后再进行第二轮留枝修剪，第二轮留 3~4 个二级侧枝；CK：以不做任何修剪处理的幼树作为对照。每个处理 10 株幼苗，试验时间为 2021 年 10 月到 2022 年 11 月，共进行 4 次修剪，每 3~4 个月一次，按照培育的目标树形对侧枝和主干进行修剪，将多余的背立枝、枯枝、弱枝、病枝、重叠枝一并去掉，且对角度不够的侧枝进行拉枝，每次修剪前观测记录主干粗、一级侧枝粗等数据。

枝条修剪试验。先将处理 1、处理 2、处理 3、处理 4 的试验幼树进行截顶定干，定干高度在 1.0~1.2m。处理 1：对一级侧枝进行 1/3 轻剪；处理 2：对一级侧枝进行 1/2 中剪；处理 3：对一级侧枝进行 2/3 重剪；处理 4：一级侧枝剪到枝条无针叶处；CK：以不做任何修剪处理的幼树作为对照。每个处理 6 株幼苗，试验时间为 2021 年 10 月到 2022 年 11 月，修剪后测量幼树主干粗、一级侧枝粗、一级分枝粗 / 主干粗等数据，每 3~4 个月测量一次，每次测量数据时将多余的背立枝、枯枝、弱枝、病枝、重叠枝等去掉。

种子园老树矮化复壮试验。针对种子园树体高大采种、授粉困难，种子产量下降等问题，对景谷县云景林纸开发公司种子园 100 株大树进行了截干修枝试验，截干修剪时间在 2 月初，根据树木生长特性截干断顶后保留 3~4 轮枝，6~9 个一级侧枝，对截面进行了油漆涂抹和包扎，并对二级侧枝进行枝条短截和修剪。

7.2.2 结果与分析

7.2.2.1 修剪对树体培育的影响

经过 1 年的树体修剪管理，基本达到了预期目标树形，且修剪过的幼树各项指标均优于对照组，对照组主干粗平均增加了 208%，一级侧枝粗平均增加了 213%。

修剪对碗状开心形树体培育的影响。经过 1 年的修剪及拉枝，树高控制在 1.2~1.5m，主干上错落着生 3~4 个一级侧枝，树体形态基本呈现碗状开心形，达到预期目标。截顶后的主干和一级侧枝粗增加明显，主干粗一年平均增加 241.48%，尤其是 7~11 月之间生长最快，平均增加 48.00%；一级侧枝粗一年平均增加 386.16%，其中，10 月到翌年 1 月增加最多，平均增加了 101.19%。修剪过后二级侧枝数萌发量也明显增加，主要是 10 月到翌年 1 月以及 7~10 月萌发枝条最多，刚好是思茅松生长旺季（表 7–1）。

表 7–1 修剪对碗状开心形树体生长的影响

培育树形	指标	2021 年 10 月	2022 年 1 月	2022 年 3 月	2022 年 7 月	2022 年 11 月
碗状开心形	主干粗（cm）	1.80 ± 0.56D	2.34 ± 0.46D	3.23 ± 0.42C	4.15 ± 0.49B	6.14 ± 0.16A
	一级侧枝粗（cm）	1.05 ± 0.07E	2.11 ± 011A	2.45 ± 0.21A	3.03 ± 0.13A	5.09 ± 0.19A

续表

培育树形	指标	2021 年 10 月	2022 年 1 月	2022 年 3 月	2022 年 7 月	2022 年 11 月
碗状开心形	一级侧枝粗 / 主干粗	0.62 ± 0.16B	0.93 ± 0.22A	0.77 ± 0.11AB	0.74 ± 0.08AB	0.82 ± 0.03AB
	二级侧枝数	3.00 ± 1.00C	10.00 ± 1.41A	3.00 ± 0.71C	6.00 ± 1.58B	10.00 ± 1.58A

注：表中同处理的不同大写字母代表差异性极显著（$P < 0.01$），下同。

修剪对主干形树体培育的影响。通过 1 年的树形培育，一级侧枝中最粗壮的一枝向上直立生长，成为主干，其余角度不够的一级侧枝进行拉枝，树高 2.0~2.5m，第一轮枝错落着生 3 个一级侧枝，第二轮枝 3~4 个一级侧枝，达到树形培育目标。截干修剪明显促进了主干和一级侧枝的生长，主干粗平均一年增加 248.00%，7~11 月之间生长最快，平均增加 49.10%，其次是 10 月到翌年 1 月，平均增加 37.09%；一级侧枝粗一年平均增加 386.91%，其中，10 月到翌年 1 月增加最多，平均增加了 91.02%，其次是 7~11 月，平均增加 82.30%。修枝也促进了二级侧枝的萌发，在 10 月到翌年 1 月及 7~10 月之间萌发最多（表 7–2）。

表 7–2　修剪对主干形树体生长的影响

培育树形	指标	2021 年 10 月	2022 年 1 月	2022 年 3 月	2022 年 7 月	2022 年 11 月
主干形	主干粗（cm）	1.83 ± 0.25E	2.51 ± 0.41D	3.356 ± 0.27C	4.28 ± 0.45B	6.38 ± 0.31A
	一级侧枝粗（cm）	1.01 ± 0.07E	1.92 ± 0.06D	2.29 ± 0.17C	2.69 ± 0.13B	4.90 ± 0.13A
	一级侧枝粗 / 主干粗	0.62 ± 0.09C	0.79 ± 0.16A	0.71 ± 0.14B	0.67 ± 0.13BC	0.79 ± 0.08A
	二级侧枝数	4.00 ± 1.00BC	11.00 ± 1.58A	3.00 ± 1.01C	5.00 ± 1.98B	10.00 ± 2.91A

7.2.2.2　修剪对思茅松幼树枝条生长的影响

（1）对二级侧枝枝条萌发的影响

修剪后 3 个月通过统计修剪处新发枝条发现，对照组新萌发小枝 4 枝；轻剪、中剪、重剪的剪口分别平均萌发新枝 7 枝、11 枝、7 枝，相比对照组各增加了 75%、175%、75%；剪到无针叶处的枝条均没有小枝萌发，说明适度的修剪能明显促进枝条的萌发，但修剪过度也会造成不萌发，影响生长。

（2）对幼树主干的影响

通过对不同修剪程度思茅松幼树枝条一年的统计分析发现，修剪过的幼树在7~11月之间主干粗增长速率最大，相比7月，11月轻剪、中剪、重剪处理分别增长了50%、47%、80%，其次是1~3月；3~7月，修剪处理的主干粗增加最小，相比3月，7月轻剪、中剪、重剪处理分别增长了27%、28%、15%。相比修剪处理，对照处理的主干粗一开始增幅较大，10月到翌年1月增长了79%，随着时间推移慢慢减缓，到11月时，只比7月增加了7%。修剪前，各处理主干粗差异不显著；到11月的时候，中剪和轻剪处理的主干粗最大，差异不显著；对照组主干粗最小，差异极显著。这和思茅松一年生两轮的生物学特性有关（图7–1）。

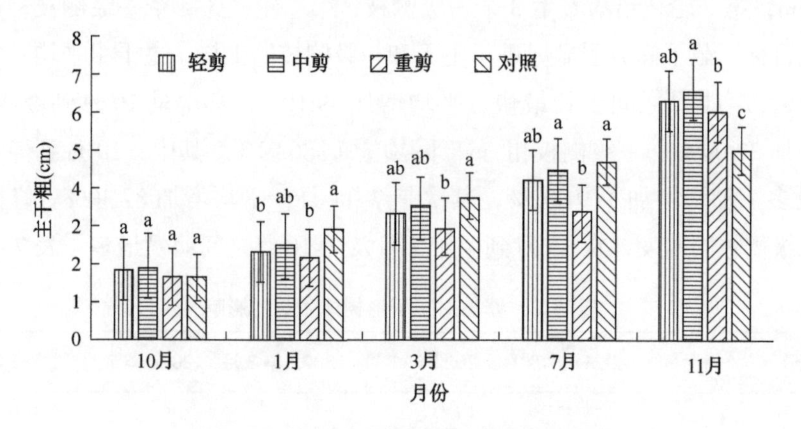

图7–1　修剪对思茅松幼树主干粗的影响

注：图中同处理的不同小写字母代表差异性极显著（$P < 0.05$），下同。

通过对比一年的主干粗数据发现修剪处理和对照组的主干粗增加差异不显著，说明修剪处理对幼树主干粗的影响不大（表7–3）。

表7–3　不同修剪程度对思茅松幼树生长的影响

修建处理	主干粗（cm）	一级侧枝粗（cm）	一级侧枝粗/主干粗	一级侧枝长（cm）
轻剪	4.51 ± 0.66A	3.98 ± 0.13A	0.86 ± 0.12A	106.41 ± 29.17A
中剪	4.69 ± 0.75A	4.31 ± 0.26A	0.92 ± 0.13A	107.13 ± 9.03A
重剪	4.43 ± 0.61A	3.58 ± 0.47B	0.92 ± 0.21A	76.25 ± 14.26B
CK	3.88 ± 0.19A	1.12 ± 0.26C	0.33 ± 0.08B	108.33 ± 12.07A

（3）对幼树一级侧枝的影响

从图7–2可以看出，在一整年的生长中，10月到翌年1月一级侧枝粗生长积累最多，轻剪、中剪处理无显著差异，对照处理差异极显著，轻剪、中剪、重剪和对照处理分别增长了 90%、127%、71%、27%；其次是 7~11 月；生长最缓慢的是 1~3 月，轻剪、中剪、重剪和对照处理分别增加了 23%、12%、17%、12%。

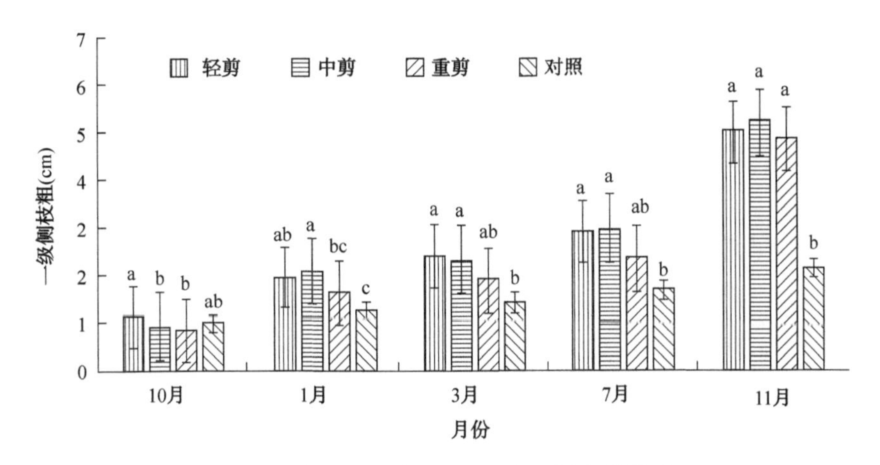

图 7-2　修剪对思茅松幼树一级侧枝粗的影响

通过对一级侧枝长的统计分析发现，刚修剪过的枝条生长特别快，10 月到翌年 1 月轻剪、中剪、重剪和对照处理分别增长了 110%、71%、62%、4%，轻剪、中剪处理差异不显著，对照处理差异极显著；1~3 月是枝条生长最快速的时期，轻剪、中剪、重剪和对照处理分别增长了 94%、96%、120%、212%；3 月各处理枝条长均无显著差异。由此可以看出来，对侧枝修剪能够明显的促进侧枝生长（图 7-3）。

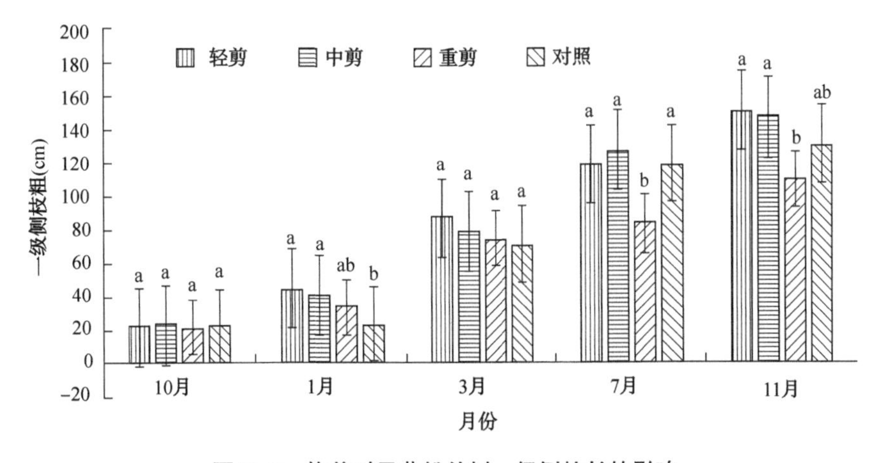

图 7-3　修剪对思茅松幼树一级侧枝长的影响

轻剪、中剪处理的一级侧枝粗增幅差异不显著，对照处理的侧枝粗增幅差异极显著且最小，可见适当的修剪可以显著增加侧枝的径粗。轻剪、中剪与对照处理的侧枝长增幅无显著差异，重剪的差异显著增加最小，可能是因为重剪本身最开始修剪的较多，说明修剪对枝条长度的影响不大（表 7-3）。

7.2.2.3 老化种子园大树矮化改造效果

矮化改造后的老树经过一年的生长，一级侧枝粗明显增加，增加了 80%，下部新枝萌发量明显增加，说明思茅松大树截干降冠可行（图 7-4、彩图 24）。

图 7-4 种子园大树矮化降冠处理

7.3 结论与讨论

整形修剪对维持树形、提高品质、推迟衰老期都有良好的控制作用，思茅松幼树修剪培育试验，基本达到了预期的理想目标树形（图 7-5、彩图 25）。修剪使得树高明显降低，树冠增大，树体通透性好，枝条生长布局合理，降低了管理难度和成本，由此可见，对思茅松树体进行矮化修剪管理是可行且有效的。

图 7-5 普文第 1.5 代思茅松种子园矮化树形

7.3.1　思茅松截枝反应

通过对思茅松幼树枝条进行不同程度修剪试验发现，修剪能够明显地促进侧枝增粗和小枝萌发，尤其是中剪，对枝条进行中剪时小枝萌发及侧枝生长都是最优结果。各修剪处理的一级侧枝粗、一级侧枝长均优于对照组，说明修剪后主要促进了侧枝的生长，更有利于结果枝的培育。轻剪和中剪处理的一级侧枝粗差异不显著，对照组的一级侧枝粗增幅最小且差异极显著，说明对枝条进行轻剪和中剪时思茅松幼树生长最迅速。研究发现，对日本落叶松、华北落叶松的枝条进行短剪，尤其是短剪和中剪能更好地刺激新枝条的生长能力（毕国力 等，1990；刘春利 等，2008），这与本研究试验结果一致。经过一年的修剪观察，1~3 月是枝条生长最快速的季节，修剪时根据需求适合选择在生长季之前进行。

7.3.2　思茅松截干反应

定干截顶后，树体的侧枝粗显著增加，一年内一级侧枝粗增加 385%~386%，对照组增加了 213%，相比对照组差异极显著。但主干粗与对照组差异不显著，对照组主干粗平均增加了 208%，截干处理的主干粗平均增加了 241%~248%。说明截干主要是促进侧枝的生长与萌发，对结果枝的培养有较好的促进作用，这与孔漫雪等（2010）对红松人工林截干后树体的生长效果一致。结果表明，7~11 月之间是思茅松主干生长最快速的时期。

7.3.3　矮化树体培养技术

我们早期营建的种子园大多以无性系配置、生境条件、花粉管理等问题作为首要出发点，基本没有关注树体管理，随着时间推移，树体高大、采摘困难、授粉困难等问题凸显出来，矮化管理种子园的需求逐渐显现。通过实际的修剪和观察，去顶修剪明显降低了幼树的树干高度，侧枝修剪、树形培育改善了树体的光照条件，减少了遮阴挡光的现象，大大增加了通透性。思茅松树体培育主推主干形和碗状开心形两种树形，修剪时遵从“互不郁闭、透气、透光、主枝少、侧枝多”的原则，步骤主要是：确定培养树形后整枝修剪出树形骨架，每年固定修剪，且辅以肥水管理。

树形修剪。做碗状开心形培养的思茅松幼树，在树高 1.5m 左右时定干截顶，定干高度 1.0~1.2m，留 3~4 个一级侧枝，先对多余的侧枝、病害枝、弱枝进行

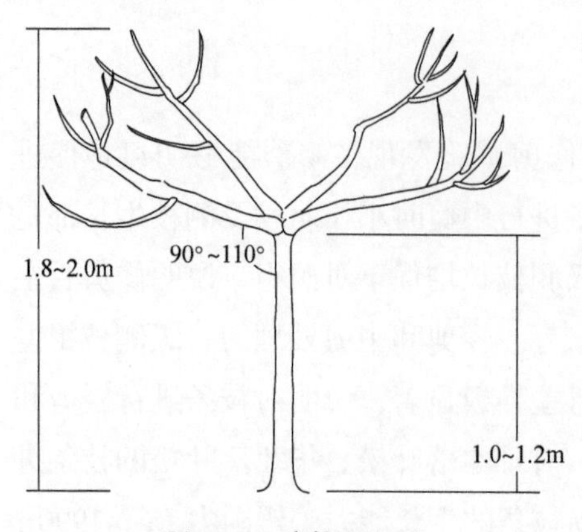

图 7-6 碗状开心形

剪除，打开树的“天窗”，形成基本碗形。再对培养枝的枝条进行短剪，修剪过后的主干和一级侧枝生长明显粗壮，且萌发出更多的小枝，能为各个方向提供培养枝，增加了营养生长且促进结果枝的培养。对角度不够的一级侧枝进行拉枝，分枝角度控制在 70°~90°，而后逐年进行修剪，最终树高控制在 1.8~2.0m（图 7-6）。

做主干形培养的幼树，在幼树长到 1.5m 左右进行定干截顶，定干高度 1.0~1.2m，先对多余的侧枝、病害枝、弱枝进行剪除，留 4 个一级侧枝，且枝条进行短剪；对其中 3 个均匀分布的枝条进行拉枝，分枝角度控制在 70°~90°，根据思茅松具有明显的顶端优势的生物学特性，另外一个不作拉枝处理的侧枝会逐渐粗壮并慢慢向上直立生长代替主干，并最终形成新的主干。1 年后，到翌年 2 月或者 6 月，对第二轮枝进行留枝修剪，保证第一轮枝和第二轮枝节间长 0.5~0.7m，节间太短枝条密闭影响透光，节间太长树高太高。第二轮枝截顶后留 3~4 个一级侧枝，同样对多余枝、枯枝、病枝、弱枝、交叉枝等进行剪除，对一级侧枝进行短剪，分枝角度控制在 70°~90°，树形成型后要逐年修剪，使树高控制在 2.5~3.0m（图 7-7）。

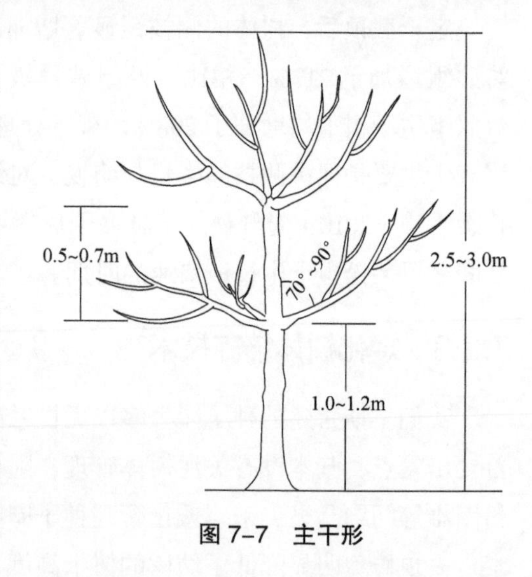

图 7-7 主干形

树形骨架确定后，对留下的侧枝 1/2 短剪，枯枝、病枝、重叠枝、背立枝等进行疏剪，修剪的剪口要削平，粗壮枝条及断顶创面要进行削平和涂保护剂，保证树冠层次分明，各个方向都有生长枝，如果没有的可以培养同方向的二级侧枝。

固定修剪。往后要逐年进行修枝整形，适合在 11~12 月或者 5~6 月进行修剪，既明显利于促进侧枝和小枝的生长，又为树形培育提供足够的修剪枝条，逐渐调节结果枝与生长枝的关系。

肥水管理。任何培育技术都离不开合理高效的肥水管理，所以在综合的林业肥水管理基础上再配合整形修剪，才能达到最佳效果。

参考文献

艾畅，徐立安，赖焕林，等，2006. 马尾松种子园的遗传多样性与父本分析 [J]. 林业科学，42（11）: 146–150.

蔡年辉，许玉兰，王大玮，等，2017. 思茅松 EST–SSR 标记在几种松属植物中的通用性分析 [J]. 西南林业大学学报，37（4）: 8–14.

曹芳，李志刚，李旭新，等，2017 . 大豆花粉活力测定方法的比较研究 [J]. 中国农学通报，33（17）: 66–69.

陈代喜，2001. 我国林木遗传改良进展综述 [J]. 广西林业科学（S1）: 13–17，44.

陈晓阳，沈熙环，2005. 林木育种学 [M]. 北京：高等教育出版社 .

陈家媛，靖晶，高嵩，2009. 草河口林场红松人工林遗传多样性的 ISSR 分析 [J]. 植物研究，29（5）: 633–636.

陈建中，葛水莲，杨明建，等，2010. 太行山东麓油松种子园遗传多样性的 RAPD 分析 [J]. 北方园艺，7 : 130–132.

陈坤荣，文方德，马芳莲，1994. 云南松思茅松地盘松种子同工酶谱研究 [J]. 西南林学院学报，14（2）: 96–102.

陈林波，刘本英，汪云刚，等，2013. 茶树 HMGS 基因的克隆与序列分析 [J]. 西北农业学报，22（5）: 72–76.

陈珊珊，周明芹，2010. 浅析遗传多样性的研究方法 [J]. 长江大学学报，7（3）: 54–57，65.

陈少瑜，赵文书，2001. 思茅松等位酶实验方法及改进 [J]. 云南林业科技，3 : 4–14.

陈少瑜，赵文书，张树红，2001. 思茅松种子园遗传结构及遗传多样性 [J]. 云南大学学报（自然科学版），23（6）: 472–477.

陈少瑜，赵文书，王炯，2002. 思茅松天然种群及其种子园的遗传多样性 [J]. 福建林业科技，29（3）: 1–5.

陈绍安，陈宏伟，唐社云，等，2009. 普文试验林场思茅松无性系种子园 10 年生植株的物候观测 [J]. 西部林业科学，38（1）: 120–123.

陈伟，陈绍安，罗婷，等，2023 . 思茅松产脂相关生态因子的主成分分析 [J]. 西部林业科学，52（1）：27–33.

程祥，张梅，李悦，等，2016. 油松种子园配置区无性系群体的遗传多样性与交配系统 [J]. 北京林业大学报，38（9）：10–11.

戴俊，黄开勇，陈琴，等，2014. 截杆对杉木种子园母树种子品质及苗木生长的影响 [J]. 广西林业科学，43（4）：385–389.

邓丽丽，李德龙，蔡年辉，等，2016. 基于高通量测序的思茅松微卫星位点的特征分析 [J]. 中南林业科技大学学报，36（10）：72–77.

董静曦，郝传松，刘建伟，等 . 2010. 云南各地松脂资源的比较分析 [J]. 西部林业科学，39（3）：37–42.

董静曦，张剑，郭辉军，2009. 云南与广西产脂松树资源的对比分析 [J]. 林业资源管理，28（3）：85–89.

董海芳，张存旭，2011. 栓皮栎优树自由授粉子代遗传变异研究 [J]. 西北林学院学报，26（3）：102–106.

杜明凤，丁贵杰，2016. 不同种源马尾松 ISSR 遗传结构及影响因素分析 [J]. 广西植物，36（9）：1068–1075.

段安安，许玉兰，王秀荣，2002. 思茅松无性系种子园雌雄球花分布特性及人工辅助授粉的研究 [J]. 云南林业科技（4）：22–26.

冯富娟，张冬东，韩士杰，2007. 红松种子园优良无性系的遗传多样性 [J]. 东北林业大学学报，35（9）：9–11.

冯富娟，隋心，张冬东，2008. 不同种源红松遗传多样性的研究 [J]. 林业科技，33（1）：1–4.

冯夏莲，何承忠，张志毅，等，2006. 植物遗传多样性研究方法概述 [J]. 西南林学院学报，26（1）：69–74.

冯弦，刘云彩，刘永刚，等，2010. 普文试验林场 14 年生思茅松人工林木材基本密度和管胞长度的径向变异 [J]. 西部林业科学，39（1）：43–48.

冯源恒，李火根，杨章旗，等，2016a. 马尾松桐棉种源天然群体遗传结构研究 [J]. 广西植物，36（11）：1275–1281.

冯源恒，杨章旗，李火根，等，2016b. 不同时期广西马尾松优良种源的遗传多样性变化趋势 [J]. 南京林业大学学报（自然科学版），40（5）：41–46.

冯源恒，杨章旗，李火根，等，2016c. 广西马尾松第一代育种群体遗传多样性

[J]. 东北林业大学学报，44（6）: 1-3.
冯源恒，李火根，杨章旗，等，2017. 广西马尾松第 2 代育种群体的组建 [J]. 林业科学，53（1）: 54-61.
冯源恒，杨章旗，谭健晖，2018. 广西马尾松第一代核心育种群体的建立 [J]. 东北林业大学学报，46（12）: 20-24.
付玉嫔，李思广，耿树香，等，2008. 高 β – 蒎烯含量思茅松松脂化学特征 [J]. 氨基酸和生物资源，30（4）: 29-33.
高俊凤，2006. 植物生理学实验指导 [M]. 北京：高等教育出版社 .
葛颂，王明庥，1998. 用同工酶研究马尾松群体的遗传结构 [J]. 林业科学，24（4）: 400-409.
耿菲菲，肖丰坤，吴涛，等，2015. 思茅松成熟胚的胚性愈伤组织诱导与增殖 [J]. 东北林业大学学报，2015，43（5）: 59-63.
耿树香，尹晓兵，马惠芬，等，2005. 高 3- 蓓烯思茅松松脂的化学特征 [J]. 南京林业大学学报（自然科学版），29（5）: 80-84.
耿树香，尹晓兵，2012. 思茅松松脂分类加工初探 [J]. 氨基酸和生物资源，34（1），5-8.
郭江波，赵来喜，2004. 中国苜蓿育成品种遗传多样性及亲缘关系研究 [J]. 中国草地，26（1）: 9-13.
郭树杰，苟瑞，杨永峰，等，2011. 利用 RAPD 技术对油松种子园无性系的分析 [J]. 西北林学院学报，26（3）: 99-101.
郭宇渭，赵文书，汪福斌，等，1993. 思茅松优良种源选择 [J]. 云南林业科技，22（4）: 25-29.
国家林业局，1999. 主要针叶造林树种优树选择技术（LY/T 1344—1999）[S]. 北京：中国标准出版社 .
何月秋，叶建仁，2005. 湿地松丛生芽的诱导及试管苗的生根研究 [J]. 南京林业大学学报（自然科学版），29（5）: 13-16.
何方，胡芳名，2004. 经济林栽培学 [M]. 北京：中国林业出版社 .
洪永辉，林能庆，施恭明，2013. 马尾松二代种子园母树矮化摘心技术 [J]. 林业勘察设计（2）: 84-88.
黄宝祥，符树根，舒惠理，2007. 湿地松丛生芽的增殖研究 [J]. 现代农业科技，13 : 13-14.

黄健秋，卫志明，1995. 针叶树体细胞胚胎发生的研究进展 [J]. 植物生理学通讯，31（2）：85–90.

黄开勇，陈琴，唐文，等，2015. 截干处理对大龄杉木种子园种子产量与品质的影响 [J]. 西部林业科学，44（2）：29–35.

季孔庶，徐立安，王登宝，等，2022. 中国马尾松遗传改良研究历程与成就 [J]. 南京林业大学学报（自然科学版），46（6）：10–22.

季维智，宿兵，1999. 遗传多样性研究原理与方法 [M]. 杭州：浙江科技出版社 .

贾继增，丁寿康，李月华，等，1994. 小麦新品系宛原 50–2 矮秆基因的染色体定位 [J]. 作物学报，20（3）：297–301.

贾继增，1996. 分子标记种质资源鉴定和分子标记育种 [J]. 中国农业科学，29（4）：1–10.

贾继文，王军辉，张金凤，等，2009. 梓树属花粉生活力的研究 [J]. 西北植物学报，29（5）：945–950.

姜远标，陈少瑜，吴涛，2007. 思茅松优良家系的分子遗传变异 [J]. 中南林业科技大学学报，27（6）：109–114，126.

姜远标，吴涛，陈少瑜，等，2007. 思茅松 RAPD 反应体系的优化 [J]. 东北林业大学学报，35（9）：16–19.

蒋云东，李思广，陈宏伟，等，2006. 思茅林区可持续发展研究 [M]. 昆明：云南科技出版社 .

蒋云东，李思广，何俊，等，2006. 栽松留阔模式思茅松的生长及抗松梢螟效果的研究 [J]. 林业科技（3）：31–33.

蒋云东，李思广，杨忠元，等，2006. 土壤化学性质对思茅松人工幼林生长的影响 [J]. 东北林业大学学报（1）：25–27.

蒋云东，李思广，胡光辉，等，2008. 思茅松高产脂优树再选择的研究 [J]. 西部林业科学，37（3）：1–5.

蒋云东，李思广，刘云彩，等，2017. 思茅松高产脂定向培育技术的研究进展 [J]. 西部林业科学，46（2）：32–36.

解新明，云锦凤，2000. 植物遗传多样性及其检测方法 [J]. 中国草地，6：51–59.

井敏敏，黄炳钰，戴小红，等，2022. 基于 SSR 标记的澳洲坚果种质资源遗传多样性分析 [J]. 热带作物学报，43（2）：262–270.

康向阳，2019. 关于林木育种策略的思考 [J]. 北京林业大学学报，41（12）：15–20.

康向阳，2020. 林木遗传育种研究进展 [J]. 南京林业大学学报（自然科学版），44（3）：1–10.

雷蕾，2014. 湿地松 TPS 基因同源克隆及其与产脂性状的关联分析 [D]. 南昌：江西农业大学 .

李春喜，王志和，王方，2000. 生物统计学 [M]. 北京：科学出版社 .

李丹，陈宏伟，陈少瑜，等，2010. 思茅松丛生芽诱导及植株再生 [J]. 西部林业科学，39（1）：69–72.

李毳，柴宝峰，王孟本，2005. 山西高原油松种群遗传多样性 [J]. 生态环境，14（5）：719–722.

李毳，柴宝峰，王孟本，2006. 华北地区油松种群遗传多样性分析 [J]. 植物研究，26（1）：98–102.

李广军，郭彩萍，郭文娟，2011. 广西古蓬种源马尾松遗传多样性的 ISSR 分析 [J]. 中南林业科技大学学报，31（9）：42–45.

李会平，黄大庄，杨梅生，等，2003. 高抗光肩星天牛优良杨树无性系的选择 [J]. 东北林业大学学报，31（5）：30–32.

李竟雄，宋同明，1997. 植物细胞遗传学 [M]. 北京：科学出版社 .

李静，田思雨，毛威涛，等，2020. 基于 SSR 分子标记的红安县省沽油遗传多样性分析 [J]. 河南农业科学，49（10）：42–47.

李可峰，韩太利，董贵俊，等，2006. 用形态与分子标记研究石刁柏种质资源遗传多样性 [J]. 植物遗传资源学报，7（1）：59–65.

李懋学，1991. 植物染色体研究技术 [M]. 哈尔滨：东北林业大学出版社 .

李明，高宝嘉，张静洁，2012. 承德光秃山不同海拔油松居群遗传多样性与生境因子关联研究 [J]. 植物遗传资源学报，13（3）：350–356.

李明，王树香，高宝嘉，2013. 不同群落类型油松居群的遗传多样性 [J]. 应用与环境生物学报，19（3）：421–425.

李启任，魏蓉城，1984. 云南不同类型及近缘种的过氧化物酶同工酶 [J]. 云南大学学报，6（1）：114–127.

李书靖，周建文，王芳，等，2000. 甘肃地区油松种源选择的研究 [J]. 林业科学，36（5）：40–46.

李帅锋，苏建荣，刘万德，等，2013. 思茅松天然群体种实表型变异 [J]. 植物生态学报，37（11）：998–1009.

李思广，蒋云东，李明，2007. 思茅松树脂道数量与产脂力回归关系研究 [J]. 福建林业科技（1），59–62，66.

李思广，付玉嫔，张快富，等，2008. 高产脂思茅松半同胞子代测定 [J]. 浙江林学院学报，25（2）：158–162.

李思广，付玉嫔，张快富，等，2009a. 高松香思茅松无性系的选育 [J]. 东北林业大学学报，37（3）：4–5.

李思广，付玉嫔，张快富，等，2009b. 高 3– 蒈烯思茅松无性系选择研究 [J]. 中南林业科技大学学报，29（1）：49–53.

李义良，赵奋成，李宪政，等，2014. 湿地松、加勒比松种质资源遗传多样性分析 [J]. 广东林业科技，30（6）：9–14.

李义良，赵奋成，李福明，等，2018. 湿地松 × 洪都拉斯加勒比松遗传多样性的 ISSR 分析 [J]. 广西植物，38（6）：812–817.

李悦，李红云，沈熙环，等，1998. 疏伐及修剪对油松无性系开花和树体的影响 [J]. 北京林业大学学报，20（1）：9–13.

李云琴，原晓龙，李江，等，2020. 思茅松 HMGS 基因的克隆与表达分析 [J]. 森林与环境学报，40（4）：428–432.

李炽，等，1986. 思茅松松节油中 β – 蒎烯含量的研究 [C]// 首届国际树木提取物化学与利用学术讨论会论文集 . 广西南宁：313–319.

李炽，2005. 思茅松无性繁殖扦插技术 [J]. 思茅师范高等专科学校学报，21（3）：22–24.

李志辉，陈艺，张冬林，等，2009. 广西马尾松天然林古蓬和浪水种源群体遗传多样性 ISSR 分析 [J]. 中国农学通报，25（16）：116–119.

粟子安，1980. 中国松香、松节油主要化学组成的研究 [J]. 林业科学（3）：214–220.

刘成，徐剑，罗正平，等，2020. 基于 SRAP 标记的紫溪山华山松种子园无性系遗传多样性分析 [J]. 广西植物，40（4）：462–470.

刘春利，袁德水，郭万军，等，2008. 华北落叶松不同修剪方式对新生枝条生长及雌花量影响 [J]. 河北林果研究，23（4）：380–381.

刘汉梅，何瑞，张怀渝，等，2010. 玉米叶绿体基因密码子使用频率分析 [J]. 四川农业大学学报，28（1）：10–14.

刘月蓉，2005. 高产脂马尾松半同胞、全同胞子代产脂力测定 [J] . 西南林学院学报，25（3）：33–35.

刘月蓉，2005. 高产脂马尾松优树自由授粉子代林产脂力测定 [J]. 福建林学院学报（3）：229–233.

刘月蓉，2006. 高产脂马尾松半同胞的产脂力优良单株的选择 [J]. 林业科技，31（3）：1–3.

刘云彩，刘永刚，李江，2014. 思茅松人工林培育 [M]. 昆明：云南科技出版社 .

罗嘉梁，朱骏，李仲训，1985. 滇南思茅松松脂化学成分的研究 [J]. 林化科技通讯（7）：8–9.

律春燕，王雁，朱向涛，等，2010. 黄牡丹花粉生活力测定方法的比较研究 [J]. 林业科学研究，23（2）：272–277.

吕建洲，吴隆坤，刘德利，等，2005. 冰水、丰林国家自然保护区红松居群遗传多样性的 RAPD 分析 [J]. 植物研究，25（2）：192–196.

马常耕，1991. 世界林木遗传改良研究水平与趋向 [J]. 世界林业研究，4（1）：85–87.

马常耕，1994a. 高世代种子园营建研究的进展 [J]. 世界林业研究，7（1）：31–38.

马常耕，1994b. 世界松类无性系林业发展策略和现状 [J]. 世界林业研究，7（2）：11–18.

马克平，1993. 试论生物多样性的概念 [J]. 生物多样性，1（1）：20–22.

南京林学院树木育种研究室，1984. 树木良种选育方法 [M]. 北京：中国林业出版社 .

潘丽芹，季华，陈龙清，2005. 荷叶铁线蕨自然居群的遗传多样性研究 [J]. 生物多样性，13（2）：122–129.

彭幼红，2006. 青藏高原东缘青杨（*Populus cathayana* Rehd）遗传多样性研究 [D]. 成都：中国科学院成都生物研究所 .

覃冀，连辉明，曾令海，等 . 2005. 高产脂马尾松半同胞子代 20 年生测定林产脂力分析 [J] . 广东林业科技，21（2）：30–34.

秦国峰，周志春，2012. 中国马尾松优良种质资源 [M]. 北京：中国林业出版社 .

秦政，郑永杰，桂丽静，等，2018. 樟树叶绿体基因组密码子偏好性分析 [J]. 广西植物，38（10）：1346–1355.

邱文金，洪永辉，2003. 马尾松种子园单亲子代测定研究 [J]. 福建林业科技，30（3）：59–61.

冉泽文，2001. 影响松脂采集增产的因素 [J]. 林产化工通讯，35（2）：35–36.

任晓月，陈彦云，2010. 等位酶技术在植物遗传多样性研究中的应用 [J]. 农业科学研究，31（2）：48–51.

邵丹，裴赢，张恒庆，2010. 凉水国家自然保护区天然红松种群遗传多样性在时间尺度上变化的 cpSSR 分析 [J]. 植物研究，37（4）：473–447.

沈浩，刘登义，2001. 遗传多样性概述 [J]. 生物学杂志，18（3）：5–9.

舒筱武，李瑞安，高仪，等，1985. 思茅松地理种源试验初报 [J]. 云南林业科技，14（2）：19–25.

宋湛谦，刘星，1993. 中国采脂树种松脂的化学特征 [J]. 林产化学与工业，13（1）：27–32.

孙涛，2012. 不同环境条件下钝裂银莲花（*Anemone obtusiloba*）的 ISSR 遗传多样性分析 [D]. 兰州：兰州理工大学 .

孙晓梅，张守攻，侯义梅，等，2004. 短轮伐期日本落叶松家系生长性状遗传参数的变化 [J]. 林业科学，40（6）：68–74.

谭小梅，金国庆，张一，等，2011. 截干矮化马尾松二代无性系种子园开花结实的遗传变异 [J]. 东北林业大学学报，39（4）：39–42.

谭小梅，周志春，金国庆，等，2012. 马尾松二代无性系种子园遗传多样性和交配系统分析 [J]. 林业科学，48（2）：69–74.

唐社云，1999. 思茅松无性系种子园营建关键技术 [J]. 云南林业科技（3）：13–17.

唐巍，欧阳藩，郭仲琛，1998. 火炬松（*Pinus taeda* L.）合子胚愈伤组织的器官发生和植株再生 [J]. 实验生物学报，31（1）：87–91.

唐巍，欧阳藩，郭仲琛，1997. 湿地松体细胞胚胎发生和植株再生 [J]. 植物资源与环境，6（2）：9–12.

田兴军，2005. 生物多样性及其保护生物学 [M]. 北京：化学工业出版社 .

童茜坪，刎丽梅，张磊，等，2020. 红松种子园单株 ISSR–PCR 遗传多样性分析 [J]. 林业科技，45（2）：17–20.

万爱华，徐有明，管兰华，等，2008. 马尾松无性系种子园遗传结构的 RAPD 分析 [J]. 东北林业大学学报，36（1）：18–22.

王大玮，保云莹，唐红燕，等，2018. 思茅松 ISSR–PCR 反应体系优化研究 [J]. 西南林业大学学报，38（5）：34–37.

王大玮，唐红燕，段安安，等，2018. 思茅松遗传作图群体选择 [J]. 西北林学院学报，33（5）：82-86.

王虎，樊军锋，杨培华，等，2012. 油松二代种子园遗传多样性 RAPD 分析 [J]. 北方园艺，4：117-120.

王明庥，2000. 林木遗传育种学 [M]. 北京：中国林业出版社.

汪企明，栾永华，1983. 松树花粉的采集和贮藏方法的研究 [J]. 林业科技通讯（5）：1-3.

王钦丽，卢龙斗，吴小琴，等，2002. 花粉的保存及其生活力测定 [J]. 植物学通报，19（3）：365-373.

王文斌，于欢，邱相坡，2018. 黄芩叶绿体基因组重复序列及密码子偏好性分析 [J]. 分子植物育种，16（8）：2445-2452.

王雁，李贞，刘小侠，等，2011. 白皮松总 RNA3 种提取方法的比较研究 [J]. 安徽农业科学，39（23）：13958-13959.

王毅，原晓龙，陈伟，等，2018. 高产脂思茅松牻牛儿基牻牛儿基焦磷酸合成酶基因的克隆及表达 [J]. 福建农林大学学报（自然科学版），47（6）：711-716.

王毅，周旭，毕玮，等，2015a. 思茅松 HDR 基因全长 cDNA 克隆与序列分析 [J]. 广西植物，35（5）：721-727.

王毅，周旭，毕玮，等，2015b. 思茅松 1- 脱氧 -D- 木酮糖 -5- 磷酸合酶（DXS）基因的克隆及功能分析 [J]. 林业科学研究，28（6）：833-838.

王毅，朱金鑫，李江，等，2019. 基因组步移技术克隆思茅松 α- 蒎烯合成酶基因及表达分析 [J]. 基因组学与应用生物学，38（6）：2699-2705.

王意龙，李毳，柴宝峰，2007. 山西高原天然油松群体过氧化物酶和多酚氧化酶分析 [J]. 生态环境，16（2）：530-532.

王颖，刘振宇，吕全，等，2014. 马尾松 α- 蒎烯合成酶基因 cDNA 全长克隆及序列分析 [J]. 安徽农业科学（13）：3808-3811.

王永飞，马三梅，刘翠平，等，2001. 遗传标记的发展和分子标记的检测技术 [J]. 西北农林科技大学学报，29（6）：130-136.

王仲仁，1994. 植物遗传多样性和系统研究中的等位酶分析 [J]. 生物多样性，2（2）：91-95.

王仲仁，1996. 植物等位酶分析 [M]. 北京：科学出版社.

翁海龙，2008. 思茅松优树选择指标研究 [D]. 昆明：西南林学院.

魏博，汪元超，王大玮，等，2014. 思茅松 SRAP-PCR 反应体系的建立与优化

[J]. 江苏农业科学，42（3）：27–30.
吴坤明，吴菊英，徐建民，1997. 桉树人工有性杂交的花粉处理和授粉技术 [J]. 广东林业科技，13（3）：5–8.
吴丽圆，2004. 4 种思茅松总 DNA 提取方法的比较 [J]. 福建林学院学报，24（3）：237–240.
吴隆坤，李岩，2005. 凉水、丰林国家自然保护区红松遗传多样性的 ISSR 分析 [J]. 沈阳师范大学学报（自然科学版），23（2）：204–206.
伍苏然，马艳粉，李正跃，等，2009. 思茅松松节油化学成分分析 [J]. 西部林业科学，38（3）：90–92.
吴涛，陈少瑜，陈芳，等，2007. 思茅松胚性愈伤组织的诱导 [J]. 中南林业科技大学学报，27（5）：74–78.
吴涛，陈少瑜，陈芳，等，2008. 思茅松成熟胚无菌萌发及农杆菌介导的遗传转化 [J]. 东北林业大学学报，36（2）：10–12，15.
武文斌，贺快快，狄皓，等，2018. 基于 SSR 标记的山西省油松山脉地理种群遗传结构与地理系统 [J]. 北京林业大学学报，40（10）：51–59.
吴子欢，朱仁刚，邓桂香，2007. 思茅松成熟胚的离体培养 [J]. 黑龙江生态工程职业学院学报，20（3）：44–45.
吴征益，朱彦承，姜汉乔，等，1987. 云南植被 [M]. 北京：科学出版社 .
夏铭，周晓峰，赵士洞，2001. 天然红松群体遗传多样性的 RAPD 分析 [J]. 生态学报，21（5）：730–737.
谢旺生，2012. 杉木第二代种子园更新复壮技术 [J]. 安徽农学通报，18（14）：221–223.
徐健民，白嘉雨，吴坤明，等，1995. 细叶桉家系早期试验研究 [J]. 林业科学研究，8（5）：500–505.
徐六一，虞沐奎，2001. 湿地松高产脂品系早期性状的研究 [J] . 安徽农业科学，29（2）：228–229，264.
徐明艳，邓桂香，凌万刚，2012. 思茅松良种利用方法的探讨 [J]. 种子，31（8）：95–101.
徐永椿，毛品一，伍聚奎，等，1988. 云南树木图志 [M]. 昆明：云南科技出版社 .
许林红，蒋云东，付玉嫔，等，2014. 思茅松高产脂半同胞家系选育 [J]. 西北林学院学报，29（3）：109–112.
许兴华，李霞，孟宪伟，等，2006. 毛白杨优良无性系选育研究 [J]. 山东林业科技（2）：30–32.
许玉兰，蔡年辉，徐杨，等，2015. 云南松主分布区天然群体的遗传多样性及保护单元的构建 [J]. 林业科学研究，28（6）：883–891.
许玉兰，汪梦婷，蔡年辉，等，2019. 不同择伐方式下云南松群体遗传多样性 SSR 分析 [J]. 西南农业学报，32（7）：1498–1502.
薛纪如，姜汉乔，吴广运，等，1986. 云南森林 [M]. 昆明：云南科技出版社 .
严华军，吴乃虎，1996. DNA 分子标记技术及其在植物遗传多样性研究中的应用 [J]. 生命科学，8（3）：32–36.
杨斌，赵文书，姜远标，等，2005. 思茅松造林苗木选择及施肥效应 [J]. 浙江林学院学报（4）：396–399.
杨传平，魏利，姜静，等，2005. 应用 ISSR–PCR 对西伯利亚红松 19 个种源的遗传多样 [J]. 东北林业大学学报，33（1）：1–3.
杨国锋，苏昆龙，赵怡然，等，2015. 蒺藜苜蓿叶绿体密码子偏好性分析 [J]. 草业学报，24（12）：171–179.
杨惠娟，刘国顺，张松涛，等，2021. 烟草叶绿体密码子的偏好性及聚类分析 [J]. 中国烟草学报，18（2）：37–43.
杨培华，樊军锋，刘永红，等，2010. 修剪促进油松无性系种子园母树开花效应研究 [J]. 陕西林业科技（3）：12–14.
杨涛，曾英，2005. 植物萜类合酶研究进展 [J]. 植物分类与资源学报，27（1）：1–10.
杨玉洁，张冬林，杨模华，等，2010. 湖南桂阳马尾松种子园遗传多样性的 ISSR 分析 [J]. 中南林业科技大学学报，30（3）：85–89.
杨雪梅，赵杨，朱亚艳，等，2018. 贵州省马尾松主要群体的遗传多样性分析 [J]. 中南林业科技大学学报，38（5）：86–90.
杨章旗，2015. 马尾松高产脂遗传改良研究进展及育种策略 [J]. 广西林业科学，44（4）：317–324.
杨章旗，冯源恒，吴东山，2014. 细叶云南松天然种源林遗传多样性的 SSR 分析 [J]. 广西植物，34（1）：10–14.
叶友菊，倪州献，白天道，等，2018. 马尾松叶绿体基因组密码子偏好性分析 [J].

基因组学与应用生物学，37（10）：4464–4471.
尹晓兵，耿树香，马惠芬，等，2005. 思茅松松脂松节油群体的物理及化学特征 [J]. 南京林业大学学报（自然科学版），29（5）：80–84.
尹晓兵，耿树香，2004. 思茅松、云南松脂松香的物理和化学特征 . [J]. 南京林业大学学报（自然科学版），28（2）：57–60.
袁虎威，梁胜发，符学军，2016. 山西油松第二代种子园亲本选择与配置设计 [J]. 北京林业大学学报，38（3）：48–54.
云南省林业调查规划院，2016. 云南省森林资源调查报告 [M]. 昆明：云南科技出版社 .
云南省林业科学院普文实验林场思茅松良种课题组，1991. 思茅松苗期半同胞子代初步测定结果分析 [J]. 云南林业科技（3）：32–38.
曾令海，王以珊，阮梓材，等，1998. 高脂马尾松产脂力和遗传稳定性分析 [J]. 广东林业科技，14（2）：1–6.
张超仪，耿兴敏，2012. 六种杜鹃花属植物花粉活力测定方法的比较研究 [J]. 植物科学学报，30（1）：92–99.
张春晓，李悦，沈熙环，1998. 林木同工酶遗传多样性研究进展 [J]. 北京林业大学学报，20（3）：58–64.
张存旭，姚增玉，赵忠，2005. 栓皮栎体胚诱导关键影响因素研究 [J]. 林业科学，41（2）：174–177.
张冬林，杨玉洁，杨模华，等，2010. 湖南城步马尾松种子园遗传多样性的 ISSR 研究 [J]. 中南林业科技大学学报，30（12）：6–10.
张静洁，李明，高宝嘉，2011. 承德大窝铺不同海拔与群落类型天然油松种群遗传多样性 [J]. 生态学杂志，30（11）：2421–2426.
张恒庆，安利佳，祖元刚，2000. 凉水国家自然保护区天然红松林遗传变异的 RAPD 分析 [J]. 植物研究，20（2）：201–206.
张巍，王清君，郭兴，2017. 红松不同种源的遗传多样性分析 [J]. 森林工程，33（2）：17–21.
张薇，龚佳，季孔庶，2008. 马尾松实生种子园遗传多样性分析 [J]. 分子植物育种，6（4）：717–723.
张一，储德裕，金国庆，等，2009. 马尾松 1 代育种群体遗传多样性的 ISSR 分析 [J]. 林业科学研究，22（6）：772–778.

张一，谭小梅，周志春，等，2010. 马尾松二代育种亲本主要生长性状和 ISSR 遗传变异 [J]. 分子植物育种，8（3）: 501–510.

张应中，赵奋成，李福明，等，2008. 湿地松与加勒比松杂交制种技术 [J] 广东林业科技（4）: 5–8.

张正刚，马建伟，靳新春，等，2013. 日本落叶松自由授粉家系子代测定林分析与选择研究 [J]. 西北林学院学报，28（4）: 74–79.

张志良，瞿伟菁，2003. 植物生理学实验指导（第三版）[M]. 北京：高等教育出版社 .

赵飞，樊军锋，杨培华，等，2011. 十二个油松种群遗传多样性的 RAPD 分析 [J]. 北方园艺，11 : 112–116.

赵能、原晓龙，缪福俊，等，2017. 思茅松转录组 SSR 分析及标记开发 [J]. 生物技术通报，33（5）: 71–77.

赵文书，汪福斌，郭宇渭，等，1993. 思茅松天然优良林分选择的研究 [J]. 云南林业科技，22（4）: 1–10.

赵文书，唐社云，李莲芳，等，1995. 思茅松优树选择 [J]. 云南林业科技，24（3）: 1–5.

赵文书，唐社云，李莲芳，等，1998. 普文试验林场思茅松无性系种子园营建技术 [J]. 云南林业科技，27（1）: 1–10.

赵文书，唐社云，李莲芳，等，1999. 思茅松优树半同胞子代测定结果分析 [J]. 云南林业科技，28（3）: 6–12

赵杨，代毅，李玉璞，2012. 华山松无性系种子园遗传多样性分析 [J]. 东北林业大学学报，40（10）: 4–11.

周安佩，纵丹，罗加山，等，2016. 不同干形云南松遗传变异的 AFLP 分析 [J]. 分子植物育种，14（1）: 186–194.

周长富，陈宏伟，李桐森，等，2008. 思茅松优树半同胞子代测定林优良家系选择 [J]. 福建林业科技，35（3）: 60–66.

周飞梅，樊军锋，侯万伟，2008. 陕西地区油松天然群体遗传结构的 RAPD 分析 [J]. 东北林业大学学报，36（12）: 1–3.

朱必凤，陈德学，陈虞禄，等，2007. 广东韶关马尾松种子园遗传多样性分析 [J]. 福建林业科技，34（3）: 1–5，22.

朱丽华，吴小芹，2006. 火炬松丛生芽诱导及植株再生 [J]. 林业科技开发，20

（3）：36–38.

朱丽华，郑丹，吴小芹，2006. 黑松丛生芽的诱导及植株再生 [J]. 南京林业大学学报（自然科学版），30（3）：27–31.

朱亚艳，何花，秦雪，等，2014. 马尾松二代育种亲本遗传多样性分析 [J]. 中南林业科技大学学报，34（9）：65–69.

朱云凤，陈少瑜，郝佳波，等，2015. 思茅松种子园遗传多样性的 RAPD 分析 [J]. 西部林业科学，44（2）：141–146.

朱云凤，陈少瑜，郝佳波，等，2016. 思茅松优良无性系的聚类分析及精英无性系特异标记 [J]. 西部林业科学，45（4）：141–146.

朱之悌，1990. 林木遗传学基础 [M]. 北京：中国林业出版社 .

Ashley B，Kimberley–Ann G，Morteza T，et al.，2006. Wound–induced terpene synthasegene expression in sitka spruce that exhibit resistance or susceptibility to attack by the white pine weevil[J]. Plant Physiology，140（3）：1009–1021.

Audic S，Claverie J M，1997. The significance of digitalgene expression profiles[J]. Genome Res.，7（10）：986–995.

Azevedo H，Lino–Neto T，Tavares R M，2003. An improved method forhigh–quality RNA isolation from needles of adult maritime pine trees[J]. Plant Molecular Biology Reporter，21（4）：333–338.

Battilana J，Costantini L，Emanuelli F，et al.，2009. The 1–deoxy–d–xylulose 5–phosphate synthasegene co–localizes with a major QTL affecting monoterpene content ingrapevine[J]. Theoretical and Appliedgenetics，118（4）：653–669.

Becwar M R，Blush T D，Brown D W et al.，1991. Multiple paternalgenotypes in embryogenic tissue derived from individual immature loblolly pine seeds[J]. Plant Cell，Tissue and Organ Culture，26，37–44.

Becwar M R，Nagmani R，Wann S R，2011. Initiation of embryogenic cultures and somatic embryo development in loblolly pine（*Pinus taeda*）[J]. Canadian Journal of Forest Research，20（6）：810–817.

Booy G，Hendriks R J J，Smuldersm J M，et a1.，2000. genetic diversity and the survival of population[J]. Plant Biology，2：379–395.

Botella P，Besumbes O，Phillips M A，et al.，2004. Regulation of carotenoid biosynthesis in plants：evidence for a key role of hydroxymethyl butenyl diphosphate reductase in controlling the supply of plastidial isoprenoid precursors[J]. The Plant J, 40（2）: 188–199.

Boyle T B, Morgenstern E K, 1987. Some aspects of population structure of black spruce in central New Brunswick[J]. Silvaegenet, 36 : 53–60.

Brown G R, Kadel E, Bassoni D L, et al., 2001. Anchored reference loci in loblolly pine（*Pinus taeda* L.）for integrating pinegenomics[J]. Genetics, 159 : 799–809.

Butler D G, Gullis B R, Gilmour A R, et al., 2009. ASReml–R reference manual[M]. Department of Primary Industries and Fisheries : Brisbane, Australia.

Cai N H, Xu Y L, Wang D W, et al., 2017. Identification and characterization of microsatellite markers in *Pinus kesiya* var. *langbianensis*（Pinaceae）[J]. Appl Plant Sci, 5（2）.

Chen S Y, Zhao W S, Wang J, 2002.genetic diversity andgenetic differentiation of natural populations of *Pinus kesiya* var. *langbinanensis*[J]. Journal of Forestry Research, 13（4）: 273–276.

Cheng B B, Zheng Y Q, Sun Q W, 2015. Genetic diversity and population structure of *Taxus cuspidate* in the changbaimountains assessed by chloroplast DNA sequences and microsatellite markers[J]. Biochemical Systematics & Ecology, 63 : 157–164.

Cheng S Y, Wang X H, Xu F, et al., 2016. Cloning, expression profiling and functional analysis of CnHMGS, agene encoding 3–hydroxy–3–methylglutaryl coenzyme a synthase from *Chamaemelum nobile*[J]. Molecules, 21（3）: 316.

Daniel L H, Khan M S, Allison L, 2002. Milestones in chloroplastgenetic engineering : an environmentally friendly era in biotechnology[J]. Trends Plant Sci, 7（2）: 84–91.

Dwelle R B, 1990. Source/sink relationships during tuber growth[J]. American Journal of Potato Research, 67（12）: 829–833.

Enfissi E, Fraser P D, Lois L M, et al., 2005. Metabolic engineering of the mevalonate and non–mevalonate isopentenyl diphosphate–forming pathways for the production of health–promoting isoprenoids in tomato[J]. Plant Biotechnology Journal, 3（1）: 17–27.

Evanno G, Regnaut S, Goudet J, 2005. Detecting the number of clusters of individuals using the software structure : a simulation study[J]. Molecular Ecology, 14（8）: 2611–2620.

Floss D S, Hause, et al., 2008. Knock-down of the MEP pathway isogene 1-deoxy-D-xylulose 5-phosphate synthase 2 inhibits formation of arbuscular mycorrhiza-induced apocarotenoids, and abolishes normal expression of mycorrhiza-specific plant markergenes[J]. Plant J, 56（1）: 86-100.

Fowke L, Hakman I, 1988. Somatic Embryogenesis in Conifers[A]. In : Pais, MSS, Mavituna F, Novais JM.（eds）Plant Cell Biotechnology. NATO ASI Series, vol 18[M]. Springer, Berlin, Heidelberg.

Grodzicker T, Williams J, Sharps P, et al., 1974. Physicalmapping of temperature-sensitive mutations of adnovirus[J]. Cold Springharbor Symp Quant Biol, 39 : 439-446.

Govindaraju D R, 1988. Relationship between dispersal ability and levels ofgene flow in plants[J]. Oikos, 52（1）: 31-35.

Guggenheim J A, McMahon G, Kemp J P, et al., 2013. Agenome-wide association study for corneal curvature identifies the platelet-derivedgrowth factor receptor alphagene as a quantitative trait locus for eye size in white Europeans[J]. Molecular vision, 19 : 243.

Gupta P K, Durzan D J, 1986. Somatic polyembryogenesis from callus of mature sugar pine embryos[J]. Nature Biotechnology, 4（7）: 643-653.

Hamrick J L, Godtm J W, 1990. Allozyme diversity in plant species[C]// In : Brown A H D, Cleggm T, Kahler A C, et al., Plant Population Genetics, Breeding and Genetic Resources, Sunderland. Mass : Sinauer, 43-64.

Henriquez M A, Soliman A, et al., 2016. Molecular cloning, functional characterization and expression of potato（Solanum tuberosum）1-deoxy-d-xylulose 5-phosphate synthase 1（StDXS1）in response to Phytophthora infestans[J]. Plant Science, 243 : 71-83.

Ho R H, Schooley H O, 1995. A review of tree crown management in conifer orchards [J]. Forestry Chronicle, 71（3）: 311-316.

Ignea C, Ioannou E, Georgantea P, et al., 2015. Reconstructing the chemical diversity of labdane-type diterpene biosynthesis in yeast[J]. Metabolic Engineering, 28 : 91-103.

Induri B R, Ellis D R, Slavovg T, et al., 2012. Identification of quantitative trait loci and candidategenes for cadmium tolerance in Populus[J]. Tree Physiology, 32（5）: 626–638.

Jansso N G, Li B, 2004 .Geneticgains of full-sib families from disconnected diallels in loblolly pine[J] . Silvaegenetica, 53（1–6）: 60–64.

Jordi P G, Maria U E, Susanna S G, et al., 2012. Mutations in escherichia coli aceE and ribB genes allow survival of strains defective in the first step of the isoprenoid biosynthesis pathway[J]. Plos One, 7（8）: e43775.

Khanuja S P S, Shasany A K, Pawar A, et al., 2005. Essential oil constituents and RAPDmarkers to establish species relationship in *Cymbopogon spreng*.（Poaceae）[J]. Biochem Syst Ecol, 33 : 171–186.

Kim Y B, Kim S M, Kang M K, et al., 2009. Regulation of resin acid synthesis in Pinus densiflora by differential transcription ofgenes encoding multiple 1–deoxy–d–xylulose 5–phosphate synthase and 1–hydroxy–2–methyl–2–（E）–butenyl 4–diphosphate reductasegenes[J]. Tree Physiology, 29（5）: 737–749.

Klimaszewska K, Hargreaves C, Lelu–Walter M A, et al., 2016. Advances in conifer somatic embryogenesis since year 2000[M]//In : Germana M, Lambardi M.（eds）In Vitro Embryogenesis in Higher Plants. Methods in Molecular Biology, vol 1359. Humana Press, New York, NY.

Kumar S, Dhingra A, Daniel L H, 2004. Stable transformation of the cotton plastidgenome and maternal inheritance of transgenes[J]. Plant Mol. Biol, 56（2）: 203–216.

Lange B M, Rios–Estepa R, 2014. Kinetic modeling of plant metabolism and its predictive power : peppermint essential oil biosynthesis as an example[J]. Methods in Molecular Biology, 1083（1）: 287–311.

Le C V, Kremer A, 2012. Thegenetic differentiation at quantitative trait loci under local adaptation[J]. Molecular Ecology, 21（7）: 1548–1566.

Lelu M A, Bastien C, Drugeault A, et al., 1999. Somatic embryogenesis and plantlet development in *Pinus sylvestris* and *Pinus pinaster* on medium with and without growth regulators [J]. Physiologia Plantarum, 105（4）: 719–728.

Liu H C, Jia W Q, Du X H, et al., 2010. Study on pollen viability determination and storage of honeysuckle [J]. Medicinal Plant, 1（3）: 31–33.

Liu J F, Shi S Q, Chang W J, et al., 2013. Genetic diversity of the critically endangered *Thujas utchuenensis* revealed by ISSRmarkers and the implications for conservation[J]. International Journal of Molecular Sciences, 14 : 14860–14871.

Liu Q, Zhou Z, Wei Y, et al., 2015. Genome–wide identification of differentially expressedgenes associated with the high yielding of oleoresin in secondary xylem of masson pine (*Pinus massoniana* Lamb) by transcriptomic analysis[J]. Plos One, 10 (7).

Liu Z L, Zhang F, 1999. Populations' genetic variation and its implications for conversation of rare and endangered plants [J]. Chin Biodiver, 4 : 340–346.

Longhi S, Hamblin M T, Trainotti L, et al., 2013. A candidategene based approach validates Md–PG1 as the main responsible for a QTL impacting fruit texture in apple (*Malus* × *domestica* Borkh) [J]. BMC plant biology, 13 (1): 37.

Martin D M, Fäldt J, Bohlmann J, 2004. Functional characterization of nine norway spruce TPSgenes and evolution of gymnosperm terpene synthases of the TPS–d subfamily.[J]. Plant Physiology, 135 (4): 1908–27.

Mason T G, Maskell E J, 1928. Studies on the transport of carbohydrates in the cotton plant. I. A study of diurnal variation in the carbohydrates of leaf, bark, and wood, and the effects of ringing [J]. Annals of Botany, 42 (165): 189–253.

Mauricio R, 2001. Mapping quantitative trait loci in plants : uses and caveats for evolutionary biology[J]. Nature Reviews Genetics, 2 (5): 370–381.

Mckay S A B, Hunter W L, Kimberley–Ann G, et al., 2003. Insect attack and wounding induce traumatic resin duct development andgene expression of (–) –pinene synthase in Sitka spruce.[J]. Plant Physiology, 133 (1): 368–378.

Metakovsky E V, Gome Z M, Vazquez J F, et al., 2000. High genetic diversity of Spanish common wheats as judged from gliadin alleles[J]. Plant Breed, 119 : 37–42.

Mijangos–Cortes J O, Corona–Torres T, Espinosa–Victoria D et al., 2007. Differentiation amongmaize (*Zea mays* L.) Landraces from the Tarascamountain Chain, michoacan, mexico and the Chalqueno Complex[J]. Genet Resour Crop Evol, 54 : 309–325.

Montamat F, Guilloton M, Karst F, et al., 1995. Isolation and characterization of a cDNA encoding Arabidopsis thaliana 3–hydroxy–3–methylglutaryl–coenzyme a synthase[J]. Gene, 167 : 197–201.

Morton B R, 2003. The role of context–dependent mutations ingenerating compositional and codon usage bias ingrass chloroplast DNA[J]. J. Mol. Evol，56（5）：616-629.

Mosseler A，Egger K N，Hughes G A，1992. Low levels of genetic diversity in red pine confirmed by random amplified polymorphic DNAmarkers[J]. Canadian Journal of Forest Research，22（9）：1332-1337.

Nei M，Tajima F，Tateno Y，1983. Accuracy of estimated phylogenetic trees from molecular data（II）：gene frequency data[J]. Journal of Molecular Evolution，19（2）：153-170.

Ozsolak F，Milos P M，2011. RNA sequencing：advances，challenges and opportunities[J]. Nature Reviews Genetics. 12（2）：87-98.

Peakall R，Smouse P，2006. Genetic analysis in excel population genetic software for teaching and research[J]. Molecular Ecology Notes，6（1）：288-295.

Peng G，Wang C，Song S，et al.，2013. The role of 1-deoxy-d-xylulose-5-phosphate synthase and phytoene synthasegene family in citrus carotenoid accumulation[J]. Plant Physiology and Biochemistry，71：67-76.

Phillips M A，Wildung M R，Williams D C，et al.，2003. CDNA isolation，functional expression，and characterization of（+）-α-pinene synthase and（-）-α-pinene synthase from loblolly pine（*Pinus taeda*）：stereocontrol in pinene biosynthesis[J]. Archives of Biochemistry & Biophysics，411（2）：267-76.

Plejdrup J K，Simonsen V，Pertoldi C，et al.，2006.genetic andmorphological diversity in populations of *Nucella lapillus* in response to tributyltin contamination[J]. Ecotoxicology and Environmental Safety，64：146-154.

Ribaut J M，De Vicente M C，Delannay X，2010. Molecular breeding in developing countries：challenges and perspectives[J]. Current Opinion in Plant Biology，13（2）：213-218.

Romer O H，Zavala A，Must O H，2000. Codon usage in Chlamydia trachomatis is the result of strand-specific mutational biases and a complex pattern of selective forces[J]. Nucleic. Acids. Res，28（10）：2084-2090.

Salvi S，Tuberosa R，2005. To clone or not to clone plant QTLs：present and future challenges[J]. Trends in plant science，10（6）：297-304.

Sangari F J，Cayón A M，Seoane A，et al.，2010.Brucella abortus ure2 region contains an acid-activated urea transporter and a nickel transport system[J]. BMC

Microbiology，10（1）：1–12.

Schwartz B W，Vernon D A，Meinke D W，1997. Development of the suspensor：differentiation，communication，and programmed cell death during plant embryogenesis [M]//In：Larkins BA，Vasil IK（eds）. Cellular and molecular biology of plant seed development. vol 4，Advances in cellular and molecular biology of plants. Kluwer：The Netherlands.

Song Z Q，2004. Researches on pine chemicals in China[J]. Chemistry & Industry of Forest Products，24（S1）：7–11.

Stenli R G，Linskens H F，1974. Pollen：Biology biochemistry manage ment[M].New York：Springer Verlag Berlinhcidelberg.

Tamura K，Stecher G，Peterson D，et al.，2013. Mega6：molecular evolutionarygenetics analysis version 6.0[J]. Molecular Biology and Evolution，30（12）：2725.

Tautorus T E，Fowke L C，Dunstan D I，1991. Somatic embryogenesis in conifers[J]. Canadian Journal of Botany，69（9）：1873–1899.

Uzun A，Yesilogu T，Polat I，et al.，2011. Evaluation ofgenetic diversity in lemons and some of their relatives based on SRAP and SSRmarkers[J]. Plant Molecular Biology Reporter，29（3）：693–701.

Vandermoten S，Haubruge É，Cusson M，2009. New insights into short–chain prenyltransferases：structural features，evolutionaryhistory and potential for selective inhibition[J]. Cellular and Molecular Life Sciences，66（23）：3685–3695.

Vranová E，Coman D，Gruissem W，2013. Network analysis of the MVA and MEP pathways for isoprenoid synthesis[J]. Annual review of plant biology，64：665–700.

Walter M H，Floss D S，Paetzol D H，et al.，2013. Control of plastidial isoprenoid precursor supply：divergent 1–Deoxy–d–Xylulose 5–Phosphate synthase（DXS）isogenes regulate the allocation to primary or secondary metabolism. In isoprenoid synthesis in plants and microorganisms[M]. New York：Springer，251–270.

Wang D W，Shen B Q，Gong H D，2019. Genetic diversity of Simao pine in China revealed by SRAPmarkers[J]. Peel J，7：e6529.

Wang H，Pan G，Ma Q，et al.，2015. The genetic diversity and introgression of *Juglans regia* and *Juglans sigillata* in Tibet as revealed by SSRmarkers[J]. Tree Genetics & Genomes，11：804.

Wang L, Wang A, Huang X, et al., 2011. Mapping quantitative trait loci athigh resolution through sequencing-basedgenotyping of rice recombinant inbred lines[J]. Theoretical and Applied Genetics, 122 (2): 327-340.

Wang Y, et al., 2018. Gene cloning and functional characterization of three 1-Deoxy-D-Xylulose-5 Phosphate synthases in simao pine[J]. BioResources, 13 (3), 6370-6382.

Wang Y, Yuan X L, Hua M, et al., 2018. Transcriptome and gene expression analysis revealed mechanisms for producinghigh oleoresin yields from simao pine (*Pinus kesiya* var. *langbianensis*) [J]. Plant Omics, 11 (1): 42-49.

Wang Z, Gerstein M, Snyder M, 2009. RNA-Seq : a revolutionary tool for transcriptomics[J]. Nat Revgenet. 10 (1): 57-63.

Wegener A, Gimbel W, Werner T, et al., 1997. Molecular cloning of ozone-inducible protein from *Pinus sylvestria* L. with high sequence similarity to vertebrate 3-hydroxy-3-methylglutaryl-coenzyme a synthase[J]. Biochimica et Biophysica Acta, 1350 : 247-252.

White T L, Adams W T, Neale D B, 2007. Forestgenetics [M]. London : CABI Publishing.

White T L, Hodge G R, 1989.Predicting breeding values with applications in forest tree improvement [M].Dordrecht : Kluwer.

Wolff M, Seemann M, Bui B T S, et al., 2003. Isoprenoid biosynthesis via the methylerythritol phosphate pathway : the (E) -4-hydroxy-3-methylbut-2-enyl diphosphate reductase (LytB/IspH) from Escherichia coli is a [4Fe-4S] protein[J]. FEBS Letter, 541 (1): 115-120.

Wright F, 1990. The 'effective number of codons' used in agene[J]. Gene, 87 (1): 23-29.

Xiang S, Usunow G, Lange G, et al., 2013. 1-Deoxy-d-Xylulose 5-Phosphate Synthase (DXS), a crucial enzyme for isoprenoids biosynthesis[M]//In isoprenoid synthesis in plants and microorganisms. New York : Springer, 17-28.

Xu Y, Liu J, Liang L, et al., 2014. Molecular cloning and characterization of three cDNAs encoding 1-deoxy-d-xylulose-5-phosphate synthase in *Aquilaria sinensis* (Lour.) Gilg[J]. Plant Physiology & Biochemistry, 82 : 133-141.

Xu Y，Li Z，Wang Y，et al.，2007. Allozyme diversity and populationgenetic structure of threemedicinal Epimedium species fromhubei[J]. Journal of Genetics and Genomics，34：56–71.

Yeonbok K，Sangmin K，Kang M K，et al.，2009. Regulation of resin acid synthesis in Pinus densiflora by differential transcription ofgenes encoding multiple 1–deoxy–D–xylulose 5–phosphate synthase and 1–hydroxy–2–methyl–2–（E）–butenyl 4–diphosphate reductasegenes[J]. Tree Physiol.，29（5）：737–749.

Yu F N，Utsumi R，2009. Diversity，regulation，andgenetic manipulation of plant mono–and sesquiterpenoid biosynthesis[J]. Cellular And Molecular Life Sciences，66：3043–3052.

Zarkadas C G，Gagnon C，Gleddie S，et al.，2007. Assessment of the protein quality of fourteen soybean [*Glycine max*（L.）merr.] cultivars using amino acid analysis and two–dimensional electrophoresis[J]. Food Res Intern，40：129–146.

Zhang W Y，Liu Y G. 2010. Research situation and prospects of *Pinus kesiya* var. *langbianensis* plantation [J]. GuangXi Forestry Sci. 39（2）：93–96.

Zhang X H，Portis A R，Wildholm J M，2001. Plastid transformation of soybean suspension culture[J]. Plant Biotechnol，3（1）：39–44.

Zizumbo–Villarreal D，Fernandez–Barreram，Torres–Hernandez N，et al.，2005.morphological variation of fruit inmexican populations of *Cocos nucifera* L.（Arecaceae）under in situ and ex situ conditions[J].genetic Resource Crop Evolution，52：421–434.

Zhou M，Long W，Li X，2008. Analysis of synonymous codon usage in chloroplastgenome of *Populus alba*[J]. Journal of Forestry Research，19（4）：293–297.

Zorrilla–Fontanesi Y，Cabeza A，Domínguez P，et al.，2011. Quantitative trait loci and underlying candidategenes controlling agronomical and fruit quality traits in octoploid strawberry（*Fragaria* × *ananassa*）[J]. Theoretical and Applied Genetics，123（5）：755–778.

彩图 1　根

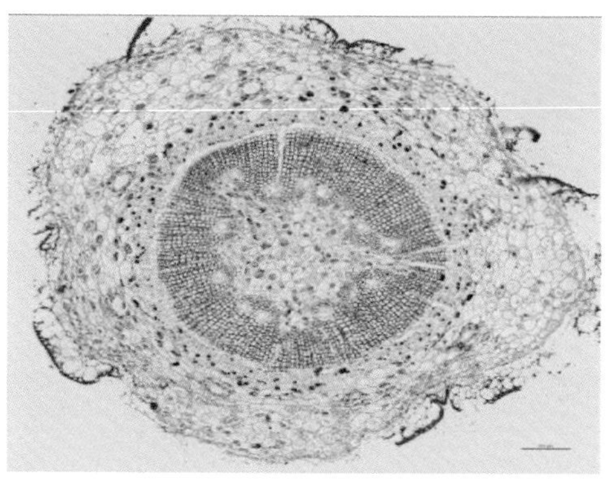

彩图 2　茎横切显微结构

彩图 3　果枝

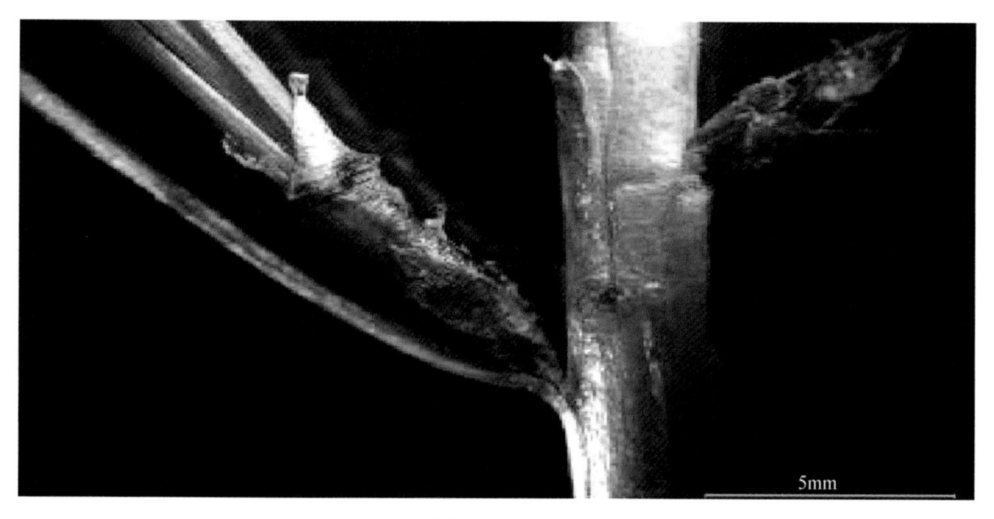

彩图 4　针叶

彩图 5　小孢子叶球

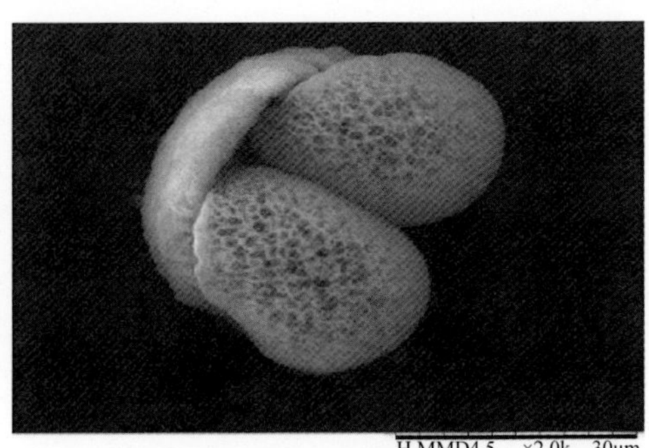

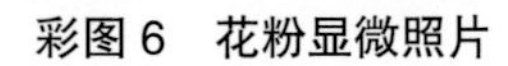

彩图 6　花粉显微照片

彩图 7　雌球花

彩图 8　雌球花发育过程

彩图 9　球果

彩图 10 种子

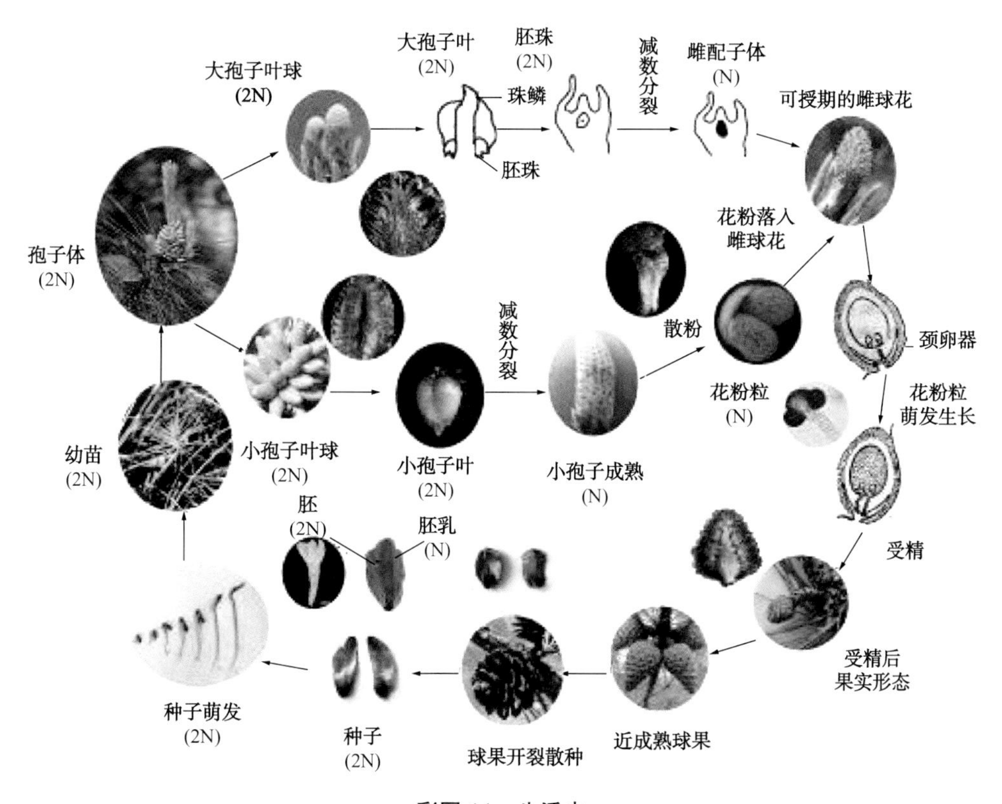

彩图 11 生活史

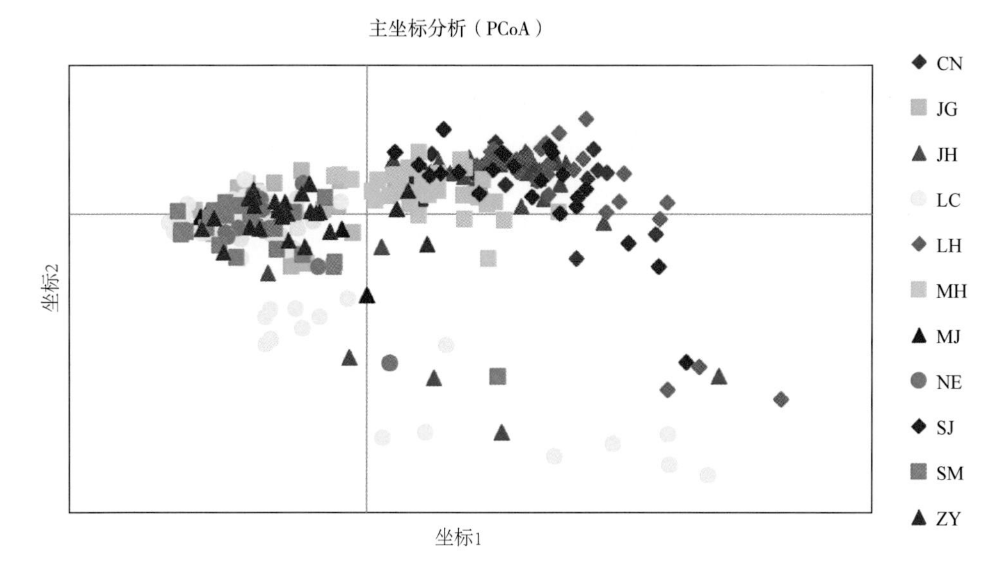

彩图 12　338 份思茅松资源的主坐标分析

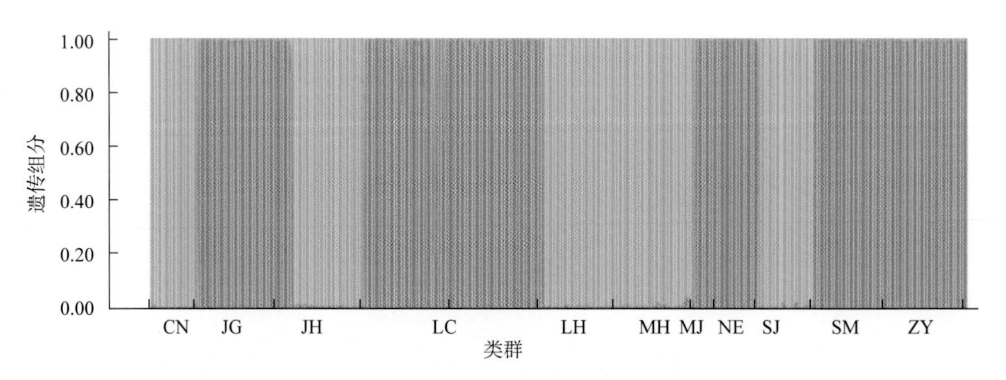

彩图 13　338 份思茅松种质资源的遗传结构（K=2）

注：橙色为第 1 类群；蓝色为第 2 类群；横坐标每一竖线代表一份种质。

彩图 14　脂用思茅松优树选择

彩图 15　脂用思茅松无性系试验林

彩图 16　思茅松产脂量测定

彩图 17　脂用思茅松半同胞子代测定林

彩图 18　脂用思茅松人工控制授粉

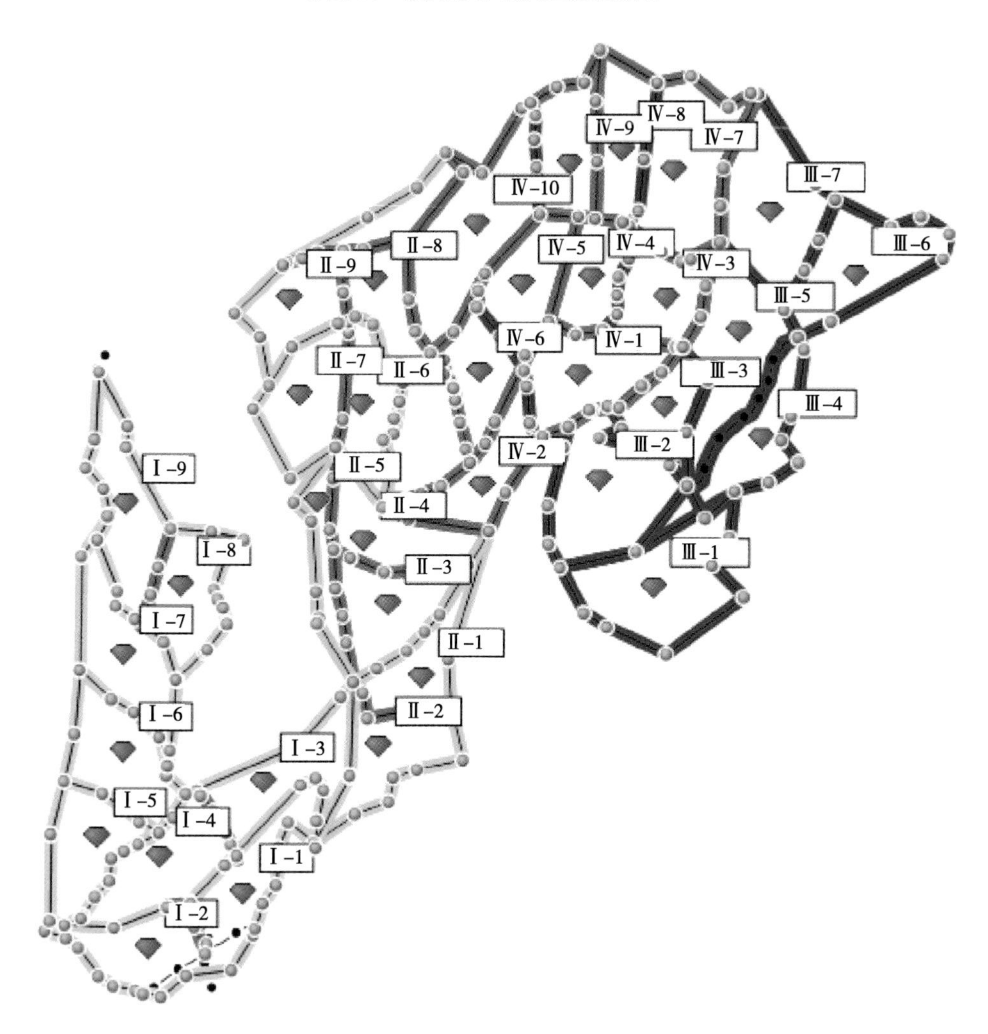

彩图 19　镇沅古城麻骂山高产脂思茅松种子园规划

注：Ⅰ、Ⅱ、Ⅳ、Ⅳ为大区编号，1、2、3，…，9 为小区编号。

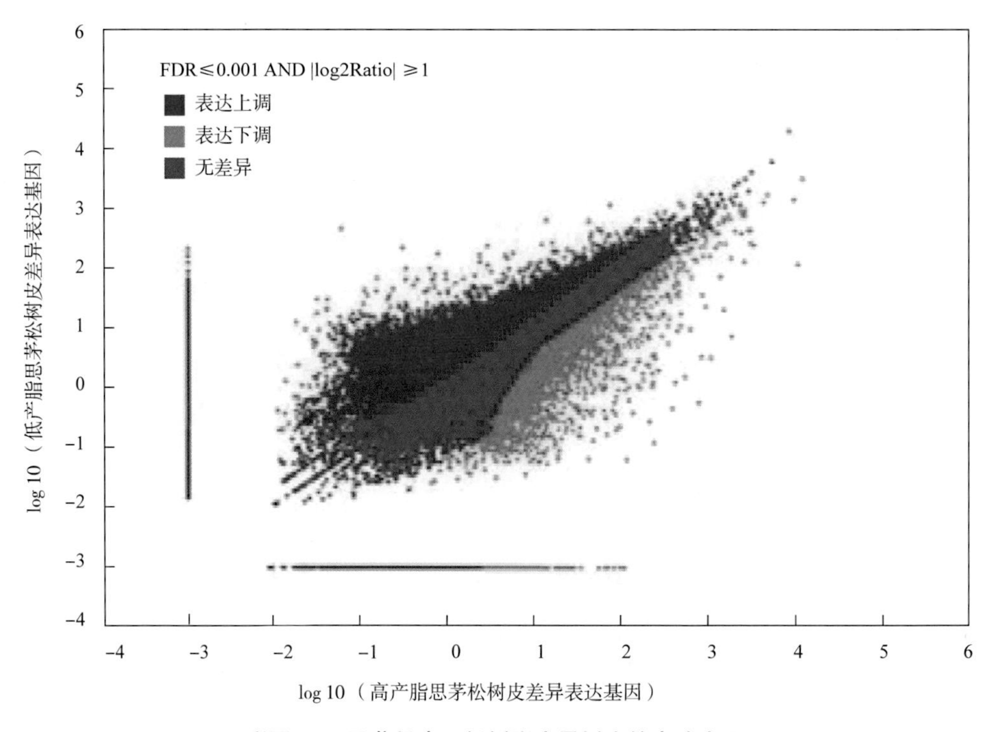

彩图 20 思茅松高、低树脂产量树皮的表达水平

彩图 21 丛生芽的伸长结果

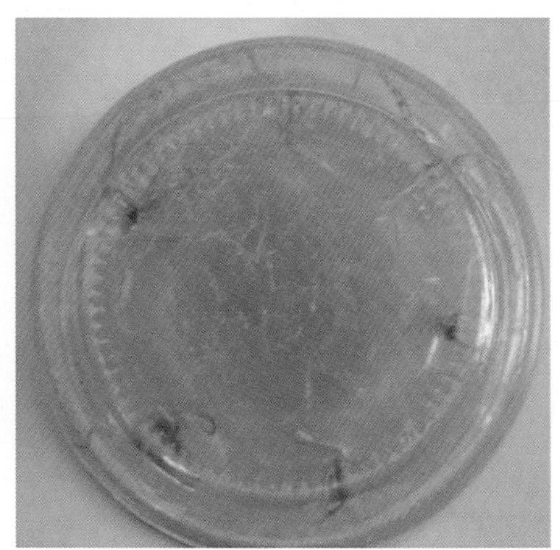

彩图 22 丛生芽的生根结果

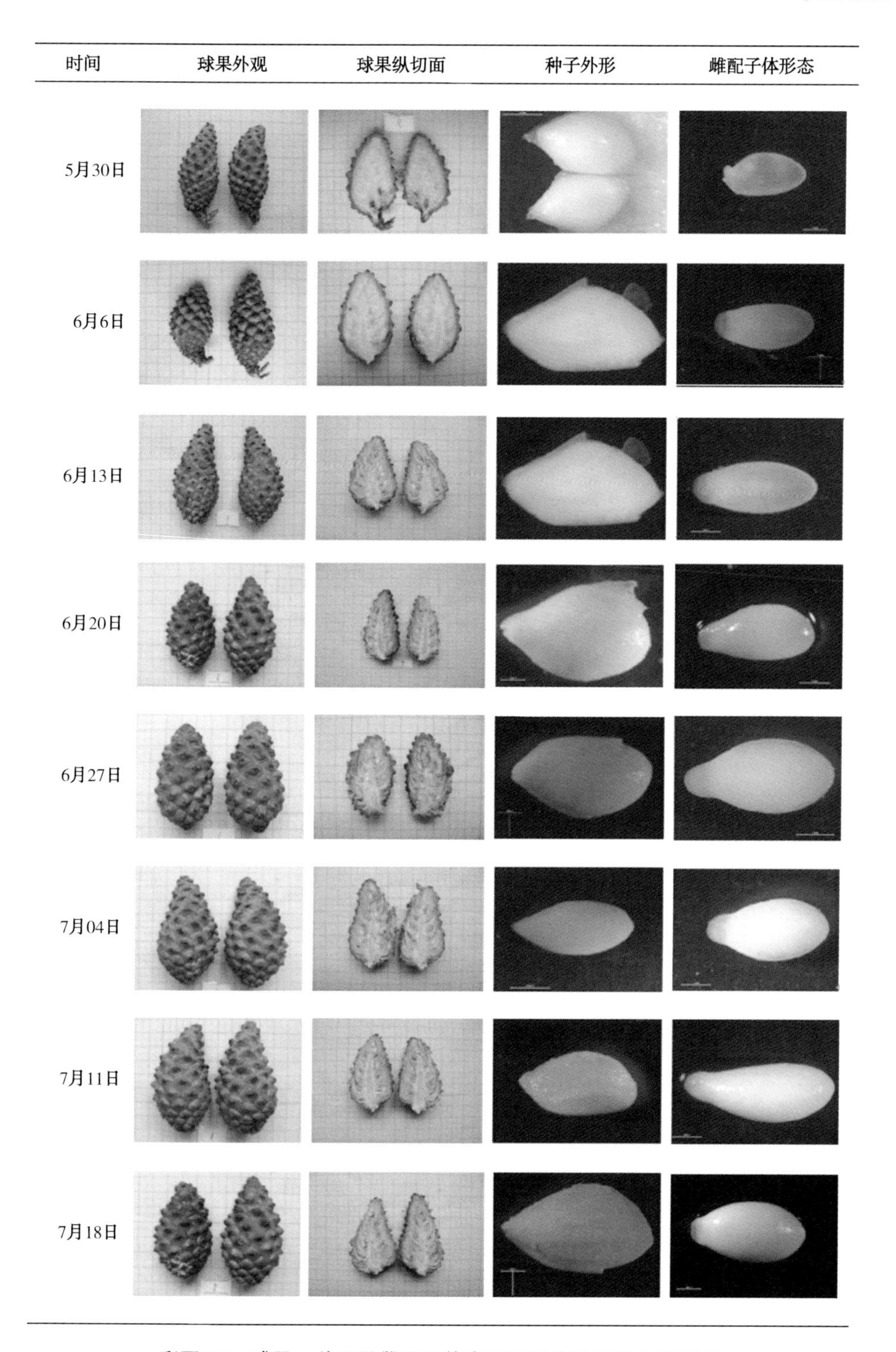

彩图 23 球果、种子及雌配子体在不同采集时间的外观形态

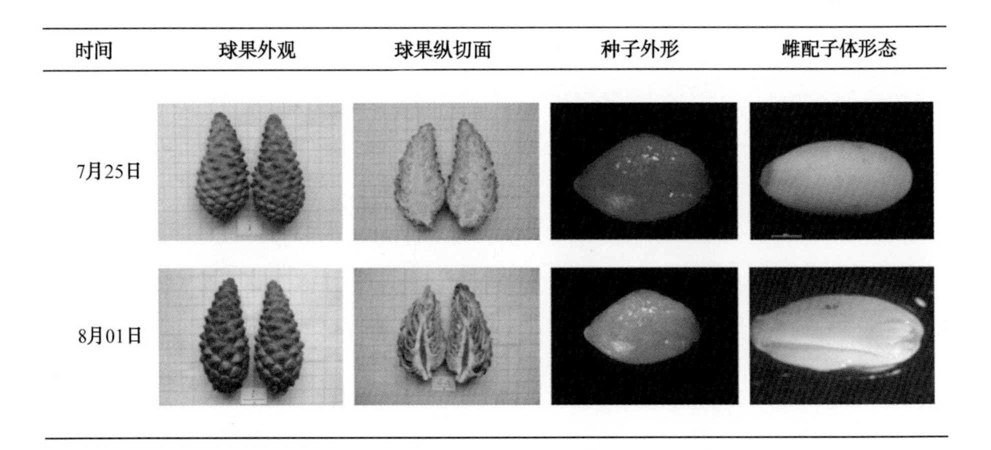

彩图 23　球果、种子及雌配子体在不同采集时间的外观形态（续）

彩图 24　种子园大树矮化降冠处理

彩图 25　普文第 1.5 代思茅松种子园矮化树形

彩图 26 景谷威远江保护区思茅松天然林

彩图 27 思茅松天然林景观

彩图 28 升降机授粉作业

彩图 29 果实采集

彩图 30 套 袋

彩图 31 授 粉

彩图 32　家系苗培育

彩图 33　景谷文郎全同胞子代测定林布设

彩图 34　思茅松天然林中的优良林分

彩图 35　思茅松材用优树

彩图 36　景洪普文思茅松优树收集区

彩图 37　宁洱思茅松优树收集区

彩图 38　思茅松嫁接苗

彩图 39　云景林业开发公司
思茅松无性系种子园

彩图 40　镇沅古城高产脂
思茅松无性系种子园

彩图 41　镇沅大丙州材用
思茅松无性系种子园

彩图 42　景谷永平思茅松良种示范林

彩图 43　景谷永平良种示范林（1 年生）

彩图 44　云林 1 号示范林（1.5 年生）

彩图 45　思茅区良种造林

彩图 46　景谷凤山思茅松良种示范林（1 年生）

彩图 47　思茅区高脂思茅松全同胞子代测定林

彩图 48　景谷高脂思茅松半同胞子代测定林

彩图 49　碗状开心矮化树形

彩图 50　主干分层矮化树形